战略性新兴领域"十四五"高等教育系列教材

绿色矿山概论

彭苏萍 邓久帅 王亮 编著

机械工业出版社
CHINA MACHINE PRESS

本书系统阐述了绿色矿山的基本知识,从绿色矿山基础理论出发,引入绿色矿山建设基本内容、协调体系、规划和设计,详细介绍了绿色矿山生产管理及矿山关闭与转型发展等内容。本书共 8 章,主要内容包括绪论、绿色矿山理论基础、绿色矿山建设基本内容、绿色矿山建设协调体系、绿色矿山建设规划、绿色矿山建设设计、绿色矿山生产管理、矿山关闭与转型发展。

本书可作为普通本科院校、高等职业院校和中等职业学校矿业工程、地质资源与地质工程、石油与天然气工程、核科学与技术、环境科学与工程、碳储科学与工程等专业及相近专业的教材,也可供从事矿产资源相关领域的工程技术人员以及企业和政府从事矿山管理等相关工作的人员学习参考。

图书在版编目(CIP)数据

绿色矿山概论 / 彭苏萍, 邓久帅, 王亮编著.

北京:机械工业出版社, 2024.12. -- (战略性新兴领域"十四五"高等教育系列教材). -- ISBN 978-7-111
-77496-9

I. TD2

中国国家版本馆 CIP 数据核字第 2024KZ3040 号

机械工业出版社(北京市百万庄大街22号 邮政编码100037)

策划编辑:刘春晖		责任编辑:刘春晖 舒 宜	
责任校对:贾海霞 张昕妍		封面设计:马若漾	
责任印制:单爱军			

唐山三艺印务有限公司印刷

2024年12月第1版第1次印刷

184mm×260mm・15.25印张・357千字

标准书号:ISBN 978-7-111-77496-9

定价:59.00 元

电话服务 　　　　　　　　　　网络服务

客服电话:010-88361066 　　机 工 官 网:www.cmpbook.com

　　　　　010-88379833 　　机 工 官 博:weibo.com/cmp1952

　　　　　010-68326294 　　金 书 网:www.golden-book.com

封底无防伪标均为盗版 　　机工教育服务网:www.cmpedu.com

系列教材编审委员会

面对全球气候变化日益严峻的形势，碳中和已成为各国政府、企业和社会各界关注的焦点。早在 2015 年 12 月，第二十一届联合国气候变化大会上通过的《巴黎协定》首次明确了全球实现碳中和的总体目标。2020 年 9 月 22 日，习近平主席在第七十五届联合国大会一般性辩论上，首次提出碳达峰新目标和碳中和愿景。党的二十大报告提出，"积极稳妥推进碳达峰碳中和"。围绕碳达峰碳中和国家重大战略部署，我国政府发布了系列文件和行动方案，以推进碳达峰碳中和目标任务实施。

2023 年 3 月，教育部办公厅下发《教育部办公厅关于组织开展战略性新兴领域"十四五"高等教育教材体系建设工作的通知》（教高厅函〔2023〕3 号），以落实立德树人根本任务，发挥教材作为人才培养关键要素的重要作用。中国矿业大学（北京）刘波教授团队积极行动，申请并获批建设未来产业（碳中和）领域之一系列教材。为建设高质量的未来产业（碳中和）领域特色的高等教育专业教材，融汇产学共识，凸显数字赋能，由 63 所高等院校、31 家企业与科研院所的 165 位编者（含院士、教学名师、国家千人、杰青、长江学者等）组成编写团队，分碳中和基础、碳中和技术、碳中和矿山与碳中和建筑四个类别（共计 14 本）编写。本系列教材集理论、技术和应用于一体，系统阐述了碳捕集、封存与利用、节能减排等方面的基本理论、技术方法及其在绿色矿山、智能建造等领域的应用。

截至 2023 年，煤炭生产消费的碳排放占我国碳排放总量的 63% 左右，据《2023 中国建筑与城市基础设施碳排放研究报告》，全国房屋建筑全过程碳排放总量占全国能源相关碳排放的 38.2%，煤炭和建筑已经成为碳减排碳中和的关键所在。本系列教材面向国家战略需求，聚焦煤炭和建筑两个行业，紧跟国内外最新科学研究动态和政策发展，以矿业工程、土木工程、地质资源与地质工程、环境科学与工程等多学科视角，充分挖掘新工科领域的规律和特点、蕴含的价值和精神；融入思政元素，以彰显"立德树人"育人目标。本系列教材突出基本理论和典型案例结合，强调技术的重要性，如高碳资源的低碳化利用技术、二氧化碳转化与捕集技术、二氧化碳地质封存与监测技术、非二氧化碳类温室气体减排技术等，并列举了大量实际应用案例，展示了理论与技术结合的实践情况。同时，邀请了多位经验丰富的专家和学者参编和指导，确保教材的科学性和前瞻性。本系列教材力求提供全面、可持续的解决方案，以应对碳排放、减排、中和等方面的挑战。

本系列教材结构体系清晰，理论和案例融合，重点和难点明确，用语通俗易懂；融入了编写团队多年的实践教学与科研经验，能够让学生快速掌握相关知识要点，真正达到学以致用的效果。教材编写注重新形态建设，灵活使用二维码，巧妙地将微课视频、模拟试卷、虚拟结合案例等应用样式融入教材之中，以激发学生的学习兴趣。

　　本系列教材凝聚了高校、企业和科研院所等编者们的智慧，我衷心希望本系列教材能为从事碳排放碳中和领域的技术人员、高校师生提供理论依据、技术指导，为未来产业的创新发展提供借鉴。希望广大读者能够从中受益，在各自的领域中积极推动碳中和工作，共同为建设绿色、低碳、可持续的未来而努力。

谢和平

中国工程院院士

深圳大学特聘教授

2024 年 12 月

丛书序二

　　2015 年 12 月，第二十一届联合国气候变化大会上通过的《巴黎协定》首次明确了全球实现碳中和的总体目标，"在本世纪下半叶实现温室气体源的人为排放与汇的清除之间的平衡"，为世界绿色低碳转型发展指明了方向。2020 年 9 月 22 日，习近平主席在第七十五届联合国大会一般性辩论上宣布，"中国将提高国家自主贡献力度，采取更加有力的政策和措施，二氧化碳排放力争于 2030 年前达到峰值，努力争取 2060 年前实现碳中和"，首次提出碳达峰新目标和碳中和愿景。2021 年 9 月，中共中央、国务院发布《中共中央 国务院关于完整准确全面贯彻新发展理念做好碳达峰碳中和工作的意见》。2021 年 10 月，国务院印发《2030 年前碳达峰行动方案》，推进碳达峰碳中和目标任务实施。2024 年 5 月，国务院印发《2024—2025 年节能降碳行动方案》，明确了 2024—2025 年化石能源消费减量替代行动、非化石能源消费提升行动和建筑行业节能降碳行动具体要求。

　　党的二十大报告提出，"积极稳妥推进碳达峰碳中和""推动能源清洁低碳高效利用，推进工业、建筑、交通等领域清洁低碳转型"。聚焦"双碳"发展目标，能源领域不断优化能源结构，积极发展非化石能源。2023 年全国原煤产量 47.1 亿 t、煤炭进口量 4.74 亿 t，2023 年煤炭占能源消费总量的占比降至 55.3%，清洁能源消费占比提高至 26.4%，大力推进煤炭清洁高效利用，有序推进重点地区煤炭消费减量替代。不断发展降碳技术，二氧化碳捕集、利用及封存技术取得明显进步，依托矿山、油田和咸水层等有利区域，降碳技术已经得到大规模应用。国家发展改革委数据显示，初步测算，扣除原料用能和非化石能源消费量后，"十四五"前三年，全国能耗强度累计降低约 7.3%，在保障高质量发展用能需求的同时，节约化石能源消耗约 3.4 亿 t 标准煤、少排放 CO_2 约 9 亿 t。但以煤为主的能源结构短期内不能改变，以化石能源为主的能源格局具有较大发展惯性。因此，我们需要积极推动能源转型，进行绿色化、智能化矿山建设，坚持数字赋能，助力低碳发展。

　　联合国环境规划署指出，到 2030 年若要实现所有新建筑在运行中的净零排放，建筑材料和设备中的隐含碳必须比现在水平至少减少 40%。据《2023 中国建筑与城市基础设施碳排放研究报告》，2021 年全国房屋建筑全过程碳排放总量为 40.7 亿 t CO_2，占全国能源相关碳排放的 38.2%。建材生产阶段碳排放 17.0 亿 t CO_2，占全国的 16.0%，占全过程碳排放的 41.8%。因此建筑建造业的低能耗和低碳发展势在必行，要大力发展节能低碳建筑，优化建筑用能结构，推行绿色设计，加快优化建筑用能结构，提高可再生能源使用比例。

　　面对新一轮能源革命和产业变革需求，以新质生产力引领推动能源革命发展，近年来，中国矿业大学（北京）调整和新增新工科专业，设置全国首批碳储科学与工程、智能采矿工程专业，开设新能源科学与工程、人工智能、智能建造、智能制造工程等专业，积极响应未来产业（碳中和）领域人才自主培养质量的要求，聚集煤炭绿色开发、碳捕集利用与封存等领域前沿理论与关键技术，推动智能矿山、洁净利用、绿色建筑等深度融合，促进相关学科数字化、智能化、低碳化融合发展，努力培养碳中和领域需要的复合型创新人才，为教育强国、能源强国建设提供坚实人才保障和智力支持。

为此，我们团队积极行动，申请并获批承担教育部组织开展的战略性新兴领域"十四五"高等教育教材体系建设任务，并荣幸负责未来产业（碳中和）领域之一系列教材建设。本系列教材共计 14 本，分为碳中和基础、碳中和技术、碳中和矿山与碳中和建筑四个类别，碳中和基础包括《碳中和概论》《碳资产管理与碳金融》和《高碳资源的低碳化利用技术》，碳中和技术包括《二氧化碳转化原理与技术》《二氧化碳捕集原理与技术》《二氧化碳地质封存与监测》和《非二氧化碳类温室气体减排技术》，碳中和矿山包括《绿色矿山概论》《智能采矿概论》《矿山环境与生态工程》，碳中和建筑包括《绿色智能建造概论》《绿色低碳建筑设计》《地下空间工程智能建造概论》和《装配式建筑与智能建造》。本系列教材以碳中和基础理论为先导，以技术为驱动，以矿山和建筑行业为主要应用领域，加强系统设计，构建以碳源的降、减、控、储、用为闭环的碳中和教材体系，服务于未来拔尖创新人才培养。

本系列教材从矿业工程、土木工程、地质资源与地质工程、环境科学与工程等多学科融合视角，系统介绍了基础理论、技术、管理等内容，注重理论教学与实践教学的融合融汇；建设了以知识图谱为基础的数字资源与核心课程，借助虚拟教研室构建了知识图谱，灵活使用二维码形式，配套微课视频、模拟试卷、虚拟结合案例等资源，凸显数字赋能，打造新形态教材。

本系列教材的编写，组织了 63 所高等院校和 31 家企业与科研院所，编写人员累计达到 165 名，其中院士、教学名师、国家千人、杰青、长江学者等 24 人。另外，本系列教材得到了谢和平院士、彭苏萍院士、何满潮院士、武强院士、葛世荣院士、陈湘生院士、张锁江院士、崔愷院士等专家的无私指导，在此表示衷心的感谢！

未来产业（碳中和）领域的发展方兴未艾，理论和技术会不断更新。编撰本系列教材的过程，也是我们与国内外学者不断交流和学习的过程。由于编者们水平有限，教材中难免存在不足或者欠妥之处，敬请读者不吝指正。

教育部战略性新兴领域"十四五"高等教育教材体系
未来产业（碳中和）团队负责人
2024 年 12 月

前　言

　　矿产资源是大自然镌刻于其上的无声印迹和历史年轮，更是大自然对人类慷慨无私的馈赠。无论是高山平原，还是海洋沙漠，甚至是星际苍穹，都蕴藏着丰富的矿产资源。矿业开发是人类与大自然的亲密接触，在我们看得见的地表或是数千米的地下，都留下了人类对矿产资源开发的踪迹。如何科学有序地开发利用矿产资源，构筑人与自然和谐共生的家园，一直是关于矿业高质量发展的重要议题。

　　党的十八大以来，在习近平生态文明思想的科学指引下，我国坚持"绿水青山就是金山银山"的理念，坚持山水林田湖草沙一体化保护和系统治理，生态文明建设和生态环境保护发生了历史性、转折性、全局性变化，美丽中国建设迈出重大步伐，一幅新时代的《千里江山图》徐徐铺展，气势恢宏。建设绿色矿山、发展绿色矿业是中国矿业发展、人与自然和谐共生的必由之路，是中国式现代化的组成部分。绿色矿山是山水林田湖草沙生命共同体，是生态与产业的结合体，是系统性全过程的思维，是一个体系建设，是生态文明建设的重要组成部分，是生态文明建设在矿业领域的生动实践。2005 年 8 月，时任浙江省委书记的习近平同志在浙江湖州安吉考察时提出"绿水青山就是金山银山"的科学论断。同年 12 月，湖州市政府出台了《湖州市人民政府关于创建绿色矿山的实施意见》，提出了创建绿色矿山的指导思想、总体目标及绿色矿山的基本条件。2007 年 11 月，以"落实科学发展，推进绿色矿业"为主题的中国国际矿业大会召开，与会代表对全球化矿业形势进行了分析与展望，绿色矿业的理念逐步为人所熟知。2008 年，《全国矿产资源规划（2008～2015 年）》提出以绿色矿山建设为重点发展方向，部署启动了绿色矿山试点建设方案。2010 年 8 月，国土资源部发布了《关于贯彻落实全国矿产资源规划发展绿色矿业建设绿色矿山工作的指导意见》，明确提出了发展绿色矿业的要求，公布了《国家级绿色矿山基本条件》，对绿色矿山基本条件进行了规定。从 2011 年 3 月至 2014 年 7 月，国土资源部先后公告了 4 批共661 家国家级绿色矿山试点单位，标志着我国绿色矿山建设已从理念、认识阶段上升到"试点先行、典型引路、探索经验、提供示范"的新阶段。2017 年 3 月，《国土资源部 财政部 环境保护部 国家质量监督检验检疫总局 中国银行业监督管理委员会 中国证券监督管理委员会关于加快建设绿色矿山的实施意见》印发，明确了绿色矿山三大建设目标，提出施行四类支持政策，全面推进绿色矿山建设工作。2018 年，自然资源部发布了《非金属矿行业绿色矿山建设规范》等 9 个绿色矿山建设行业标准，标志着我国绿色矿山建设进入了制度化、规范化、标准化阶段。2024 年 4 月，为深入贯彻党的二十大精神，落实国家"十四五"规划纲要和《中共中央国务院关于全面推进美丽中国建设的意见》等要求，持续推动矿业领域生态文明建设，立足新阶段、聚焦新要求，进一步加强绿色矿山建设，规范指导地方更好开展相关工作，自然资源部联合相关部门印发了《关于进一步加强绿色矿山建设的通知》（自然资规〔2024〕1号）。走过二十载的发展历程，随着绿色矿山建设的不断推进，研究和实践的不断延伸，"绿色矿山"的内涵更加丰富、理论体系愈发完善，书写了一份厚重的"绿色答卷"。

具体而言，"绿色矿山"强调把矿产资源和影响环境的能源消耗、碳排放、废水、固体废弃物、废弃土地等都作为重要的资源加以开发利用，以保护生态环境、降低资源消耗、实现矿业高质量发展为目标，将绿色发展理念贯穿矿产资源开发利用与保护全过程，切实践行"绿水青山就是金山银山"的理念。我国绿色矿山建设的完整体系基本形成，为世界矿山生态发展和环境保护及"双碳"目标的达成做出了突出贡献，展现了构建人类命运共同体的中国担当。虽然涉及绿色矿山建设的观点、认识、路径、经验等研究与实践的报道不断出现，但在世界范围内，多年来一直没有系统论述绿色矿山理论与技术的著作出版。在此背景下，旨在践行生态文明理念、服务绿色矿山建设的绿色矿山系列丛书应运而生。为促进绿色矿山建设及相关的技术服务行业的科技创新、科技进步、管理水平提升和建设蹄疾步稳，帮助高校和科研院所师生、行政管理人员、矿山设计人员、施工人员、监理人员、第三方评估人员、绿色矿山咨询服务人员、认证机构专业人员、矿山企业管理人员等更好地理解绿色矿山建设标准，全面、深入、准确把握其内涵和外延，使绿色矿山建设标准的原则性要求与实际操作有机衔接起来，2020年3月，绿色矿山系列丛书编写委员会成立，汪民任主任，于润沧、苏义脑、彭苏萍、毛景文、康红普、伍绍辉、关凤峻、白星碧、冯安生、陈仁义、胡泽松、刘随臣、赵腊平、胡幼奕等任副主任，委员由王亮、邓久帅、王琼杰等组成。此后，2020年9月，我国专门指导绿色矿山建设的绿色矿山系列丛书正式出版发行，包括《绿色矿山建设标准解读》《绿色矿山评价指标条文释义》《绿色矿山技术发展与应用》等。丛书一经出版，引起强烈反响，各级部门和行业专家学者给予高度评价，这些都充分反映了全国绿色矿山建设形成的热潮和行业内对绿色矿山知识的迫切需要。

2020年12月，为提高学校、矿山企业、绿色矿山咨询服务机构、第三方评估机构、矿政管理人员对绿色矿山的认识，包括11章350余题的《绿色矿山知识学习题册》通用工具书出版。2021年12月，由绿色矿山系列丛书编写委员会编撰的全球首部绿色矿山英文著作 *Interpretation of Green Mine Evaluation Index* 由 Springer 正式出版发行，这标志着中国的绿色矿山建设方案正式走向世界，首次为全球绿色矿山建设与可持续发展提供了中国方案和权威指南。如何让广大师生、广大读者、广大矿山行业相关从业人员以更全面、更精准、更快捷、更方便、更有效率的方式学好用好绿色矿山的相关知识一直是值得思考的课题。为使绿色矿山知识能够在更大范围以更权威的方式传播和使不同人员快速消化吸收，急需一本绿色矿山方面的教材，也作为已经出版的绿色矿山丛书的补充。在上述工作的基础上，为贯彻落实党的二十大报告中关于生态文明建设的战略部署，践行绿色发展新理念，构建我国矿业绿色高质量发展新格局，更好地开展绿色矿山专门人才培养，建设可持续发展的人才队伍，全面推进绿色矿山建设，中关村绿色矿山产业联盟、中国矿业大学（北京）筹备成立了绿色矿山教材编写委员会，为高校绿色矿山相关课程提供专业教材。编写委员会由多名院士和业内专家学者组成，具有很高的权威性。2023年3月22日，《关于成立绿色矿山教材编写委员会的通知》发布，教材编委会筹备组组长为中国矿业大学（北京）彭苏萍院士，副组长为中国矿业大学（北京）邓久帅教授、中关村绿色矿山产业联盟秘书长王亮研究员。编写委员会的主要职责为研究绿色矿山教材编写计划，讨论教材编写思路，审查教材内容，把关教材质量等工作。来自中国矿业大学（北京）、中国地质大学（北京）、中国石油大学（北京）、北京科技大学、东北大学、中国地质大学（武汉）、中国石油大学（华东）、中国矿业大学、太原理工大学、广西大学、昆明理工大学、武汉理工大学、成都理工大学、河南理工大学、桂林理工大学、江西理工大学、安徽理工大学、山东理工大学、华北理工大学、东华理工大学、西安科技大学、山东科技大学、西南科技大学、武汉科技大学、湖南科技大学、西安建筑科技大学、辽宁科技大学、内蒙古科技大学、内蒙古工业大学、华北科技学院、长安大学、福州大学、贵州大学、青海大学、南华大学、辽宁工程技术大学、武汉工程大学、河北地质大学、长江大学、西南石油大学、东北石油大学、西安石油大学、山西工程技术学院、攀枝花学院、红河学院、河南地矿职业学院、黑龙江能源职业学院、湖南有色金属职业技术学院、烟台黄金职业学院、大同煤炭职业技术学院、淮南职业技术学院、兰州资源环境职业技术大学、潞安职业技术学院、昆明冶金高等专科学校、河南省三门峡黄金工业学校、贵州省地质技工学校、冀中工程技师学院、新疆地矿局职业中等专业学校、山西省煤炭职业中等专业学校、山西省雁北煤炭工业学校等单位的专业技术与管理人员联系报名编写委员会成员。

2023年11月，教育部公布战略性新兴领域"十四五"高等教育教材体系建设团队名单，本书作为中国矿业大学（北京）校长刘波教授领衔的教材团队编写的教材的重要组成部分，入选"未来产业（碳中和）"领域的教育部"十四五"高等教育教材体系。本书编写团队成员重视绿色矿山理论研究与实践探索，从源头上为矿业绿色发展培育人才，提升绿色矿山专业人才质量，为推进矿业领域生态文明建设贡献力量。2023年11月，为保障我国绿色矿山建设领域首部教材的质量，本书编写委员会面向矿山企业、设备厂商、技术服务单位发布了征集专项案例的通知，包括从源头上规划绿色矿山建设的案例，从源头上设计绿色矿山的案例，将日常工作与绿色矿山建设融为一体的案例，在开采中探矿增储的案例，采用先进设计技术减少设计损失量的案例，采用先进技术减少贫化量的案例，采用先进选矿工艺降低尾矿中金属及有价元素含量的案例，光伏、氢能、势能等应用案例，永磁电动机、无功补偿等在装备、工艺、设施方面有节能效果的应用案例，提高能源利用率、减少能源浪费的案例，能源回收工程及成效的案例，CO_2封存的案例，CO_2利用方式、利用途径的案例，碳汇林[⊖]建设及成效的案例，采暖季、非采暖季均能实现平衡的案例，用于制作建材、充填回填、分级利用、大宗消纳等案例，采用先进理念、技术对废弃矿山、生产矿山生态修复的案例，金属污染防治工程的案例，矿山智能化的案例，发展生态产业、建设美丽乡村的案例，有助于推动绿色矿山的采、选、综合利用、生态修复的案例，先进技术装备的案例等。2024年1月6日，本书量化指标研讨会以线上会议的形式召开，26位来自矿山企业、地勘单位、高校、科研院所、政府部门等单位的成员参与了本次研讨会。会议介绍了本书图谱主线以及影响绿色矿山因素、目标及量化指标的具体内容，对35项影响绿色矿山因素共140

⊖ 碳汇林是通过植树造林、加强森林经营管理、减少毁林、保护和恢复森林植被等活动，以吸收和固定大气中的CO_2为主要目的的林业活动。

余个量化指标的设置目的、计算公式、依据文件、指标要求等进行了逐项讨论。

党的二十届三中全会审议通过《中共中央关于进一步全面深化改革、推进中国式现代化的决定》，指出"聚焦建设美丽中国，加快经济社会发展全面绿色转型，健全生态环境治理体系，推进生态优先、节约集约、绿色低碳发展，促进人与自然和谐共生"。绿色发展是高质量发展的底色，新质生产力本身就是绿色生产力。绿色矿山建设是推动矿业高质量发展的重要举措，是矿业领域生态文明建设的有力抓手，是实现人与自然和谐共生的必然要求。加强绿色矿山建设，要站在人与自然和谐共生的高度，谋划矿业绿色低碳发展，为新质生产力蓄势赋能。这也是本书出版的初衷。经全国范围内专家学者对教材体系与内容的研讨、对教材案例的收集等工作，历经四年艰辛，现终于完稿付梓，可谓凝聚了无数人的奋斗成果。这是国内外首部解读绿色矿山的教材。

本书系统阐述了绿色矿山的基本知识，从绿色矿山基础理论出发，引入绿色矿山建设基本内容、协调体系、规划和设计，详细介绍了绿色矿山生产管理及矿山关闭与转型发展等内容。本书共8章，第1章为绪论，第2章介绍绿色矿山理论基础，第3章介绍绿色矿山建设基本内容，第4章介绍绿色矿山建设协调体系，第5章介绍绿色矿山建设规划，第6章介绍绿色矿山建设设计，第7章介绍绿色矿山生产管理，第8章介绍矿山关闭与转型发展。

本书在撰写过程中得到了各单位和各级部门的大力支持，根据发布的编写本书的相关通知，各单位和各级部门精心提供了诸多相关资料和案例，在此对他们的热情帮助和大力支持表示衷心的感谢！除三位作者外，吴海军、袁永榜、张二锋、李文涛、韩雨、范廷玉、赵震宇、张勇、江海深、胡婷婷、王若含、邓建英、李世美、秦启政、张浩、苏海霞、赵伟伟、李晓丹等同志参与了本书的整理工作，鞠建华、魏甲明、赵艳玲、宫凤强、王振伟、张洪潮、孙学森、赵曰茂、杨柳、王达等同志参与了审核工作，汪民、侯立安、武强、冯国瑞、吴顺川、王永奉、王保家、马军平、温挨树、张世新、乔文光、王绍清等同志对本书进行了指导并提出了宝贵的修改意见，此外还有很多未提到的同仁在本书编审过程中做出了贡献，在此对他们的辛苦付出表示深深的敬意和真诚感谢！本书内容丰富，参考文献较多，可能存在对文献标注有疏漏或内容编排不尽合理等问题，我们在此特表歉意，并向文字及图表作者与相关单位表示衷心的感谢！本书在编写过程中得到了生态环境部、自然资源部、科学技术部、中关村绿色矿山产业联盟、中国矿业大学（北京）、北京绿海盛源认证服务有限公司、北京市海淀区绿智职业技能培训学校等有关单位的大力支持，同时还得到了国家自然科学基金、中央高校基本科研业务费专项资金、"越崎学者"、国家部委及地方科技重点专项等基金项目的支持，谨在此表示真诚感谢并致以崇高敬意！由于绿色矿山涉及的范围广、交叉性强，而且随着人们对绿色矿山认识的不断深入和科技水平的不断提高，各种新的理念、新的技术层出不穷，加之作者的水平和时间有限，尽管已尽最大努力，但难免有疏漏之处，恳请广大读者批评指正。让我们共同努力，加快绿色矿山领域人才培养，赋能新时代矿业高质量发展，全面推进美丽中国建设！

作　　者

2024 年 7 月

目　录

丛书序一

丛书序二

前言

第1章 ▍ 绪论 / 1

   1.1 绿色矿山的概念及内涵 / 1

   1.2 国内外绿色矿山现状 / 4

   1.3 绿色矿山建设水平阶段划分 / 13

   1.4 建设绿色矿山的目的及意义 / 16

   1.5 建设绿色矿山的技术路线 / 20

   思考题 / 24

第2章 ▍ 绿色矿山理论基础 / 25

   2.1 绿水青山就是金山银山理念 / 25

   2.2 绿色发展、循环发展、低碳发展 / 25

   2.3 尊重自然、顺应自然、保护自然 / 26

   2.4 山水林田湖草生命共同体理念 / 27

   2.5 循环经济理念 / 29

   2.6 环境不可分割理论 / 31

   2.7 生态环境容量不减少原则 / 33

   2.8 帕累托改进与最优模型 / 34

   2.9 均衡发展理论 / 35

   2.10 一体化协同原则 / 37

   思考题 / 38

第3章 ▍ 绿色矿山建设基本内容 / 39

   3.1 概述 / 39

3.2　基础条件　/ 43

3.3　资源开发　/ 48

3.4　环境保护　/ 57

3.5　生态修复　/ 67

思考题　/ 72

第4章 ▍绿色矿山建设协调体系　/ 74

4.1　概述　/ 74

4.2　矿产资源高效利用平衡　/ 79

4.3　能源节约利用平衡　/ 86

4.4　碳排放与碳汇循环平衡　/ 91

4.5　水资源循环利用平衡　/ 101

4.6　固体废弃物处置与资源化平衡　/ 108

4.7　土地损毁与复垦平衡　/ 112

4.8　经济效益与生态效益协调　/ 117

思考题　/ 124

第5章 ▍绿色矿山建设规划　/ 125

5.1　概述　/ 125

5.2　矿区总体布局规划　/ 128

5.3　资源开发规划　/ 134

5.4　环境保护规划　/ 137

5.5　生态修复规划　/ 144

5.6　矿区生态产业规划　/ 150

5.7　矿山关闭规划　/ 152

思考题　/ 154

第6章 ▍绿色矿山建设设计　/ 155

6.1　概述　/ 155

6.2　露天矿山绿色开采　/ 156

6.3　地下矿山绿色开采　/ 160

6.4　矿物绿色加工　/ 162

6.5　矿井水处理　/ 166

6.6　固体废弃物资源化利用　/ 168

6.7　生态修复　/ 174

6.8　生态修复监测　/ 178

思考题　/ 186

第 7 章 ▎绿色矿山生产管理 / 187

7.1 概述 / 187

7.2 绿色矿山管理体系 / 189

7.3 矿井技术改造与改扩建 / 196

7.4 企业规范化专项管理 / 200

思考题 / 210

第 8 章 ▎矿山关闭与转型发展 / 211

8.1 矿山关闭 / 211

8.2 资源再利用 / 214

8.3 生态产业发展 / 219

思考题 / 223

参考文献 ▎/ 224

本章介绍了绿色矿山的基本概念，分析了国内外绿色矿山的发展现状，阐述了绿色矿山建设的阶段划分，探讨了建设绿色矿山的目的与意义，并提出了建设绿色矿山的技术路线，旨在为读者提供一个关于绿色矿山建设的系统性认知框架。

1.1　绿色矿山的概念及内涵

1.1.1　绿色矿山概念的提出

早在 19 世纪，英美等西方国家就注重对矿区植被的保护以及对矿区周边环境的美化，此时没有明确的"绿色矿山"概念，但在矿产资源开发利用过程已经体现出环境保护的内涵。相比之下，我国矿业领域"绿色"概念提出虽稍显滞后，但后发优势显著，为推动其深入发展与广泛实践做出了不可磨灭的贡献。随着时间的推移，绿色矿山的理念在我国经历了从最初的提出到深化拓展的过程，其内涵不断得到丰富和完善，概念表述也日趋精确和全面。

2007 年 11 月，国土资源部提出"坚持科学发展观，推进绿色矿业"，绿色矿业这一全新概念被正式提出，绿色矿山建设工作开始了全国范围的"谋篇布局"。

2018 年，自然资源部发布的非金属矿等 9 个行业绿色矿山建设规范中首次明确了"绿色矿山"术语定义。所谓"绿色矿山"，是指在矿产资源开发全过程中，实施科学有序的开采，对矿区及周边生态环境扰动控制在可控制范围内，实现环境生态化、开采方式科学化、资源利用高效化、企业管理规范化和矿区社区和谐化的矿山。

《中国大百科全书》将"绿色矿山"定义为在矿产资源开发全过程，实施科学有序开采，且对矿区及周边环境影响控制在环境可承受范围内的矿山。

《绿色矿山评价通则》（GB/T 44823—2024）对绿色矿山给出了明确的术语定义，指出"绿色矿山是指那些在开采方式上实现科学化、在资源利用上达到高效化、在矿区环境上实现生态化、在管理上达到规范化，并且促进矿区和谐化的矿山"。

随着绿色矿山建设实践的持续深化与理论研究的不断拓展，绿色矿山的内涵得到了极大的丰富和完善。近年来，行业内的专家学者基于实践探索与理论创新，为"绿色矿山"这一概念赋予了更加精准、更加简洁、更能体现"绿色发展"这一核心特征的定义。即绿色矿山是指矿产资源开发与生态环境保护相协调的矿山[⊖]。

矿产资源开发与生态环境保护相协调，着重强调了在开发利用矿产资源的同时，应该采取措施保护和恢复生态环境，实现经济发展与环境保护的双赢。矿产资源的开发往往会对自然环境造成破坏，如地表塌陷、水源污染、植被破坏等，这些问题不仅影响生态平衡，还可能对人类的生存和发展造成威胁。因此，在矿产资源开发过程中，必须制定科学合理的规划，采用先进的开采技术和环保措施，以减少对环境的破坏。同时，要加强矿山生态环境的恢复和治理，通过植树造林、水土保持等措施，逐步恢复矿山的生态环境。只有实现矿产资源开发与生态环境保护的协调统一，才能确保资源的可持续利用，促进经济社会的可持续发展，为子孙后代留下一个绿色、健康的地球家园。

1.1.2 绿色矿山的内涵

唐菊兴院士认为，绿色矿业的开发不仅仅是种草植树，而是要在生态文明建设的前提下，高效利用所有有用的元素，并实现高质量发展。他提出，矿业开发本身与环境保护之间不是对立的，而是友好的、协调的关系。只有真正高效利用矿山所有的有用元素，去掉有害物质，才是绿色开发的根本。

于润沧院士认为，绿色矿山是在生态文明建设的方针指引下提出来的，不能简单地把它理解为绿化矿山。绿色矿山有着十分深刻的内涵，概括地说就是构建生态矿业工程。生态矿业工程是生态工程的一个分支，要求矿业项目在其规划、立项、设计、施工建设、生产、闭坑全过程，将生态环境保护和环境治理、生态修复融为项目的有机元素，明确各阶段的资金投入，落实各阶段的社会责任，以法律形式明确规定。矿产资源开发之前的生态环境本底调查是构建生态矿业工程的基础，仔细分析研究矿产资源开发可能诱发的对上述生态和环境状况的干扰与破坏。首先制定从源头上控制干扰和破坏的技术路线与措施，立足于循环经济模式、强化资源综合利用及废料资源化，做到不建尾矿库，不设废石场，无外排不达标废水的无废开采。金属品位高而尾矿产率低，且尾矿不含重金属的地下开采矿山（如铁矿、钼矿、铅锌矿等）有可能实现无废开采。黄金矿山也提出开采部分围岩用作建材，使尾矿大部分可回填采空区的设想。总之，要依靠积极的技术创新和经济评价推动从源头上实现绿色矿山，确实无法从源头上控制时，要落实尽早、及时进行环境治理和生态修复的技术方案，资金根据具体情况分别纳入基建投资的环保基金或计入生产成本。

苏义脑院士认为，绿色矿山的内涵就是"能尽其用、物尽其用、环境达标、永续发展"。能尽其用就是建设最优的能源消耗系统，研究和选用节能的设备与装备，以及在绿色矿山建设过程中收集尽可能多的能源，发挥能源最大的价值；物尽其用就是对资源的最大化利用，深入研究与挖掘废弃物的资源化价值，将"废物"转化为有价值的资源，抑制污染属性、提升资源属性；环境达标就是主动进行生态环境的预防和保护，实现源头上减少废弃物的排放和对生态系统的损伤；永续发展体现了在绿色矿山建设中坚持土地、矿产资源、自然资源的循环利用

⊖ 绿色矿山的定义为编写本书的基础，来源于术语在线。本书涉及的定义，如果是在术语在线上经审订过的词语，均来源于术语在线。

和可持续发展，谋求区域经济、社会的全面进步。同时，在绿色矿山建设过程中要遵循"趋反求全"和系统论的原则，引导矿山企业在绿色矿山建设过程要充分了解和认识到自己存在的问题，形成问题清单，然后不断地改进，将问题全部改进后自然就建成了绿色矿山。

从上面专家的观点可以看出，绿色矿山从根本上转变了矿业的发展方式和经济增长方式，主要体现在以下几个方面。

（1）资源利用高效化

绿色矿山注重资源的合理利用和高效开发，需要通过采用先进的生产技术和设备，提高资源开采回采率、选矿回收率和综合利用率。这不仅能够减少资源浪费，还能够降低对自然资源的依赖，实现经济的可持续发展。

（2）环境保护与生态修复

绿色矿山在开采过程中，严格控制对矿区及周边生态环境的扰动，确保开采活动在可控制范围内进行。同时，加强废弃物和废水处理，减少废弃物排放，降低环境风险。在开采结束后，实施生态环境恢复治理和土地复垦，恢复生态平衡，实现矿业开发与生态保护的和谐共生。

（3）科技创新与智能化发展

绿色矿山的发展离不开科技创新和智能化技术的支撑。通过引入人工智能、物联网、3D打印等高新技术，提高资源勘查的准确性和效率，减少不必要的开采。同时，推广使用先进适用的技术装备，加快矿山机器设备迭代升级，提高矿业生产的智能化水平。

（4）循环经济与资源综合利用

绿色矿山坚持循环经济原则，注重资源的综合利用和废弃物的回收再利用。通过加大对伴生矿物的提取和利用，充分发挥表外矿⊖尾矿⊖的价值，提高资源的综合利用效率。此外，还应推动全产业链的综合利用，提升附加值，打造矿山新的经济增长点。

（5）社区参与和谐共生

绿色矿山注重与周边社区的合作与参与，通过实施社区参与计划，关注当地居民的生活福祉和利益诉求。加强与社区的沟通和协调，共同解决矿业开发过程中可能出现的问题和矛盾，推动矿山与社区的共生发展。

总之，绿色矿山是在生态矿业工程学科指导下，以持续、协调、效率为目标的矿业发展新模式。其通过全生命周期系统化管理，将资源开发活动严格限定在生态环境承载力⊖范围

⊖　根据矿石中有用矿物或有用组分的含量（即品位），矿石被划分为不同的类别。当矿石品位高于最小工业品位时，这部分矿石资源具有工业开采价值，被称为表内矿。相反，当矿石品位低于最小工业品位但高于地质边界品位时，这部分矿石资源虽然含有一定的有用组分，但由于当前经济技术条件的限制，其开采和利用并不经济，被称为表外矿。

⊖　尾矿是经过选矿后残余的可弃去的物料，主要包含未被提取的有用矿物、脉石及残留选矿药剂。

⊖　生态承载力是指在某一特定环境条件下（主要指生存空间、营养物质、阳光等生态因子的组合），某种个体存在数量的最高极限。环境承载力是指在特定时期内，特定区域功能稳定时，所能承载的社会经济活动能力及人口的最大数量（极限人口）。生态环境承载力是指生态系统的自我维持、自我调节能力，资源与环境子系统的供容能力（资源持续供给能力、环境容纳废物能力）及其可维持养育的社会经济活动强度和具有一定生活水平的人口数量。它涵盖了生态承载力和环境承载力的内容，并强调了生态系统在维持其结构和功能稳定的前提下，所能承载的社会经济活动强度和人口数量。生态环境承载力是实现经济、社会、环境协调发展的基础，是资源开发强度与环境承载力之间是否协调的重要判断依据，也是制定生态环境规划的前提。

内，体现了人与自然生命共同体理念下资源开发与生态保护的动态平衡。

1.2 国内外绿色矿山现状

1.2.1 国外矿业绿色发展现状

国外虽没有明确提出"绿色矿山"的概念，但在矿产资源开发利用、矿山生态环境保护与矿业经济发展等方面早已进行了系统性的研究。A. W. 克拉格（1999）理论论证了矿产资源开采、矿山环境、社区与经济间具有一致的兼容性。Rio Tinto Bora 公司（2001）指出，在矿业开发利用过程中，矿业公司既要为社会提供必要的矿产品，又必须为保护生态环境、提供社会福利做出贡献。

Lisa Morrison（2002）认为，矿山经营必须主要处理好三点：第一点要最大限度地服务股东，按股东大会决定的目标最大限度地实现收益，获得最高的投资回报率；第二点是经营管理好矿山企业，实现矿产资源的帕累托最优配置；第三点是最重要的一点，就是最大限度地减少对矿山环境的破坏，恢复和治理矿区的生态环境，并在矿山经营过程中给予矿山环境补偿；这种观点实质上就是建设绿色矿山，发展绿色矿业的重要内涵。

Douglas C. Yearley（2003）、E. B. Barbier（2010）指出：矿业是一种特殊产业，矿山企业是微小单位，在其经营过程中，必须创新经营模式，适应矿山当地的政府管理、周边环境以及当地社区群体的需求，实现矿业经济的协调、可持续性发展。G. M. Hilson（2006）分析了矿山环境保护、企业绩效和社会道德责任之间各利益相关群体之间的关系。B. O'Regan，R. Moles（2006）用系统动力学模型研究了在可持续发展目标下的矿业政策与企业投融资决策之间的定量关系。D. Maheshi，V. P. Steven，V. A. Karel（2015）用生命周期评价模型分析了基于不同情景下的斯里兰卡废料矿山经济与环境效益。

随着经济社会发展对自然资源的消耗速度急剧增加，以及"资源特别是能源、矿产资源等是有限的"意识增强，提高资源的利用效率已经成为研究者关注的焦点，矿产资源开发利用也从"单纯的环境保护"延伸至"资源的综合利用"。

当前，资源环境问题已成为世界各国经济社会发展的重要制约，绿色发展成为世界发展的主流，"绿色""可持续""负责任""透明度"等关键词逐步成为全球矿业发展的基本理念与遵循原则，节能减排与环境保护任重而道远，科技创新成为人类发展与进步的唯一途径。

2004 年，时任联合国秘书长的安南主导多家金融机构联合撰写的报告《有心者胜》（*Who Cares Wins*）中首次提出 ESG[⊖]。2006 年，在联合国环境规划署金融倡议组织（UNEP FI）与联合国全球契约组织（UNGC）的支持下，联合国责任投资原则组织（UN PRI）成立，并发布了《联合国负责任投资原则》，明确要求投资者把 ESG 因素纳入投资分析和决策过程中，这一举措进一步推动了 ESG 理念在全球范围内的传播和应用。同年，《高盛环境政策：2006 年终报告》发布，对行业以及公司进行了 ESG 风险评估，由此 ESG 被正式提出并在全

⊖ ESG（Environmental, Social, and Governance）是环境、社会和治理三个英文单词的首字母缩写，是一种评估企业可持续发展的重要指标和方法，也是关于环境、社会与治理的一系列理念、行为准则或者标准。

球推广。

2015 年 9 月 25 日，联合国可持续发展峰会在纽约总部召开，联合国 193 个会员国在峰会上正式通过 17 个可持续发展目标，包括清洁饮水、清洁能源、永续供求、气候行动、海洋环境及陆地生态等目标。可持续发展目标旨在从 2015—2030 年以综合方式彻底解决社会、经济和环境三个维度的发展问题，转向可持续发展道路。

澳大利亚、加拿大、美国、英国、芬兰等发达国家采取了一系列措施，制定了保护矿山环境的法律法规，对矿产资源的勘查和开发进行了严格的限制，把环境的可持续发展放在首位，不允许以牺牲环境为代价进行矿业开发活动。

1. 澳大利亚

澳大利亚号称"坐在矿车上的国家"，是全球最重要的矿产资源供应地，矿业是其支柱产业和传统产业之一。经过数百年的矿业发展和 100 多年矿业立法，澳大利亚已经成为全球矿业管理最好的国家之一。目前，澳大利亚矿业发展处于"绿色矿业发展阶段"向"智能化发展阶段"的过渡期，其绿色矿业发展模式成熟、机制体制完善，实现高度数字化和智能化矿山是其深化绿色矿业发展的创新模式。

澳大利亚政府高度重视生态环境持续改善，在推进绿色矿业发展过程中，首先树立了大的地球生态系统观，将矿区视为周边生态系统的重要部分。考虑到矿山勘探和开发会对周边的植被、地质构造、地表水和地下水系统、生物多样性等产生较大的影响，澳大利亚推进绿色矿业发展是以勘探、开发和修复等矿业活动必须围绕生态系统最小的影响和较大的恢复韧性为条件开展的。政府重点从源头控制，注重准入制度和机制建立，通过市场机制倒逼矿山企业走金融化、规模化、集约节约化、现代化、机械化的绿色矿山建设之路，形成优胜劣汰的市场退出机制。

在澳大利亚，首先，政府依据《环境和生物多样性保护法（1999）》对矿山项目进行环境评估和审批，评估工作主要委托第三方专业评估机构开展，政府管理部门根据评估结果和评估意见进行审批，批准后才能开展矿业活动。其次，开展矿业活动前，矿业企业还要依法编制《矿山环境保护和关闭规划》，并向国家缴纳抵押金作为"矿山关闭基金"，用于矿山关闭后的生态恢复、设施拆除、产业转型等。最后，矿业公司要依据州政府批准的《开采计划与开采环境影响评价报告》开展矿业活动，边开采边进行生态恢复，包括植被恢复、土地复垦、酸性废水的处理和矿山环境治理的验收等。验收由政府主管部门根据矿业公司制订的《开采计划与开采环境影响评价报告》为依据，组织有关部门和专家分阶段进行验收。政府会对矿山生态环境恢复好的矿业公司通过降低抵押金或颁发奖章进行激励。

澳大利亚绿色矿业发展模式总体上围绕矿山环境生态系统最小影响和恢复为原则，依据相关法律法规，由企业自行编写环境保护和矿山修复的规划和工作计划，政府负责评审和验收，激励手段是矿山关闭基金的抵押金返还及额外奖励。"企业主导、源头严控"是澳大利亚绿色矿山建设的主要模式。

2. 加拿大

在矿业发展过程中，加拿大特别注重矿业的可持续发展与绿色发展，重点放在环境保护、促进经济增长和改善社企关系上。矿山企业在取得采矿许可证前，必须提供矿山环境保护计划和环保措施、矿山复垦和关闭计划等，通过政府审查后还要通过现金支付、资产抵押、债券保险、信用证支付、法人担保等形式确保关闭、复垦及后续的处理或监督费用的到位。相对于澳大利亚，加拿大的缴纳押金制度更灵活，对一些资金能力较弱的中小矿山企业有一定支持。现阶段，加拿大矿业发展处于"绿色矿业发展阶段"后期，其绿色矿业发展模式基本成熟、机制日趋完善，企业金融化程度逐步提高，规模化、现代化、机械化的能力增强，深化绿色矿业发展是这一阶段推进矿业发展的重要途径。

2009 年 5 月，加拿大自然资源部启动了"绿色矿业"倡议（GMI），通过建立完整的生命周期，支持加拿大矿业公司创新绿色技术，改善矿山环境。通过创新方法，尽量减少采矿产生的废弃物，将其转化为环保资源，净化矿区水体，恢复地貌景观和健康的生态系统。该倡议包含四个主题：一是减少污染物排放，探索选择条件优越的矿床进行开采，将废石留在原地，同时研究包括清洁处理，增值矿产副产品，减少废气排放，氰化物和生物浸出替代技术等，在采矿、加工、冶炼综合一体化中实质性地提高能源效率。二是创新废弃物管理，为满足日益严格的监管要求和处理公众关注的问题，改善废弃物（或尾矿）管理和处理技术将有利于降低矿山运转和关闭的成本，也会降低对环境的影响和负债。三是生态系统风险管理，包括研究对金属危害和对其风险评估的更好方法、金属毒性评估、金属产品管理、环境影响监测，改进填埋和关闭方法，降低公共和私营部门成本。四是矿井关闭和复垦，协调矿业、各省和各地区之间根据气候评估变化的影响，制定适宜的战略、技术和更好的废弃物管理政策及复垦实践。

2016 年，加拿大自然资源部发布了《绿色矿业发展计划》，分别从尾矿管理、与原住民的关系、能源利用、温室气体排放、有害物管理、危险管理规划等方面对绿色矿业做出要求。一是尾矿管理，包括履行尾矿管理政策和承诺，建立尾矿管理系统，报告尾矿管理年检结果，做好尾矿库运行维护等；二是与原住民的关系，要求评测《原住民和社区延展协议框架》完成情况并公布结果；三是能源利用，包括建立能源利用管理系统、能源利用报告系统和能源强度绩效目标；四是温室气体排放，包括建立温室气体排放管理报告系统、温室气体排放强度绩效目标；五是生物多样性保育，按照 2009 年批准的《生物多样性保育协议框架》，加拿大矿业协会公布前一年度该框架的测评结果；六是利益相关社区的认同度，要求建立利益相关社区的参与对话机制及响应系统；七是报告系统，需评测矿山安全与健康情况，将于次年公布前一年度的测评结果；八是危险管理规划，包括公布危机管理准备情况、检查结果，开展员工培训；九是矿山关闭，按照相关法律法规及 2008 年批准的《矿山关闭协议》进行矿山关闭工作。

与澳大利亚发展模式不同，加拿大绿色矿业发展模式侧重末端治理的关闭复垦的环境修复和废弃物治理，在最小限度地影响矿区环境的前提下，尽量减少企业环境修复活动和成本，既兼顾了中小矿山企业的利益，又推进了绿色矿山建设。

加拿大自然资源部矿产和能源技术司司长 Magdi Habib 认为，"绿色矿山是一个为社会提供所需原材料，同时只留下清净的水，恢复自然状态的土地和健全的生态系统的矿山"。

3. 美国

20 世纪 70 年代以来，美国社会公众高度关注环境质量问题，包括空气和水的质量、矿区复垦和环境变化、地质灾害发生、生态景观持续改善等。政府为此制定了严格矿业管理和环境保护的法律法规，规定矿业活动必须保持土地、空气和水的原有水平，矿山关闭后继续维持"原状"。对环境的影响评估和修复计划成为美国审批矿权的一个重要前提条件，政府严格对矿山勘探、开发的环境影响及防治措施进行审核，包括审核企业提交的环境影响报告书和防治措施计划；征询矿区所在地政府和社会公众的意见和建议后持续修改计划；征求农业和林业等相关部门的意见和建议，意见和建议经反复修改、各方意见一致方可通过评估（各方难以一致意见时由政府裁定是否可以通过，但主要还是参考民众意见）。矿山环境影响评估往往需要经过几年时间才能走完全部程序，通过评估后企业才能获得探矿权⊖或者采矿权⊖，矿区开发前矿业公司还必须向政府交纳"复垦保证金"，用于日后矿山关闭的复垦工作。在矿业活动过程中，民众有权参与监督，一旦发现问题，民众可随时向管理部门或者法院提出诉讼。美国的矿业管理模式可以说是民众参与了矿山管理和治理的全过程，充分体现"以民为本"，政府征询多方意见，严格管控，按照规范、严谨的矿业管理体系运行。

美国的矿业发展模式强调矿业的可持续发展和环境保持"原貌"，注重企业履行社会责任，兼顾相关各方的利益，形成人与自然和谐的矿业发展局面。从前期规划、过程监管和关闭验收等全过程开展政府、企业、社会、市场等多元化的矿业发展管控，将矿业活动对环境扰动降到最低。现阶段，美国矿业发展处于"智能化发展阶段"的前期，其绿色矿业发展模式极大地推动了矿山开展数字化和智能化管理，尤其在露天矿的数字化方面。采矿软件系统、矿山开发生态系统设计软件平台、数字遥感和远程采矿控制技术、自动化采矿和监控系统、安全和灾害预警系统、标准化信息管理体系等开始应用推广，引领全球矿业绿色发展。

4. 英国

英国矿业管控体系主要包括矿产规划管理、准入管理、环境保护监管和关闭复垦管理等内容。具体包括以下几点：第一是政府发布矿产资源开发规划，并对生态环境保护、环境与安全管理、运输环节的环境保护、废弃物循环回收利用和回填处理提出要求；第二是矿山企业根据政府发布规划标准和要求编制开发计划和环境影响及恢复措施，提交政府审批，政府根据许可证准入制度开展评审并颁发矿产规划许可证（能源矿产还需要矿产开发许可证）；第三是政府依据《矿产开采法》等相关法律对矿山企业活动开展监督管理，矿山企业则通过内控管理，建立安全和环境管理体系，通过 ISO14000 环境管理体系⊜认证等对标管理；第四是差异化的矿山废弃与土地复垦管理，英国的矿山复垦以 1971 年《城乡规划法》颁布时间为界，之前历史遗留的废弃矿山复垦工作由于矿山企业的责任规定不明确，主要由政府

⊖　探矿权是指民事主体依法取得采矿许可证规定范围和期限内，按照批准的勘查设计方案对矿产资源进行勘查的权利。作为民事主体的单位和个人，依据《中华人民共和国矿产资源法》及其配套法规，享有优先取得勘查区域内采矿权的权利。

⊖　采矿权是指民事主体依法取得采矿许可证规定范围和期限内，按照批准的开发利用方案开采矿产资源和获得所开采的矿产品的权利。作为民事主体的单位和个人，依据《中华人民共和国矿产资源法》及其配套法规，享有开采矿产资源，出售、转让采矿权等权利。

⊜　ISO14000 环境管理体系是指获得认可资格的环境管理体系认证机构依据审核准则，对受审核方的环境管理体系通过实施审核及认证评定，确认受审核方的环境管理体系的符合性及有效性，并颁发证书与标志的过程。

提供废弃地补助的方式来完成，之后的矿山复垦由矿山经营者承担，复垦要求是在取得矿山许可证时就已经明确验收标准。

由于英国的矿业在其国民经济发展的作用逐渐减弱，英国的矿业发展具备进入"智能化发展阶段"的时代条件。英国矿业的前端管控主要通过实施严格的矿产规划许可证制度，提高新建矿山的准入门槛，确保勘查、开发活动更符合可持续发展的要求。在矿业活动过程中通过规范的对标管理和运营，可为企业高标准开展绿色矿山建设以及开展数字化和智能化矿山改造提供条件。英国矿业的末端治理侧重历史遗留的废弃矿山复垦管理，基于历史文化价值、社会经济利益、生物多样化等考虑，鼓励社会资本进入矿山复垦领域，推进"矿山+"模式修复，包括"矿山+旅游""矿山+国家公园""矿山+矿业遗址""矿山+植物园""矿山+特色酒店""矿山+博物馆"等模式。

5. 芬兰

芬兰矿产资源丰富，在采矿技术和采矿生产设备方面的专业知识和创新技术在全球矿业领域处于领先水平，绿色生产方法在采矿中得到充分重视，在此背景下，芬兰成为绿色矿业的积极倡导者，发布了《芬兰矿产资源战略》和《绿色矿业计划（2011—2016）》。芬兰矿产资源战略的长期目标是使矿业成为具有全球竞争力的活跃部门，确保芬兰的原材料供应，支持区域发展，负责任地利用自然资源。芬兰矿业 2050 年愿景是成为全球可持续矿业的"先锋"，矿业成为芬兰国民经济的重要支撑。

芬兰在 2011 年制定了《绿色矿业计划（2011—2016）》，该计划的主要目标包括使芬兰成为全球负责的绿色矿业经济先驱，开发可以提供给芬兰矿业公司新的商业化前沿技术，在选择的矿业研究领域取得全球领先地位。

《绿色矿业计划（2011—2016）》的主要内容包括提高材料和能源效率，保证矿产资源能满足未来需求，最大限度地减轻对环境和社会的负面影响，改进工作和组织管理水平，确保矿山关闭后土地的可持续利用，可通过新技术、新方法来实现以上目标。绿色矿业计划研发的技术可以帮助减轻采矿对环境的影响，其长期目标旨在研发地下采矿新技术并得到广泛应用，特别是在城市地区和自然保护区应用这些地下采矿新技术可以降低其环境影响。同时考虑采矿项目从开采到关闭周期内的环境和社会影响。

总之，国外在矿山环境保护和地质环境治理方面也取得了巨大的成就。国外矿业法规中对于环境影响评价、自然保护区等各类保护区保护、水土流失及土壤污染控制、水质保护、空气质量保护、固体废弃物的管理、矿山关闭后的复垦及废弃设施管理以及其他问题（如噪声、危险化学品的使用管理）等都有明确的规定和责任归属。典型矿业国家矿山恢复都有自己的技术要求和标准，加拿大、美国、澳大利亚等矿业公司主要根据联邦政府和州政府规定的具体技术要求而实施，使得国外矿山环境保护与治理都比较超前，同时国外的开采方式与我国的矿山开采方式还存在一定差异，有些时候不能照搬国外的做法，需要根据我国的矿山开采及环境保护的实际情况进行管理。

1.2.2 我国绿色矿山发展历程

"绿色矿山"作为矿业领域一种创新且多维的发展理念与模式，它从概念提出、体系构建到实践深化，在我国经历了漫长的演进历程。伴随习近平生态文明思想的日益深入人心，绿色矿山的建设步伐不断加速，持续推动着行业的绿色转型与发展。我国绿色矿山发展历程按照关键里程碑事件或主要时间节点分为萌芽、试点、示范引领、全面推进和高质量发展五个阶段（图 1-1）。

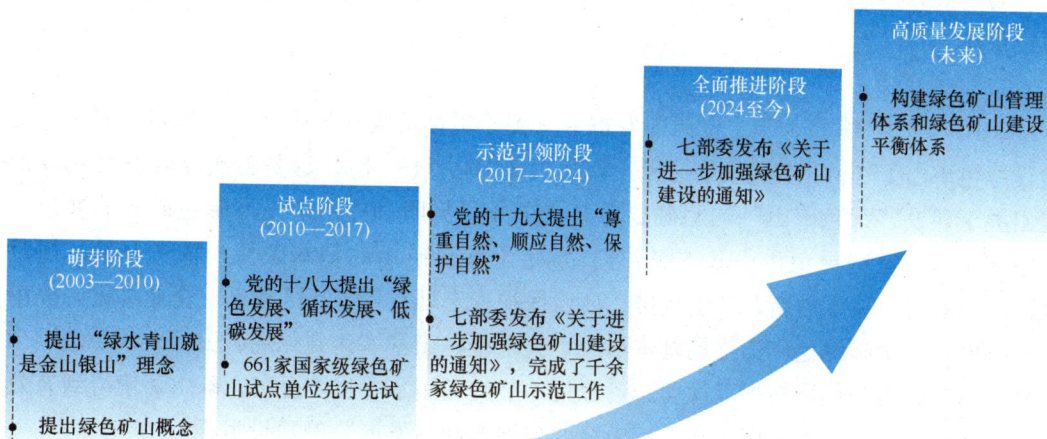

萌芽阶段 (2003—2010)
- 提出"绿水青山就是金山银山"理念
- 提出绿色矿山概念

试点阶段 (2010—2017)
- 党的十八大提出"绿色发展、循环发展、低碳发展"
- 661家国家级绿色矿山试点单位先行先试

示范引领阶段 (2017—2024)
- 党的十九大提出"尊重自然、顺应自然、保护自然"
- 七部委发布《关于进一步加强绿色矿山建设的通知》，完成了千余家绿色矿山示范工作

全面推进阶段 (2024至今)
- 七部委发布《关于进一步加强绿色矿山建设的通知》

高质量发展阶段 (未来)
- 构建绿色矿山管理体系和绿色矿山建设平衡体系

图 1-1 绿色矿山发展历程图

1. 萌芽阶段

2003 年，科学发展观正式提出，为"绿色矿山"建设理念的形成提供了思想和理论基础。

2005 年 8 月，湖州市出台《关于创建绿色矿山的实施意见》，提出了创建绿色矿山坚持以科学发展观为指导，以建设生态城市为目标，以改善矿山生态环境为重点，积极推进清洁生产，发展循环经济，努力实现矿产资源利用集约化、开采方式科学化、生产工艺环保化、企业管理规范化、闭坑矿区生态化，促进矿业经济与生态环境和谐发展。

2007 年 11 月 13 日，以"落实科学发展，推进绿色矿业"为主题的 2007 中国国际矿业大会在北京召开，时任国土资源部部长徐绍史在会上提出"发展绿色矿业"的倡议，这也是我国首次提出"绿色矿业"这一概念。倡议提出，从根本上转变发展方式和经济增长方式，真正实现资源合理开发利用与环境保护协调发展，已成为矿山企业发展的必然选择。

2008 年 11 月 22 日，由国土资源部、中国铝业公司、中国矿业联合会等单位主办的"2008 年中国矿业循环经济论坛"在南宁召开。中国矿业联合会、中国铝业公司、首钢矿业公司等 11 家矿山企业、行业协会共同签订了《绿色矿山公约》。

2008 年 12 月，国务院批准实施的《全国矿产资源规划（2008—2015 年）》中，首次明确了发展绿色矿业的整体要求，并确定"到 2020 年，绿色矿山格局基本建立"的发展目标。这标志着我国将绿色矿山纳入国家和政府重点工作任务，开始统筹推进绿色矿山建设和绿色矿业发展。

绿色矿山萌芽阶段标志着矿业领域开始关注环境保护和可持续发展，萌芽阶段具有如下特征：

1）逐步提出绿色矿业、绿色矿山等相关名词，但尚未形成准确的定义，此阶段主要关注在环境保护方面，一些企业开始尝试建设绿色矿山，探索资源开发与环境保护之间的关系。

2）地方绿色矿山行动引起中央重视，自上而下和由下而上相结合，在一些重要活动中"绿色矿山"被不断提及。

3）随着绿色矿山理念被重视和探索，社会各界开始关注"绿色矿山"，但尚无明确的建设重点。

2. 试点阶段

2010 年 8 月 13 日，国土资源部发布了《关于贯彻落实全国矿产资源规划发展绿色矿业建设绿色矿山工作的指导意见》（国土资发〔2010〕119 号），这是首次以政府文件的形式提出关于建设"绿色矿山"的明确要件。该指导意见明确提出了发展绿色矿业的要求，随文附带了《国家级绿色矿山基本条件》，规定了绿色矿山的基本条件为依法办矿、规范管理、综合利用、技术创新、节能减排、环境保护、土地复垦、社区和谐、企业文化，提出了"到 2020 年，全国绿色矿山格局基本形成，大中型矿山基本达到绿色矿山标准，小型矿山企业按照绿色矿山条件严格规范管理。资源集约节约利用水平显著提高，矿山环境得到有效保护，矿区土地复垦水平全面提升，矿山企业与地方和谐发展"的建设目标。

2011 年 3 月 14 日，第十一届全国人民代表大会第四次会议审议发布《中华人民共和国国民经济和社会发展第十二个五年规划纲要》，其中明确要求"发展绿色矿业，强化矿产资源节约与综合利用，提高矿产资源开采回采率、选矿回收率和综合利用率"。

2011 年 3 月，国土资源部公告首批 37 家国家级绿色矿山试点单位名单。2012 年 3 月，国土资源部公告第二批 183 家国家级绿色矿山试点单位，数量较第一批显著增加，分布上以中部为主，东部次之，再次是西部，东北最少。2013 年 2 月，国土资源部公告第三批 239 家国家级绿色矿山试点单位。

2014 年 7 月，国土资源部公告第四批 202 家矿山企业为国家级绿色矿山试点单位。标志着我国绿色矿山建设已从理念、认识阶段上升到"试点先行、典型引路、探索经验、提供示范"的新阶段。

2015 年 5 月 5 日，《中共中央 国务院关于加快推进生态文明建设的意见》印发，正式将绿色矿山写入文件。这标志着这项工作由企业自律到部门倡导，上升为国家战略。明确要求"发展绿色矿业，加快推进绿色矿山建设，促进矿产资源高效利用，提高矿产资源开采回采率、选矿回收率和综合利用率"。

2016 年 3 月 17 日，《中华人民共和国国民经济和社会发展第十三个五年规划纲要》印发，将"大力推进绿色矿山和绿色矿业发展示范区建设"作为重点任务和重大工程进行部署。

2016 年 11 月 8 日，《国务院关于全国矿产资源规划（2016—2020 年）的批复》（国函〔2016〕178 号）明确要求，到 2020 年，"基本形成节约高效、环境友好、矿地和谐的绿色矿业发展模式"。

绿色矿山试点阶段标志着我国在推动矿业绿色发展方面迈出了重要的一步，它具有如下特征：

1）绿色矿山建设已上升为国家战略高度，政府通过颁布一系列相关政策与要求，明确指出了建设绿色矿山是未来发展的必然趋势，同时积极发挥引导作用，鼓励企业勇于探索并深入开展绿色矿山建设工作。

2）国土资源部公布并开展了 661 家国家绿色矿山试点工作，"绿色矿山"这一概念逐渐为社会各界所熟知，并且引起了公众的广泛关注。

3）矿山企业在申报绿色矿山试点单位时，必须精心编制绿色矿山规划方案，此方案需从矿山开发的源头出发，全面规划绿色矿山的建设路径。

3. 示范引领阶段

2017 年 3 月 22 日，国土资源部、财政部、环境保护部、国家质量监督检验检疫总局、中国银行业监督管理委员会、中国证券监督管理委员会联合印发《关于加快建设绿色矿山的实施意见》（国土资规〔2017〕4 号），这是示范引领阶段的指导性重要文件。各省（区、市）相继结合地方实际细化制定方案或规划，积极推进绿色矿山建设。

2017 年 10 月，国土资源部印发《关于开展绿色矿业发展示范区建设的函》（国土资厅函〔2017〕1392 号），要求各地在资源相对富集、矿山分布相对集中、矿业秩序良好、转型升级需求迫切、地方政府积极性高、有一定工作基础的市或县开展绿色矿业发展示范区建设。

2018 年，自然资源部公告发布了非金属矿业、化工行业、黄金行业、煤炭行业、砂石行业、陆上石油天然气开采业、水泥灰岩、冶金行业、有色金属行业九个行业的绿色矿山建设标准，标准中首次明确了绿色矿山的定义。九个标准的发布标志着我国绿色矿山建设进入了制度化、规范化、标准化阶段。

2019 年 7 月 9 日，由自然资源部矿产资源保护监督司指导，中国自然资源经济研究院联合中关村绿色矿山产业联盟等单位编制的《绿色矿山建设评估指导手册》正式发布，手册为部分省（市、县）开展当年的绿色矿山遴选工作提供了重要参考依据。

2020 年 6 月 1 日，为做好绿色矿山遴选工作，自然资源部矿产资源保护监督司印发《绿色矿山评价指标》和《绿色矿山遴选第三方评估工作要求》，对评价指标标准进行了统一，并对第三方评估工作进行了规范。

2021 年 10 月 8 日，中共中央、国务院印发《黄河流域生态保护和高质量发展规划纲要》，要求落实绿色矿山标准和评价制度。

2022 年 1 月 30 日，自然资源部印发《自然资源部办公厅关于开展绿色矿山"回头看"的通知》（自然资办〔2022〕168 号），部署开展绿色矿山"回头看"工作，加强绿色矿山监督管理。

2023 年 6 月 2 号，自然资源部印发《自然资源部办公厅关于开展 2023 年度绿色矿山实地抽查核查工作的通知》（自然资办函〔2023〕1017 号），进一步强化绿色矿山监督管理，在"回头看"的基础上做好常态化监管，按照"双随机、一公开"有关要求，部署开展 2023 年度绿色矿山实地抽查核查工作。

绿色矿山示范引领阶段标志着我国在绿色矿山建设方面进入了新的发展阶段，它具有以下特征：

1）自然资源部发布了九个行业"绿色矿山建设规范"行业标准，为建设绿色矿山、评估绿色矿山提供技术规范。

2）在"绿色矿山建设规范"行业标准中明确给出了绿色矿山的定义，即绿色矿山是在矿产资源开发全过程中，实施科学有序的开采，对矿区及周边生态环境扰动控制在可控制范围内，实现环境生态化、开采方式科学化、资源利用高效化、企业管理规范化、矿区社区和谐化的绿色矿山。

3）明确了绿色矿山建设的总体目标、建设要求、推进方式等内容，要求通过树立千家绿色矿山典范，示范引领加快推进绿色矿山建设进程，基本形成绿色矿山建设新格局，构建矿业发展方式转变新途径，建立绿色矿业发展工作新机制。

4）截至2024年3月底，进入绿色矿山名录库的绿色矿山共有5595座[⊖]，其中，国家级绿色矿山有1073座，省级绿色矿山有4522座，而同一时间持证在产固体矿山为19285座[⊖]，绿色矿山数量已经达到较高的比例。

5）我国成功培育了一批具有标杆意义的矿业集团与矿山，包括国能准能集团有限责任公司、金徽矿业股份有限公司及国能神东煤炭集团有限责任公司补连塔煤矿等，它们在推动矿业绿色转型方面展现了显著的示范与引领作用。

国能准能集团矿区生态修复示范工程　　　　　　　金徽矿业股份有限公司

4. 全面推进阶段

2024年4月15日，自然资源部、生态环境部、财政部、国家市场监督管理总局、国家金融监督管理总局、中国证券监督管理委员会、国家林业和草原局发布《关于进一步加强绿色矿山建设的通知》（自然资规〔2024〕1号），标志着绿色矿山进入全面推进阶段。该通知提出到2028年底，绿色矿山的具体目标为"持证在产的90%大型矿山、80%中型矿山要达到绿色矿山标准要求，各地可结合实际，参照绿色矿山标准加强小型矿山管理"。

2024年10月26日，中国国家标准化管理委员会正式颁布了《绿色矿山评价通则》，该标准于2025年2月1日起正式生效。

绿色矿山全面推进阶段标志着我国在绿色矿山建设方面进入了新的发展阶段，具有以下特征：

1）明确了"绿色矿山建设是推动矿业高质量发展的重要举措，是矿业领域生态文明建设的有力抓手，是实现人与自然和谐共生的必然要求"的定位。

2）确立了"各地立足矿业发展实际，通过合同管理，分类施策，有序全面推进新建矿山、生产矿山开展绿色矿山创建"的绿色矿山推进方式。

⊖ 由中关村绿色矿山产业联盟从自然资源部和各省自然资源厅网站上公开的数据统计汇总而成。

⊖ 根据中国自然资源经济研究院统计数据，截至2023年年底，我国持证在产矿山为19285座，其中大型、中型和小型矿山分别为7683座、4291座和7311座。

3）鼓励矿山企业采用先进适用技术，加强绿色低碳技术工艺装备升级改造，采用信息化技术，推动智能化、绿色化发展。

4）提出了"到 2028 年底，绿色矿山建设工作机制更加完善，持证在产的 90% 大型矿山、80% 中型矿山要达到绿色矿山标准要求，各地可结合实际，参照绿色矿山标准加强小型矿山管理"的具体任务目标。

2024 年 11 月 8 日，第十四届全国人民代表大会常务委员会第十二次会议修订的《中华人民共和国矿产资源法》第三十七条明确规定，国家鼓励并支持矿业向绿色低碳方向转型发展，加强绿色矿山的建设工作。

5. 高质量发展阶段

绿色矿山高质量发展阶段是充分考虑资源开发与环境保护协调发展的阶段。它标志着我国在矿业领域实现了从传统发展模式向绿色、低碳、可持续发展模式的根本性转变，具有以下特征：

1）矿山企业建立完善的绿色矿山管理体系，绿色矿山建设成为矿山企业日常管理的重心。

2）明确了环境污染与净化、生态系统破坏与自然恢复的相互影响关系，构建了包含矿产资源高效利用平衡、碳排放与碳汇循环平衡、能源节约利用平衡、水资源循环利用平衡、固体废弃物处置与资源化平衡、土地损毁与复垦平衡等六大平衡体系为核心的资源开发与环境保护平衡体系[⊖]，明确了建设绿色矿山的关键路径。

3）建设绿色矿山所获得的高额综合收益（经济效益、社会效益、生态效益）成为建设绿色矿山的内在动力。

1.3 绿色矿山建设水平阶段划分

绿色矿山以保护生态环境、降低资源消耗、追求可持续发展为目标，将绿色理念贯穿于矿产资源开发利用的全过程，体现了对自然原生态的尊重、对矿产资源的珍惜、对景观生态的保护与重建。发展绿色矿山就是要在矿产资源开发全过程中既要严格实施科学有序的开采，又要控制对矿区及周边环境的扰动。

依据绿色矿山建设水平，绿色矿山可划分为四个发展阶段，即传统矿山阶段、绿色矿山初级阶段、全面规范化管理阶段（高质量发展阶段 I）、低碳可持续发展阶段（高质量发展阶段 II），如图 1-2 所示。

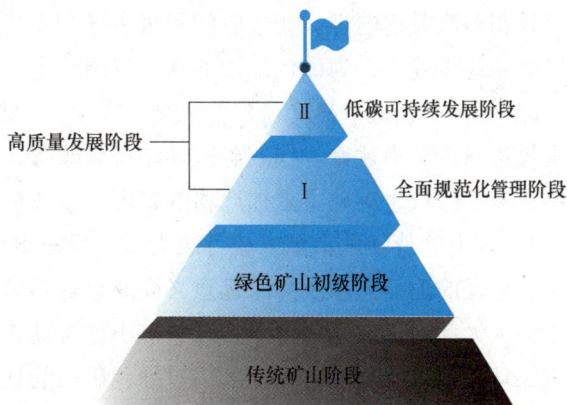

图 1-2 绿色矿山发展阶段示意图

⊖ 资源开发与环境保护平衡体系是一种旨在促进资源开发与环境保护能够相互协调，同时避免或减少对生态系统的损害和对环境的不良影响的方法。这种平衡体系的核心是在满足人类经济和社会发展需求的同时，确保自然资源的可持续利用和环境的长期良好保护。

1.3.1　传统矿山阶段

传统矿山阶段在本书里是指还没有按照绿色矿山初级阶段要求建设的矿山所处的阶段，其特点为：

1）传统矿山开采过程中，资源利用不充分，往往只开采了部分矿体，造成大量资源浪费，且具有资源开发粗放性和资源利用一次性的特点。生产方式主要以人力为主，依靠大量的工人进行挖掘、运输、筛选等作业，这种方式除了效率低下外，还存在着安全隐患；安全管理主要依靠人力监控和巡查，存在着安全隐患发现不及时、应急响应速度慢等问题；生产决策主要依靠经验和管理者的判断，存在着决策不科学、不精准等问题。

2）传统矿山的主要任务是开采和销售矿产资源，矿区发展偏重物质层面效益，注重产品生产，追求经济效益的最大化，存在偏重功能层面布局、轻视非物质层面的生态服务功能等问题，导致资源开发过程中环境问题突出。

3）在资源开发方面，传统矿山从原生矿物资源出发，构成"开采→初级产品加工→精细产品加工→产品消费→废弃物弃置"的单向运行模式，属于线性经济增长方式，具有"高开采、低利用、高排放"的特点，产生了大量的废水、废渣和其他环境问题。

4）此外，传统矿山还存在企业管理机制和体制不健全、缺乏高素质的管理人才、决策失误、员工沟通渠道不畅等问题，造成了企业运转效率低下，对安全、环境、生态的重视程度不够。

1.3.2　绿色矿山初级阶段

绿色矿山初级阶段是指能够充分考虑资源开发过程中需要重点加强环境保护的矿山所处的阶段，其特点为：

1）矿山企业的日常运营与管理广泛涵盖了绿色矿山理念的核心要素。这些工作着重于确立依法依规采矿、实施规范化管理、加强环境保护、推进生态修复、构建数字化矿山及鼓励科技创新等关键内容。在政府的积极引导和支持下，较为完善的技术、政策、标准、管理支撑体系逐步建立，为绿色矿山的深入发展奠定了坚实基础。

2）绿色矿山这一概念已广为人知。各个矿山指派了相关人员（未必为全职岗位）专门负责推进绿色矿山建设工作。矿区环境得到改善，矿容矿貌焕然一新，矿山粉尘得到了有效控制，废水排放也实现了更加严格的管理，整体环境质量实现了大幅提升。

3）矿山的持续进步仍依赖行政力量的积极引导与推动。矿山企业对于绿色矿山的真正含义、建设的迫切需求及其深远意义尚缺乏足够认知，企业内部尚未形成自发推动绿色矿山建设的强大动力。在此背景下，绿色矿山建设能否取得显著成效，很大程度上取决于生产、安全、环保及机电等核心管理部门对绿色矿山的认知情况和执行效率。

4）由于长期受传统矿山开发模式的影响，矿山企业累积了诸多历史遗留问题，加之存在认知上的局限，矿山企业在推进绿色矿山建设时，尚难以实施全面的统筹规划。工作重心主要集中在查漏补缺上，呈现出一种逐步改进的态势，即"从整体不完善到局部完善，从不达标到部分达标，从操作不规范到初步规范，从无序管理到部分有序组织"

的渐进式变化特征。

5）在绿色矿山的初级阶段，人们对绿色矿山的理解确实较为浅显，主要停留在"绿化"和"环境保护"这个层面。这一阶段，人们认为通过植树造林、增加绿色植被覆盖，以及采取一系列环境保护措施来减少矿区开发对环境的破坏和污染，就是绿色矿山建设的主要内容。"绿化"和"环境保护"作为绿色矿山建设的起点和基础，虽然不能体现绿色矿山的核心内涵，仍然具有重要意义，为后续的绿色矿山发展奠定了坚实的基础。

1.3.3 全面规范化管理阶段

全面规范化管理阶段是指建立了绿色矿山管理体系并能够运行的矿山所处的阶段。与上一个阶段相比，有以下几个变化：

1）企业高层对绿色矿山理念给予高度认同，并积极推动全员参与绿色矿山的实践。构建绿色矿山管理体系已成为企业管理架构中不可或缺的一环，以"持续性、协调性、高效性"为核心理念的绿色发展观，不仅赢得了企业领导层的坚定支持，也激发了全体员工的广泛参与和积极响应。

2）将绿色矿山建设的原则全面融入矿山企业的日常生产流程之中，它不仅构成了对企业生产活动的有效规范与约束，也成为驱动企业生产模式优化升级的强大动力。通过两者的深度融合，企业内部形成了一种自建自驱的绿色矿山建设机制，持续激发并强化着企业向绿色化、可持续化方向发展的内在动力。

3）管理体系日趋完善。在绿色矿山的初级阶段，虽然已经涵盖影响绿色矿山建设的所有关键因素，但对于每个因素的具体管理和执行层面，尚存在不全面、不深入的情况。部分管理仅着眼于最终成果的有无，部分则侧重于管理制度的建立，还有些则关注是否有专人负责，但整体上尚未形成严密、闭环的管理体系。然而，在此阶段，企业开始致力于对每个绿色矿山建设的影响因素进行精细化管理，通过设定清晰的目标、具体的指标和详尽的管理方案，并在实际执行过程中实施严格的监测与记录，构建起闭环的管理机制。这一过程使得绿色矿山建设逐步呈现出"从局部完善到全面完善，从部分符合标准到全面达标，从部分操作规范到全面规范化，从局部有序组织到整体有序管理"的显著特征，标志着绿色矿山建设的管理水平迈上了一个新的台阶。

1.3.4 低碳可持续发展阶段

低碳可持续发展阶段是指矿山企业通过建立影响绿色矿山重要因素之间的平衡关系体系，实现在资源开发过程中环境保护与经济效益之间的平衡。其特点为：

1）全面规范化管理阶段与低碳可持续发展阶段都属于绿色矿山建设高质量发展阶段。在全面规范化管理阶段的工作重心在于实现绿色矿山各项管理工作的全面规范化，确保每一项绿色矿山建设的举措都能达到既定的标准与要求，形成严谨、高效的管理体系。低碳可持续发展阶段则更侧重于深入挖掘和展现绿色矿山的本质内涵与价值追求，即在全面规范化管理的基础上，进一步推动矿山向低碳、环保、可持续的发展模式转变。此阶段不仅关注矿山当前的绿色表现，更着眼于其长期的环境影响和社会责任，力求通过持续的创新与优化，实现矿山经济效益、环境效益和社会效益的和谐统一。

2）矿山企业深入探索并实践了污染物排放与生态环境净化之间的平衡机制，以及生态系统受损后的恢复与重建的平衡策略。企业构建了以矿产资源高效利用平衡、碳排放与碳汇循环平衡、能源节约利用平衡、水资源循环利用平衡、固体废弃物处置与资源化平衡，以及土地损毁与复垦平衡为核心的六大平衡体系，为高质量发展的矿山提供建设路径，从而实现矿产资源开发与自然环境保护和谐共生。

3）构建资源开发与环境平衡体系，离不开科技创新的强大驱动力。这一阶段特别强调深入研究、精心挑选并广泛应用先进适用的技术装备，确保在资源开发的同时，有效维护生态环境的平衡与可持续发展。

4）随着对绿色矿山理念的不断深入探索和实践经验的日益丰富，人们逐渐认识到，绿色矿山的核心在于其"绿色发展"的内涵，注重环境保护和可持续发展。它要求实现资源开发与环境保护的良性循环，强调在资源开发的同时，必须充分考虑环境的承载能力和生态系统的稳定性，通过推广绿色产业、加强生态环境保护、提高资源利用效率等手段，促进经济社会的可持续发展，实现资源的高效利用、生态系统的和谐共生、经济的可持续发展以及社会的全面进步。

1.4 建设绿色矿山的目的及意义

传统的矿业发展模式主要关注资源开发本身的效益和保障，没有兼顾生态环境及其他产业发展。随着工业化程度的不断提高，矿产资源的过度开发和不合理利用引起了不同程度的水土流失、土地损毁、环境污染和地质灾害，造成生态环境恶化，高强度消耗矿产资源过程中排放出大量 CO_2 更是造成海平面上升、气候变暖的直接原因之一。矿业经济发展和生态环境的矛盾愈发突出，不仅影响和制约着国家的经济发展，还威胁到人类生存。

1.4.1 传统矿山资源开发对环境的影响

（1）废水污染

来自矿山建设和生产过程中的矿坑排水，矿物加工过程中加入有机和无机药剂而形成的尾矿水，露天矿、排矿堆、尾矿及矸石堆受雨水淋滤、渗透溶解矿物中可溶成分的废水，矿区其他工业和医疗受污染的废水、生活废水等，含有大量的悬浮物、重金属离子、有机物、油类污染物、酸碱物质等有害物质，大部分未经处理就直接排放，直接或间接地污染了地表水、地下水和周围农田、土地，并进一步污染了农作物，有害元素成分经挥发可能会污染空气。

2005—2008 年，云南澄江锦业工贸有限责任公司长期将含砷生产废水通过明沟、暗管直接排放到厂区最低凹处没有经过防渗处理的天然水池内，并抽取该池内的含砷废水进行洗矿作业；同时，将含砷固体废物磷石膏倾倒于厂区外未采取防渗漏、防流失措施的堆场露天堆放。这些行为导致含砷废水通过地表径流和渗透随地下水进入阳宗海，造成阳宗海水体受砷污染，水质从Ⅱ类下降到劣Ⅴ类，饮用、水产品养殖等功能丧失，含砷废水还污染了地下水，阳宗海周边居民 2.6 万余人的饮用水取水中断，公私财产直接经济损失为 900 余万元。

大宝山矿区位于广东省韶关市，从自 1970 年开采以来，长期的开采活动导致了严重的水土流失和重金属污染问题。矿区堆放废弃物一遇下雨，含有镉、铅、砷等大量的致癌重金属元素（镉含量曾超标 12 倍）和高浓度的硫酸等的泥水和洗矿水直接排入横石河，进而汇入瀚江、北江，最终影响珠江流域的水质。大宝山流域的重金属污染造成了水生生物死亡、植被破坏、土壤酸化等问题，河流中的鱼虾等水生生物因水质恶化而大量死亡，大宝山附近的上坝村因癌症死亡率较高而有"癌症村"之称，当地居民也出现了结石病、皮肤病等多种疾病。

（2）地表塌陷

地下采矿导致采空区上覆岩层的原始应力平衡状态受到破坏，进而发生冒落、断裂、弯曲等移动变形，最终涉及地表，形成一个比采空区面积大得多的近似椭圆形的下沉盆地，塌陷后主要表现为地面下陷、地表裂缝、土壤松软等特征。地面下陷的深度可能从几米到几十米不等，地表裂缝会分布在塌陷区的边缘地带，宽度和长度各异。这种塌陷不仅破坏了地表形态，还可能对周边的居民区、建筑物、基础设施等造成严重的损害和安全风险。

河北平原在 20 世纪 50 年代中期开始出现地面沉降，目前形成沧州、衡水、任丘、河间、邯郸等多个沉降中心。这些沉降中心的形成与地下水的过量开采和采矿活动密切相关。截至 2020 年年底，山东省济宁市累计塌陷土地面积为 78.47 万亩（1 亩 = 666.67m^2），占全省塌陷地总量的 63%，其中耕地面积为 28.47 万亩，基本农田面积为 24.63 万亩，塌陷地仍在以每年 2.5 万亩左右的速度增长。2005 年 12 月 26 日，河南省安阳市安阳县都里乡因采矿塌陷形成了一个长约为 100m、宽约为 50m、平均深度为 60m 的大坑，塌陷区地表原有的一条路和路边的猪棚及 8 间简易平房被深埋在塌陷的岩石中，多人被埋或失踪。

（3）生态系统破坏

露天采矿活动对环境造成了多方面的严重影响，如直接挖掘和占压土地，使耕地面积减少，地表形态剧变，土壤结构受损，甚至引发土地荒漠化。每万吨矿产的开采就可能摧毁 0.24 公顷的土地。同时，采矿过程中的排水加剧了水资源紧张，未经处理的废水更是严重污染了地表水和地下水，破坏了水资源的自然平衡。植被被大量砍伐，生物种群受损，矿山石漠化、植被荒芜化现象屡见不鲜，生态系统面临退化风险。

内蒙古霍林河露天煤矿直接挖掘和占压土地，导致地表形态发生显著变化。截至 2018 年，霍林河露天煤矿共占用、损毁草原面积 67400 亩，在草原上留下了两处深度超过百米、总面积超过 50km^2 的巨型大坑，土壤结构遭到严重破坏，土壤肥力下降，引发土地荒漠化，野生动物栖息地丧失，生物多样性受到严重威胁。

（4）河道断流

地下采矿改变地质结构，引发地表塌陷与裂缝，区域性地表水泄漏，地下水位下降，造成河流断流，泉眼干涸，使农作物得不到充足的水灌溉，粮食减产。另外，露天采矿移除植被与土壤，削弱雨水入渗，减少地下水补给，采矿废水排放可能污染水体，进一步打破水文循环[⊖]。此外，采矿需水量大，易导致水资源过度开发，一旦消耗超出补给能力，河道断流现象便随之发生，严重危及生态环境与水资源安全。

无定河是黄河的一级支流，流域位于毛乌素沙地南缘和黄土高原北部地区。长期的地下煤炭开采活动改变了其地下岩层结构，导致地表塌陷和地下水系破坏，地下水位下降，减少了地表河流的水源补给。此外，煤炭开采过程中的废水排放也污染了地表水和地下水，进一步加剧了水文循环的失衡。据生态环境部等权威机构数据，近年来无定河流域因煤炭开采导致的地表塌陷面积逐年扩大，地下水位显著下降，一些河流出现常年性断流，给当地生态环境和居民生活造成了显著影响。

（5）资源浪费

传统采矿方式造成了严重的资源浪费问题。据中国政府网数据，我国矿产资源平均回收率不足 50%，矿山综合利用率低至 30%，尾矿利用率也仅为 18.9%，大量有用资源在采矿过程中被浪费。同时，粗放式的开采方式，如采富弃贫、一矿多开等，不仅直接浪费了宝贵资源，还加剧了环境破坏。技术落后和管理不善也是资源浪费的重要原因，不珍惜资源、任意舍弃有用物质、资源利用不合理等现象屡见不鲜。此外，采矿活动对环境的破坏间接导致了资源浪费，如地表植被破坏、水土流失等，严重影响了矿区的可持续发展，并间接浪费了土地资源和水资源。

（6）大气污染

爆破、挖掘、装载、运输、矿石加工、冶炼等环节都会产生粉尘和废气，其中含有二氧化硫、氮氧化物、一氧化碳、颗粒物等多种有害物质，对环境造成污染。总体来看，采矿对大气环境的影响极为显著，尤其是一些大型露天煤矿和金属矿山，其开采过程中排放的粉尘和废气量巨大，严重污染了周边地区的大气环境，对居民健康和生态环境构成了巨大威胁。

传统采矿活动引发的废水污染、地表塌陷、生态系统损毁、河流干涸、资源过度消耗及大气污染等一系列严峻的环境问题严重破坏了自然生态环境和浪费了大量矿产资源，极大地影响了民众的生活质量，阻碍了社会的可持续发展进程。同时，传统矿山开发方式粗放、开发模式落后，难以满足现代经济社会发展对矿产资源的需求，矿山企业的转型升级更加迫切。而绿色矿山则系统性解决了过度消耗环境、过度消耗能源、过度消耗资源为代价的传统粗放式发展问题，已成为促进资源高效利用与环境和谐共生，确保矿业可持续发展、保护生态系统平衡及保障公众健康的必由之路。

1.4.2　建设绿色矿山的目的

绿色矿山建设是生态文明建设的重抓手，旨在保障资源安全，优化资源开发布局，并成为矿业转型与绿色发展的核心驱动力。通过化解矿业结构性矛盾，提高资源利用效率、强化

⊖　水文循环是指地球上的水在太阳辐射和重力作用下，以蒸发、降水和径流等方式进行的周而复始的运动过程。

环境保护措施，同时加强国际合作，为我国经济发展提供了坚实可靠的资源保障，促进了矿业的可持续发展。

（1）落实矿业领域生态文明建设

绿色矿山是矿业领域落实新发展理论、推进生态文明建设的生动实践，已经成为转变矿业发展方式，推动矿业可持续发展、高质量发展和生态文明建设的重要平台和抓手，在引导矿山企业实现绿色低碳转型方面发挥着重要作用。

（2）为经济发展提供可靠的资源保障

建设绿色矿山应以保障资源安全为目标，以提升矿业发展质量和效益为中心，强化资源保护和合理利用，正确处理政府与市场、当前与长远、局部与整体、资源与环境、国内市场与国际市场的关系，提高矿产资源及矿产品供给结构对需求变化的适应性和灵活性，优化资源开发保护格局，推动矿业国际务实合作，实现资源开发惠民利民，为我国经济发展提供可靠的资源保障。

（3）实现矿业转型和绿色发展

我国矿业发展中存在亟待解决的问题，结构性矛盾突出。例如，煤炭产能过剩，清洁能源供应不足，铁铜铝等大宗金属矿产国际市场竞争力不强，稀土、晶质石墨等战略性新兴矿产虽然比较有优势，但产业发展层次低，资源保护力度有待加强。与此同时，资源开发集约化规模化程度不够，科技创新能力不强，生态环境问题也比较突出。

1.4.3 建设绿色矿山的意义

绿色矿山建设是我国应对资源与环境双重挑战的必然选择，旨在保护生态环境，提高资源利用效率，促进经济发展，增强企业社会责任意识，顺应国际发展趋势。它是生态文明建设的重要组成部分，通过科技创新与循环经济，实现矿业可持续与绿色发展。绿色矿山建设的意义主要体现在以下几个方面：

（1）保护生态环境

传统的矿产资源开发方式对环境造成了严重的破坏，降低了生态环境承载能力，减弱了区域的可持续发展能力。绿色矿山采取"在开发中保护，在保护中开发"的理念，采用从源头减少废弃物的产生、减少对生态系统损伤的手段，在运输、加工过程加强对环境和生态系统的保护，在末端按照要求对固体废弃物进行处置，对生态系统及时恢复，从而减少矿山开发对生态环境的影响，保护生态系统的完整性和稳定性，提高生态系统的自我修复能力。

（2）提高资源利用效率

传统的矿产资源的开发利用存在着粗放管理、浪费严重等问题，导致资源利用率低下，需要开发更多矿山资源来满足经济发展的需要。绿色矿山则采用先进的技术和装备提高资源回采率、回收率和综合利用率，减少资源的浪费和损失，减少矿产资源开采总量，从源头上减少了对生态环境的破坏。

（3）促进经济发展

随着经济的发展，矿产资源需求持续攀升。资源的稀缺性迫切需要我们采取高效策略，以确保资源供给的稳定与可持续。循环经济模式的推广成为构建绿色矿山的核心理念，它强调对矿产资源的全面高效利用，旨在通过减少浪费、提高资源利用率来降低生产成本，进而增强企业的市场竞争力。此外，这一模式对于推动地区经济发展、创造丰富就业机会及提高民众生活质量同样具有不可忽视的积极作用。

（4）增强企业社会责任意识

矿山资源开发带来经济效益的同时，往往对自然环境造成不可忽视的破坏。因此，矿山企业有责任和义务在追求经济利益的同时积极履行社会责任，全面考虑对社会、环境、员工、消费者及周边居民的影响。例如，采取有效的环保措施减少污染，恢复和保护生态环境；为员工提供安全健康的工作环境，保障其合法权益；向消费者提供负责任的产品和服务，确保产品质量和安全；积极与周边居民沟通合作，共同推动社区的可持续发展，确保矿山开发活动在创造经济价值的同时，为社会的和谐与进步做出贡献。

（5）顺应国际发展趋势

面对全球环境挑战，我国积极参与全球气候治理和生物多样性治理，努力推动构建公平合理、合作共赢的全球环境治理体系，与多个国家签署了环境合作协定，分享环保经验和技术，为全球可持续发展做出了重要贡献。也可以说，建设绿色矿山是我国应对全球环保趋势的积极响应，也是我国矿业绿色发展理念走向国际的必然要求。

1.5 建设绿色矿山的技术路线

建设绿色矿山的技术路线具有深远意义，它不仅是实现资源开发与环境保护平衡的关键，也是推动矿山企业转型升级、走向绿色发展的重要手段。这一路线的实施，可以有力促进矿业的可持续发展，提升企业的社会责任感和市场竞争力，同时推动企业的规范化发展，实现经济效益与生态效益的和谐统一。

1.5.1 技术路线

绿色矿山技术路线是通过一系列技术手段和管理措施，实现矿产资源的可持续开发和环境保护的双重目标，它强调在矿山规划、设计、建设、运营和闭坑等全生命周期中，融入绿色、低碳、循环的发展理念。从资源、环境、产业发展三个角度看，绿色矿山包含绿色勘探、绿色开采、矿物绿色加工、智能化、环境治理、固体废弃物处置与利用、节能、低碳、生态修复、矿区改造利用等技术。绿色矿山建设的技术路线如图1-3所示。

技术路线支撑了绿色矿山建设的核心内容：

（1）资源勘探

资源勘探是指利用地质、物化探、工程、化验测试分析等手段，寻找、查明某地区的矿产分布、品质、数量的基本特征，为矿山建设设计提供矿产资源/储量和开采技术条件等必需的地质资料的社会经济活动。生产勘探的目的是在矿山开采过程中，进一步查明矿体的形状、产状、矿石质量、品级分布等，以提高储量可靠程度，保证采矿正常进行。生产勘探主要采用槽井探、钻探和坑道勘探等方法通过扩大勘探范围、提高勘探精度、补充勘探等途径来增加资源储量，准确地确定开采范围，优化开采方案、保障矿山安全生产，促进资源可持续利用。

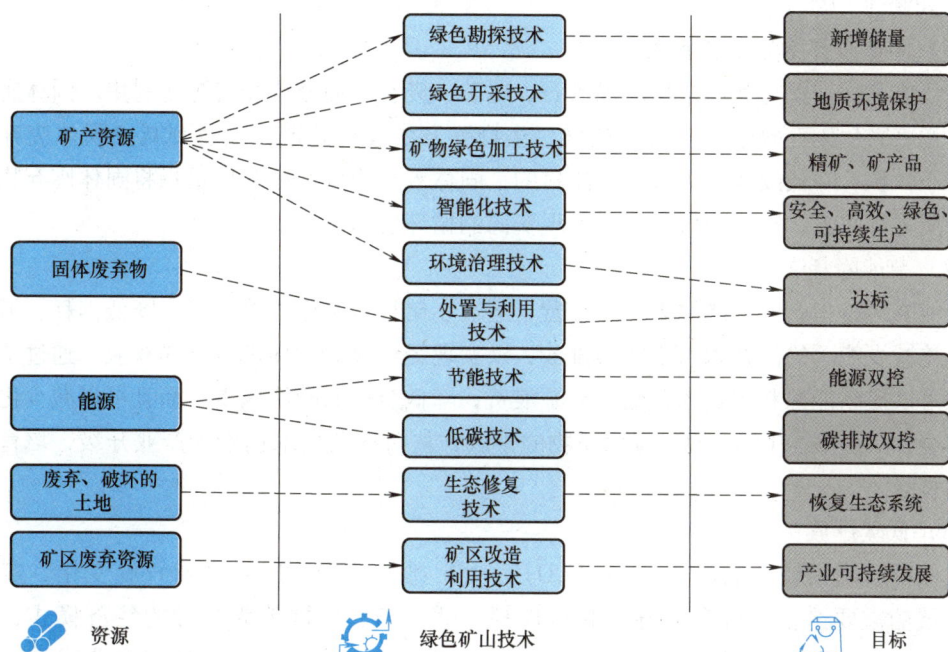

图 1-3 绿色矿山建设的技术路线

（2）绿色开采

绿色开采是指在矿产资源开发过程中，注重环境保护、资源节约和可持续发展理念，通过科学管理和技术创新改进采矿方法，减少对环境的负面影响，提高资源利用效率和资源回收率，实现资源开发与环境保护协调发展。

（3）矿物绿色加工

矿物绿色加工是一种注重环境保护和资源高效利用的矿物加工方式。它旨在通过采用低能耗、低排放、高回收率的加工技术，将开采出来的矿石通过一系列物理、化学、生物等方法，将有用矿物与无用矿物分离，并将有用矿物进行提纯和富集，同时最大限度地减少对环境的影响。

（4）智能矿山

智能矿山可以理解为利用信息技术、物联网技术、人工智能等智能科技手段，在矿山生产辅助系统中建立数据处理、模型分析、决策支持、控制优化等新型智能化管理与服务系统，实现对矿山进行全面的监测、维护、管理和运营，使生产处于最佳状态和最优水平，以实现"无人、无灾、无病、低能耗、高效益"的采矿生产模式。

（5）环境治理

环境治理是指在保护和改善环境质量的基础上，通过实施规划、管理、监测、评估和修复等一系列措施的过程，提高环境质量，保障人民群众的健康和生活质量。环境治理的目标是提高环境的承载能力，保护和改善环境质量，维护生态平衡，保持环境资源的完整性和稳定性，防止因过度开发或污染而导致的环境资源破坏和生态失衡。通过环境治理，可以促进资源的合理开发和利用，减少对环境资源的破坏和浪费，从而维护环境的不可分割性。

（6）固体废弃物处置和利用

固体废弃物处置与利用是指对煤矸石、尾矿、废石等的处置和资源化利用。固体废弃物处置是指将固体废弃物通过物理、化学、生物等方法进行处理，以达到减少固体废弃物数量、缩小体积、降低或消除有害成分的目的；固体废弃物资源化利用是指将固体废弃物中的有用物质进行回收、加工和再利用，实现资源的循环使用。

（7）节能降耗

节能降耗是指企业在能源生产、经营、运输、储存等过程节约能源、降低消耗，通过一系列措施减少能源的浪费和污染物的排放，以实现经济效益和环境效益的双赢。通过节能降耗不但可以提高能源利用效率，减少能源浪费，降低企业的能源成本，而且可以减少化石燃料的燃烧，从而减少 CO_2、SO_2 等污染物的排放，从而推动技术创新和产业升级，培育新的经济增长点。

（8）低碳排放

低碳排放是指较低的温室气体（CO_2 为主）排放，它是应对全球气候变化、实现可持续发展的重要途径，旨在倡导一种低能耗、低污染、低排放为基础的经济模式，以减少有害气体的排放。低碳排放通过提高能源利用效率、减少能源消耗和浪费等措施减少温室气体排放，缓解全球气候变暖趋势，有助于保护地球生态环境，实现资源的可持续利用。

（9）生态修复

生态修复是指在生态环境受到污染和破坏后，通过一系列技术措施对受损生态系统的结构、功能进行修复，使之恢复或接近原有的良好状态。通过生态环境修复可以协调人与自然的关系，保护生物多样性，维护生态平衡，促进经济社会的可持续发展，对于保障人类生存环境质量、提升生态系统服务功能、促进经济社会绿色发展具有重要意义。

（10）关闭矿井资源利用

关闭矿井资源利用是一个多维度、综合性的复杂课题，它不仅涉及矿产资源、水资源、土地资源及空间资源等多方面的有效回收与再利用，还与缓解资源短缺、促进经济发展及减轻环境污染等多重目标紧密相连。通过科学合理地管理和策略性利用这些资源，可以实现资源的高效循环和可持续利用，推动经济的绿色发展，并有效降低对环境的负担。

1.5.2 绿色矿山技术分类体系

绿色矿山技术分类体系是对绿色矿山技术进行系统分类和整理的技术框架，从图1-3可知，它涵盖了10个方面内容，构成了实现资源开发与环境保护平衡的技术支撑，如图1-4所示。

机械式除尘技术
电除尘技术
过滤除尘技术
湿式除尘技术
复合式除尘技术
粉尘治理技术

声源控制技术
噪声传播途径控制技术
个体防护技术
噪声治理技术

有害气体治理技术
土壤污染治理技术

矿井水处理技术
工业废水处理技术
生活污水处理技术
水体污染治理技术

污染物监测技术

环境治理技术

清洁能源利用技术
燃烧前捕集技术
富氧燃烧技术
燃烧后捕集技术
碳捕集技术

碳运输技术

矿化利用技术
化工利用技术
生物利用技术
驱油利用技术
碳利用技术

地质封存技术
海洋封存技术
碳封存技术

低碳技术

固体废弃物处置技术
资源回收技术
制备建筑材料技术
制备生态修复材料技术
制备环保材料技术
固体废弃物利用技术
固体废弃物处置与利用技术

土壤改良技术
植被重建技术
生物多样性恢复技术
生态修复监测技术
生态修复技术

资源再利用技术
厂区设施再利用技术
废旧设备再利用技术
废旧材料再利用技术
空间再利用技术
矿区改造利用技术

自动化技术
智能设备
机器人技术
数字孪生技术
大数据大模型技术
信息化集成技术
智能化技术

绿色矿山技术
分类体系

重力勘探技术
磁力勘探技术
电法勘探技术
电磁法勘探技术
地震勘探技术
放射性勘探技术
地温勘探技术
地球物理勘探技术

岩石地球化学测量技术
土壤地球化学测量技术
水系沉积物地球化学测量技术
水地球化学测量技术
生物地球化学测量技术
气体地球化学测量技术
地球化学勘探技术

光学遥感技术
红外遥感技术
微波遥感技术
高光谱和多光谱遥感技术
遥感勘探技术

液压钻机钻探技术
定向钻探技术
自动化智能化钻探技术
钻探技术

绿色勘探技术

内凹式开采技术
内排式开采技术
平硐溜井开拓技术
露天矿山绿色开采技术

保水开采技术
充填开采技术
煤与瓦斯共采技术
煤炭地下气化技术
富油煤地下热解技术
地下矿山绿色开采技术

堆浸开采技术
共伴生矿产协调开采技术
控制爆破技术
非爆破开采技术
复杂难采矿绿色开采技术

绿色开采技术

高效碎磨技术
预富集技术
干式分选技术
分选药剂绿色化技术
深度低碳高效脱水技术
低品位复杂难选技术
选矿工艺优化技术
矿物绿色加工技术

无功补偿技术
闭环控制技术
能量回馈技术
机械能储存技术
高效生产设备
节能技术

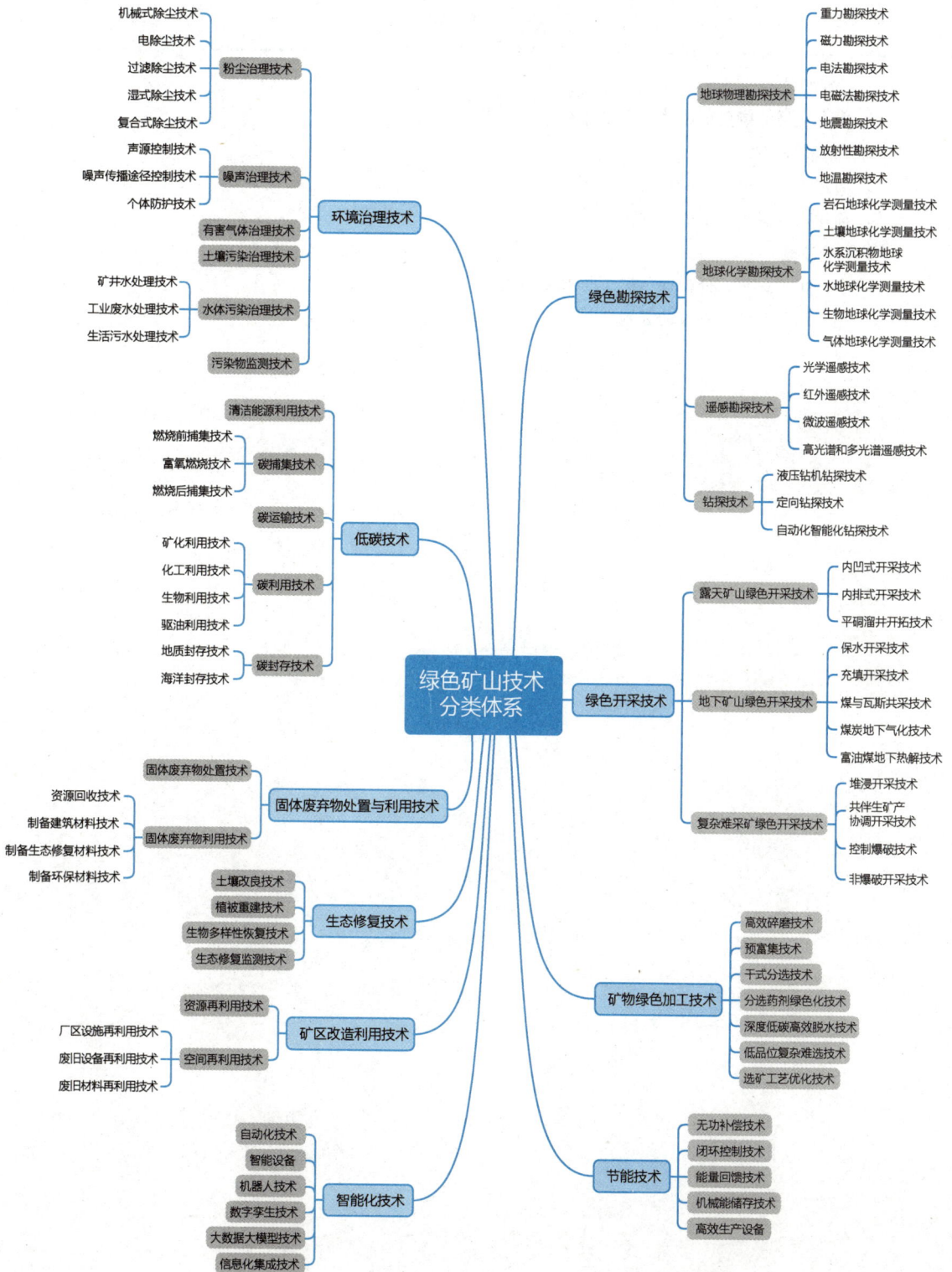

图 1-4 绿色矿山技术分类体系

思 考 题

一、简答题

1. 本书立足的绿色矿山的定义是什么？

2. 什么是 ESG？

3. 简述绿色矿山建设的意义。

4. 简述建设绿色矿山的目的。

二、论述题

1. 查阅相关资料，分析绿色矿山与 ESG 的共同点与区别。

2. 论述绿色矿山各阶段的区别。

第**2**章
绿色矿山理论基础

绿色矿山是在生态文明战略方针的引领下提出的，是生态文明理念在矿业领域的具体实践。建设绿色矿山，实质上就是打造生态矿业工程。绿色矿山的理论基础为其实践提供了方向指引，它贯穿于绿色矿山的规划、设计、生产运营以及矿山关闭和转型的全过程。

2.1 绿水青山就是金山银山理念

"绿水青山就是金山银山"是习近平生态文明思想中极具深远意义的一个理念。它指明了保护生态环境就是保护生产力，改善生态环境就是发展生产力的道理。这一理念强调了生态环境与经济社会发展的紧密关系，倡导通过保护生态环境来实现可持续发展。

早在浙江履职期间，习近平同志就多次说过，既要绿水青山，也要金山银山，并要求将"绿水青山就是金山银山"作为一种发展理念。习近平同志在多个场合对"绿水青山就是金山银山"的理念进行了更加深刻、系统的理论概括和阐释。

党的十八大以来，以习近平同志为核心的党中央把生态文明建设纳入"五位一体"总体布局，把建设美丽中国确定为中华民族永续发展的千年大计，倡导树立和践行绿水青山就是金山银山的理念，努力将生态优势转化为发展优势，为子孙后代留下天蓝、地绿、水清的美好家园。

习近平同志在党的十九大报告中强调："必须树立和践行绿水青山就是金山银山的理念，坚持节约资源和保护环境的基本国策，像对待生命一样对待生态环境，统筹山水林田湖草系统治理，实行最严格的生态环境保护制度，形成绿色发展方式和生活方式，坚定走生产发展、生活富裕、生态良好的文明发展道路，建设美丽中国，为人民创造良好生产生活环境，为全球生态安全作出贡献。"

2.2 绿色发展、循环发展、低碳发展

"绿色发展、循环发展、低碳发展"从不同角度强调了可持续发展的重要性，明确了可持续发展的路径和方向。

党的十八大报告中明确提出"着力推进绿色发展、循环发展、低碳发展"，这是三大发

展理念首次写入党代会报告。

绿色发展理念侧重强调以效率、和谐、可持续为目标的发展方式，其重点是要处理好人与自然和谐共生的问题。坚持绿色发展，就要坚持节约资源和保护环境的基本国策，推动自然资本大量增值，形成人与自然和谐发展的新格局。

循环发展理念侧重强调以减量化、再利用和资源化为路径的发展方式，其重点是建设以循环经济为核心的生态经济体系。坚持循环发展，就要推进资源的全面节约和循环利用，降低能耗、物耗，实现生产生活系统循环链接，以实现经济社会持续健康协调发展，为今后发展提供良好的基础和可永续利用的资源与环境。

低碳发展理念侧重强调低耗能、低污染、低排放为特征的发展方式，其核心是加强研发和推广节能、环保、低碳能源技术，共同促进森林恢复和增长，增加碳汇，减少碳排放，减缓气候变化。坚持低碳发展，就要推进能源生产和消费的革命，优化能源结构，落实节能优先方针，构建清洁低碳、安全高效的能源体系，倡导简约适度、绿色低碳的生活方式，反对奢侈浪费和不合理消费。我们要树立正确的发展理念，切实做到经济效益、社会效益、生态效益同步提升，实现百姓富、生态美的有机统一。

绿色发展、循环发展、低碳发展的理念要求转变发展观念，不以牺牲环境为代价换取一时的经济增长，不走"先污染后治理"的路子；要求把生态文明建设融入经济、政治、文化和社会等各方面建设中，形成节约资源、保护环境的空间格局、产业结构、生产方式、生活方式，为子孙后代留下天蓝、地绿、水清的生产生活环境。

绿色矿山是绿色发展、循环发展和低碳发展的具体实践和应用，同时也是实现这些发展理念的重要途径，通过在矿山开发过程中推行绿色、循环、低碳发展模式，可以促进矿山的可持续发展，提高经济效益和社会效益。绿色矿山强调在矿山开发过程中，要注重生态环境保护和资源节约利用，以实现经济、社会和环境协调发展的目标，这与绿色发展的理念是一致的，都是为了实现可持续发展。在矿山开发过程中，通过推行循环经济模式，可以实现废旧资源的回收利用和节约能源资源，从而提高资源利用效率，符合循环发展的要求。低碳发展强调减少碳排放和促进清洁能源利用，以应对全球气候变化。在矿山开发过程中，通过采用低碳技术和清洁能源，可以降低矿山的碳排放，提高能源利用效率，从而符合低碳发展的要求。

2.3 尊重自然、顺应自然、保护自然

"尊重自然、顺应自然、保护自然"强调了人类与自然环境的和谐共生，要求人们在开发利用自然资源时，必须遵循自然的规律，避免过度开发和破坏环境。它提醒人们要珍惜大自然赋予的资源和环境，保持对自然的敬畏之心，确保人类活动与自然环境的协调发展。

习近平同志在党的十九大报告中特别强调，加快生态文明体制改革，建设美丽中国。人与自然是生命共同体，人类必须尊重自然、顺应自然、保护自然。人类只有遵循自然规律才能有效防止在开发利用自然上走弯路，人类对大自然的伤害最终会伤及人类自身，这是无法抗拒的规律。

习近平同志在党的二十大报告中指出："尊重自然、顺应自然、保护自然，是全面建设社会主义现代化国家的内在要求。"这是对新时代以来我国生态文明实践的新的理论总结，充分反映了中国共产党对什么是现代化以及如何实现现代化的认识达到了新的高度，习近平生态文明思想由此而得以进一步丰富和发展。

尊重自然，是人与自然相处应秉持的首要态度，它要求人对自然怀有敬畏之心、感恩之心、报恩之心，尊重自然界的存在及自我创造，绝不能凌驾在自然之上。顺应自然，是人与自然相处时应遵循的基本原则，它要求人顺应自然的客观规律，按照自然规律来推进经济社会发展。保护自然，是人与自然相处时应承担的重要责任，它要求人向自然界索取生存发展之需时，主动呵护自然，回报自然，保护生态系统。人类必须尊重自然、顺应自然、保护自然，只有这样，才能有效防止在开发利用自然上走弯路。

2.4　山水林田湖草生命共同体理念

山水林田湖草是一个生命共同体，党的二十大报告中指出："我们坚持绿水青山就是金山银山的理念，坚持山水林田湖草沙一体化保护和系统治理，全方位、全地域、全过程加强生态环境保护，生态文明制度体系更加健全，污染防治攻坚向纵深推进，绿色、循环、低碳发展迈出坚实步伐，生态环境保护发生历史性、转折性、全局性变化，我们的祖国天更蓝、山更绿、水更清。"人的命脉在田，田的命脉在水，水的命脉在山，山的命脉在土，土的命脉在林草，人和自然是相互依存、相互影响的。

2.4.1　生命共同体的特性

生命共同体是指地球上所有生物（包括人类）共同生存和共同发展的一个概念，指的是同种类两个（或两个以上）生命体或两个种类以上的生命体，由于存在相互依存、互补、共生等关系而组成的生命系统。它强调了生物间的相互依赖和相互影响关系，认为所有物种都是地球生态系统的一部分，彼此之间紧密相连，共同构建了一个动态平衡的生态系统。

山水林田湖草生命共同体揭示的是在多层次国土空间上发生的各种能量、物质、信息传导关系，是密切、频繁而复杂的耦合系统。因此，可以将山水林田湖草生命共同体理解为：在一定秩序国土空间上为人类提供生态系统服务和生态产品的相互作用、相互依赖、相互制约的自然有机整体。山水林田湖草生命共同体具有以下特征：

（1）整体性

山、水、林、田、湖、草等不同资源环境要素之间是普遍联系、相互影响、彼此制约的，是一个不可分割的整体。人类活动对某种自然资源的不当开发，会对其他自然资源、生态环境乃至整个生态系统产生影响。

（2）系统性

不同资源环境要素通过物质循环与能量流动形成了形态各异、功能多样的生态系统。生态系统一旦遭受到某种程度的破坏，势必对整个生态系统功能的正常运行产生影响，且这种影响是不可逆的，很难通过生态修复恢复至原来的状态。

（3）层次性

不同类型的生态系统在结构、功能等核心特性上展现出显著差异，且各组成要素在生态系统中的位置与功能各不相同。鉴于此，生态修复工作必须依据生态系统的层次性，灵活遵循因时、因地制宜的原则，以确保修复措施的科学性与有效性。

（4）尺度性$^{\ominus}$

在时间、空间等多元尺度范畴内，生态系统展现出显著的结构复杂性与功能多样性差异，这种差异随着尺度的变化而呈现出特有的尺度效应。

（5）功能多样性

生态系统服务功能呈现功能多样性特征，涵盖水源涵养、土壤保护、防风固沙、生物多样性维护等多个方面。为充分发挥这些服务功能，需综合考虑服务的供给与需求状况，进行科学合理的协调与权衡，以确保生态系统的持续健康与人类的福祉。

2.4.2 山水林田湖草各要素的关系

生态是统一的自然系统，是相互依存、紧密联系的有机链条。生态系统由生物与环境组成，通过能量流动、物质循环、信息传递构成统一整体。山水林田湖草各类要素之间是一个有机联系、相互作用的集合系统，共同支撑着自然资源生产力、生态承载力，维系着人与自然之间的协调与平衡。

山水林田湖草生态系统是一个有机整体，山、水、林、田、湖、草等自然资源、自然要素是生态系统的子系统，是整体中的局部，而整个生态系统是多个局部组成的整体，资源开发过程就是重构山水林田湖草生命共同体。山水林田湖草生命共同体的用途管制和生态修复必须遵循自然规律，如果种树的只管种树、治水的只管治水、护田的单纯护田，很容易顾此失彼，最终造成生态的系统性破坏。"山水林田湖草是生命共同体"的系统思想，要求我们树立生态治理的大局观、全局观。山水林田湖草各要素之间互相影响、互相联系，构成了生命共同体，如图 2-1所示。

人类开发利用山、水、林、田、湖、草其中一种资源时，必须考虑对

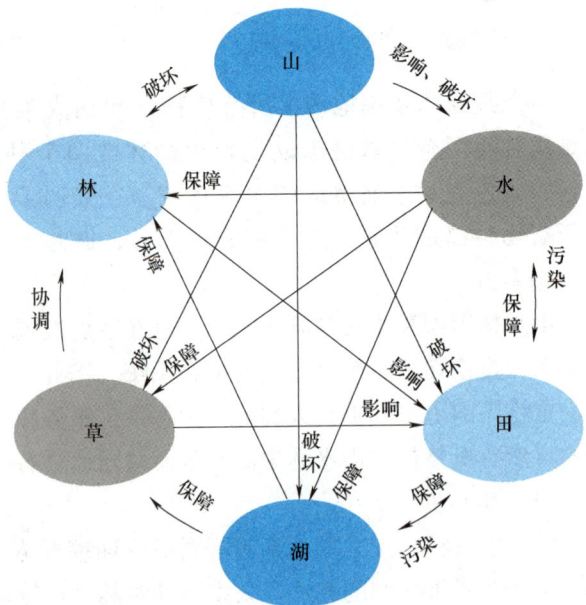

图 2-1 山水林田湖草生命共同体关系

$\ominus$ 尺度性是指事物或现象在空间和时间上所具有的特定范围和特征。

另一种资源和对整个生态系统的影响，要加强对各种自然资源的保护和对整个生态系统的保护。例如，在开发矿产资源时，就要处理好局部与整体的关系。如果不考虑开发一种资源对另一种资源以及生态环境的影响，就可能会破坏伴生矿产、土地、水和其他动植物资源，也会对矿区周围的生态环境产生破坏。我们必须在开发利用自然资源时，注意保护自然资源和生态环境，在不断推进社会经济发展的同时，推进自然资源节约集约利用和生态环境健康发展。发展不可避免会消耗资源和污染环境，会对山水林田湖草生态系统产生破坏，会影响山水林田湖草生命共同体的健康，所以我们在发展的同时要注重生态环境保护，要坚持生态优先、绿色发展，要建立绿色低碳循环的现代经济体系。

从自然资源角度理解，山水林田湖草应该视为人类赖以生存的全部自然资源，通常可以将其看作"山水林田湖草+"，可以扩充为山水林田湖草沙、山水林田湖草海、山水林田湖草居、山水林田湖草矿等，因此山水林田湖草是一个开放式非闭合的概念集合，也就是每类自然资源要素都在国土空间系统中相互影响、相互制约，并维系着人类的生产、生活、生态需求。

资源开发过程打破了区域原有的山、水、林、田、湖、草生态平衡体系，导致平衡体系有向劣势方向退化的风险。因此，必须及时采取生态环境治理和生态系统修复等措施，有效逆转这种不利趋势，推动生态系统朝着更加健康、可持续的方向发展，最终实现平衡体系向优势方向的演变。

2.5 循环经济理念

2.5.1 循环经济的核心及原则

循环经济是以资源的高效利用和循环利用为核心，以"减量化、再利用、资源化"为原则，以低消耗、低排放、高效率为基本特征，符合可持续发展理念的一种经济增长模式。是对"大量生产、大量消费、大量废弃"的传统增长模式的根本变革。循环经济要求所有的物质和能源要能在这个不断进行的经济循环中得到合理和持久的利用，以把经济活动对自然环境的影响降低到尽可能小的程度，以实现资源高效利用、环境负荷降低、延长产品使用寿命、废弃物回收和再利用、建立可持续的生产和消费模式的目标。

循环经济的重点在于资源的高效利用和循环利用，是以尽可能少的资源消耗和尽可能小的环境代价实现最大的发展效益；是以人为本，贯彻和落实科学发展观的本质要求；是实现从末端治理转向源头污染控制，从工业化以来的传统经济转向可持续发展的经济增长方式，从单纯的科技管理转向经济-社会-自然复合生态系统，从多部门分散治理转向国家统一部署，与经济目标、社会目标和文化目标的有机结合，通过人文社会伦理教育、法律制度建设和科技创新，整合和优化经济系统各个组成部分之间的关系，走新型工业化道路，从根本上缓解日益尖锐的资源约束矛盾和突出的环境压力，全面建设小康社会目标，促进人与自然和谐发展的现实选择；是实现由依靠物质资源为主转向依靠智力资源为主，由生态环境破坏型转向生态环境友好型的历史性和突破性的重大革命；是建设物质文明、精神文明和政治文明，乃至生态文明的有效途径；是人类对人与自然关系深刻反思的积极成果。

循环经济遵循减量化（Reducing）原则、再利用（Reusing）原则和再循环（Recycling）原则（称为"3R"原则），三个原则之间相互承接，有先后顺序。减量化原则要求用较少的原料和能源投入来达到既定的生产目的或消费目的，进而从经济活动的源头就注意节约能源和减少污染；再利用原则要求制造产品和包装容器能够以初始的形式被反复使用；再循环原则要求生产出来的物品在完成其使用功能后能重新变成可以利用的资源而不是不可恢复的垃圾。

2.5.2 线性经济与循环经济

线性经济是指以资源线性流动为特征的经济模式。表现为传统经济中"开发资源—制造产品—排放废弃物"的单向流动。资源未得到充分利用即变为废弃物，大量消耗资源的同时造成环境污染，具有高消耗、高污染和低利用率的特征，实质是以增长的自然代价实现经济的数量型增长，与可持续发展背道而驰。传统线性经济模式如图2-2所示。

图 2-2　传统线性经济模式

循环经济是一种生态型的闭环经济，形成资源利用的合理的封闭循环。实践证明，循环经济能够充分体现可持续发展是理念，是一种行之有效的经济发展模式。为了使经济能够可持续发展，倡导人与自然和谐相处，近年来国际社会推崇使用"开发资源—制造产品—排放废弃物—资源再生"的循环经济模式，如图2-3所示。

线性经济和循环经济之间的一些区别如下：线性经济侧重于生产商品和服务，与之相反，循环经济追求创建可持续发展的系统；在线性经济中，产品被生产、购买和丢弃，在循环经济中，它们被获取、处理和重复使用；在线性经济中，废弃物最终通过销毁的方式来处理，在循环经济中，追求对废弃物的优化；在线性经济中，消费是直线的且可取的，在循环经济中，它是无限的且可持续的。

循环经济将资源在人类经济活动中的废弃物实现资源化循环利用，可使开发资源—制造产品—排放废弃物的线性经济模式改变为开发资源—制造产品—排放废弃物—资源再生的反馈式流程，使过去高开采、低利用、高排放的生产模式转变为低开采、高利用、低排放的生产模式，线性经济模式到循环经济模式的转变如图2-4所示。

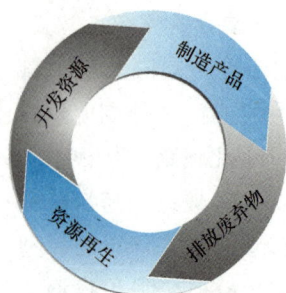

图 2-3　循环经济模式

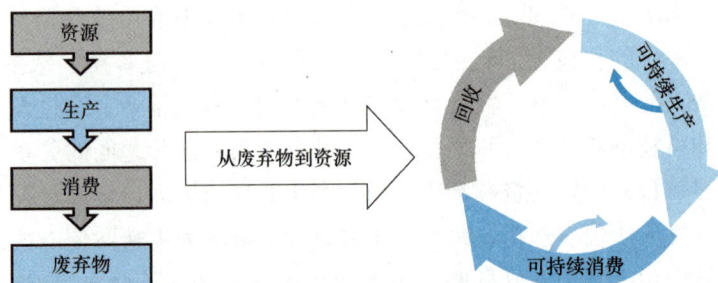

图 2-4　线性经济模式到循环经济模式的转变

2.5.3　矿业循环经济

目前，仍有一些矿山沿用的是大量消耗资源和粗放式经营的传统经济发展模式，存在重速度和数量、轻效益和质量的观念，存在重外延扩大再生产、轻内涵挖潜等问题，由此导致出现大量的矿业废气、矿业废水、矿业废渣，以致引发水土流失、土地沙化、土壤污染、矿震、热污染等多重灾害和险情。这种对矿产资源重开发、轻保护的发展模式，不仅造成了资源的过度破坏和巨大浪费，而且使得资源面临枯竭，矿业的可持续发展面临巨大的挑战，走循环经济之路，势在必行。

矿业循环经济具体体现在提高开采率，提高选矿回收率，提高资源回收利用率，有价元素回收，废弃物资源化利用，土地再利用等方面。循环经济可以促进资源的最大化利用和环境的最小损害，提高经济效益和社会效益，推动可持续发展目标的实现。矿业生产过程中的"3R"原则见表 2-1。

表 2-1　矿业生产过程中的"3R"原则

矿业生产过程	减量化原则	再利用原则	再循环原则
勘查	量化减少勘查量⊖，提高勘查效率，减小对环境的影响	勘查资料，勘查设备，综合勘查	废弃物分类回收，废弃物资源化利用，提高勘查产品的再循环性
矿山开采	提高资源利用效率，推广绿色开采技术，加强资源勘探和规划	废石的再利用，设备再利用和修复，水资源再利用	建立废弃物回收体系，推动资源循环利用产业发展，加强技术创新和研发
矿物加工	提高选矿回收，优化工艺流程，推广清洁生产	尾矿和废石综合利用，水资源循环利用，设备再利用和修复	建立废弃物回收体系，推动技术创新和研发，实现资源循环利用
冶炼	提高冶炼效率，优化工艺流程，推广清洁生产	废弃物回收利用，余热回收利用，设备再利用和修复	建立循环经济产业链，推动技术创新和研发，实现资源最大化利用
矿产品深加工	优化生产工艺，提高产品附加值，减少废弃物产生	废弃物回收利用，副产品综合利用，设备再利用	构建循环经济产业链，推动技术创新，实现资源的循环利用

2.6　环境不可分割理论

2.6.1　环境不可分割概述

环境不可分割是指环境中的各个要素之间存在着紧密而复杂的相互依存、相互影响和相互制约的关系，它们共同构成了一个完整、协同的生态系统。在这个系统中，各种生物与生态系统、自然环境之间形成了错综复杂的联系网络，这些联系共同维持着生态系统的平衡与

⊖　**量化减少勘查量**是指通过科学的方法和合理的规划，减少不必要的勘查工作，提高勘查效率，从而降低勘查成本和环境影响的过程。实现量化减少勘查量需要明确勘查目标、优化勘查方法、合理控制勘查密度和深度、加强勘查资料的综合利用、推广绿色勘查理念等手段。

稳定，展现出环境要素之间不可分割的整体性。

地球的外部圈层（图 2-5）包含水圈（河流、湖泊、海洋、降水和蒸发、地表径流和地下径流）、大气圈（主要是平流层、锋面、大气环流）、生物圈（动物和植物）以及岩石圈（土壤的形成）四个方面，四个方面之间互相影响、互相作用、互相渗透，如图 2-6 所示。生物与环境的有机组合构成了生态系统，生态系统是一个循环的系统，区域性的环境对周边的环境也会造成影响。例如，水、土、气通过水、气、微生物的移动就会影响周边环境和生物。

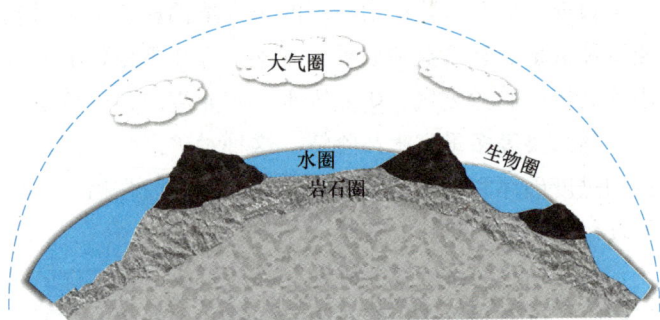

图 2-5　地球的外部圈层

环境的不可分割性强调了生态系统中各要素间的紧密联系与相互依赖，这要求在矿产资源开发时，必须将环境保护置于首位，力求从源头将对环境的破坏降至最低限度。矿产资源开采过程中产生的废弃物、废水、废气等若未经妥善处理，会对环境造成深远的污染与破坏，且此类损害往往难以逆转。因此，在矿产资源开发的每一个阶段，都必须严格执行一系列的环境保护措施，旨在从源头上削减对环境的不良影响。同时，对于已造成的环境破坏，应迅速采取有效的修复措施，以确保生态环境的健康与可持续性。

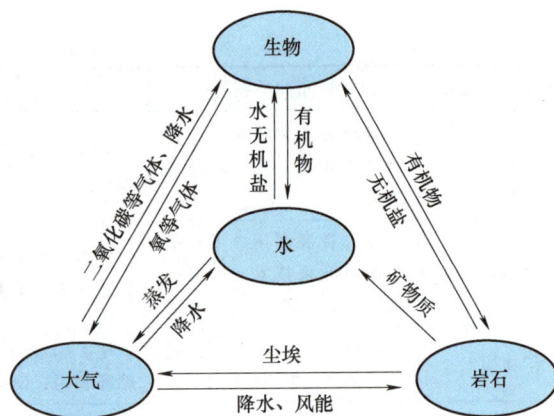

图 2-6　地球的外部圈层要素之间的关系

2.6.2　环境不可分割体现

（1）环境资源的不可分割性

环境资源的不可分割性是指自然界的资源和环境是一个不可分割的整体。这包括土地、水源、空气等环境资源，它们之间都存在着千丝万缕的联系。如果我们对环境中的某一种资源或要素进行破坏或污染，将会使整个生态系统产生连锁反应，从而影响到其他的资源和要素，甚至可能导致整个生态系统的崩溃。因此，环境资源必须作为一个整体来保护和利用，不能分割或拆分使用。

（2）生物多样性的相互依存

生物多样性是环境不可分割理论的重要组成部分。生物多样性是指自然界中所有动物、植物、微生物和它们所拥有的基因及其与环境形成的复杂的生态系统。这些生物和它们的环境之间相互依存、相互作用，共同构成了一个复杂的生态网络。如果生物多样性受到破坏，将会对整个生态系统造成不可估量的损失。因此，保护生物多样性就是保护整个生态系统的稳定和可持续发展。

（3）生态系统的整体性

生态系统是环境不可分割理论的另一个重要方面。生态系统是由生物群落和它们所处的非生物环境共同组成的。在生态系统中，各种生物之间以及生物与环境之间都存在着复杂的相互作用关系，从而使得生态系统具有整体性和稳定性。一旦生态系统的某个部分受到破坏或改变，将会对整个生态系统产生深远的影响。因此，在保护和管理环境时，必须充分考虑生态系统的整体性和稳定性。

（4）环境资源的共同利益

环境不可分割理论还强调了环境资源所带来的利益是人类的共同利益。这种利益不是某个个体或群体所独有的，而是全人类所共享的。因此，在开发和利用环境资源时，必须充分考虑其对整个社会和人类未来的影响。同时，需要加强国际合作和交流，共同应对全球性环境问题和挑战。

2.7　生态环境容量不减少原则

2.7.1　生态环境容量概述

生态容量是指生态系统所能支持的某些特定种群的限度，即在不损害生态系统的生产力和严格界定生态功能完整的大背景下，可无限持续容纳的最大资源利用率和最高废弃物产生率。在某种意义上和特定语境下，生态环境容量主要是指生态承载力，生态承载力彰显的是构成完备的生态系统的自我维持、自我调校的能力，以及其可在多大程度上维持的社会经济活动强度和具有一定生活水平的人口数量。

环境容量是指在确保人类生存、发展不受危害、自然生态平衡不受破坏的前提下，某一环境所能容纳污染物的最大负荷值，或是指一个生态系统在维持生命机体的再生能力、适应能力和更新能力正常状态的前提下，能够承受有机体群体数量的最大限度。一个特定的环境（如一个自然区域、一个城市）对污染物的容量是有限的，其容量的大小与环境空间的大小、各环境要素的特性、污染物本身的物理和化学性质有关，环境空间越大，环境对污染物的净化能力就越大，环境容量也就越大。

矿山企业坚持生态环境容量不减少原则，就是要在矿产资源开发过程中通过科学合理的规划和有效管理，维护生态系统的完整性、稳定性和多样性，确保生态系统面积不减少、功能不降低、性质不改变。

1）面积不减少：强调的是保护生态系统的物理空间，确保生态系统的地理范围不会因为人类活动而缩小。这包括防止生态用地被转换为其他用途，如城市建设用地、农业用地等，从而保持生态系统的连续性和完整性。

2）功能不降低：生态系统为人类和自然界提供了各种服务和利益，包括不限于气候调节、水源涵养、土壤保持、生物多样性保护等。通过有效的管理和保护措施，确保这些生态服务功能不会因为人类活动而减弱。

3）性质不改变：意味着保护生态系统的自然属性和生态过程不受干扰，保持其原有的生态特征和生物多样性。这要求在人类活动的影响下，生态系统不会发生根本性的变化，如从自然生态系统转变为人工生态系统，从而保持生态系统的自然属性和生态平衡。

2.7.2 矿区生态环境容量不减少原则

（1）生态优先原则

生态优先原则的核心是保护和修复生态系统，确保矿山开发与环境协调发展。在矿区规划和开发过程中，应优先考虑生态环境的保护，确保开发活动不会对生态系统造成不可逆的损害。通过采取生态修复措施，恢复植被和生物多样性，维护生态系统的稳定性和健康。

（2）资源合理利用原则

资源合理利用原则的核心是促进矿产资源的可持续开发与利用，提高资源利用效率。在矿区生态环境容量控制中，应合理规划和利用矿产资源，避免过度开采和浪费。通过优化开采方法和技术装备，降低资源消耗，提高资源回收率，实现矿产资源的可持续利用。

（3）预防为主原则

预防为主原则的核心是采取预防性措施，减少环境污染和生态破坏。在矿区开发前，应进行全面的环境影响评价，预测和评估开发活动对生态环境的影响，并制定相应的环境保护措施。通过实施预防性措施，如建设环保设施、控制污染物排放等，减少开发活动对生态环境的负面影响。

（4）完整性原则

完整性原则的核心是保护生态系统的完整与和谐。矿区生态环境是一个整体，其中的各生态环境因素相互作用、相互影响。在控制生态环境容量时，需要从各具体因素以及因素的相互作用出发，保护生态系统的完整性和和谐性。通过综合施策、协同治理等方式，确保矿区生态环境的整体稳定和健康。

2.8 帕累托改进与最优模型

2.8.1 帕累托改进与最优概述

帕累托改进（Pareto Improvement）是指能使至少一人的境况变好而没有人的境况变坏的资源重新配置。帕累托最优（Pareto Optimality）是资源分配的一种理想状态，是指在不使任何人的境况变坏的情况下，不可能再使某些人的处境变得更好。

因此，帕累托最优是指资源分配已经达到一种无法再进行改进的状态。其目的是充分利用有限的人力、物力、财力，优化资源配置，争取实现以最小的成本创造最大的效率和效益。帕累托最优是资源分配的理想状态，是帕累托改进的终极目标。帕累托改进是实现帕累托最优的途径和方法。

2.8.2　绿色矿山建设中的帕累托改进与最优

　　绿色矿山建设的核心要素聚焦于资源开发与生态保护的和谐共生。一种观点认为，要在确保资源开发利益最大化的前提下，筑起对生态环境最基本的保护基石；另一种观点则强调在环境保护优先、力求最大化生态效益的基础上，保障资源开发能稳定获取更多收益。这两种策略分别彰显了"资源优先"与"生态优先"的不同理念。绿色矿山建设的核心理念更侧重于探寻资源开发与生态保护之间的资源配置动态平衡点和综合收益的利润最大点，它强调在不损害生态环境的承载力、确保生态系统健康稳定的前提下，尽最大可能提高资源开发利用的效率与水平，从而实现经济效益与生态效益的双赢。

　　在绿色矿山建设中，这一理念可以应用于以下几个方面：

　　（1）优化产业结构

　　通过调整产业结构，使得矿业产业链上的各个环节都能够达到最优状态。例如，发展深加工产业和高科技产业，提高矿产品附加值和市场竞争力；发展清洁能源和新能源产业，减少对传统能源的依赖。

　　（2）合理规划资源开发

　　通过科学规划资源开发规模和时间，避免过度开发和过度竞争。例如，制定合理的矿产资源开发规划，控制开采总量和速度；加强矿产资源勘查和调查评估工作，确保资源的可持续利用。

　　（3）优化资源开发利用

　　通过改进资源开发方式和技术，提高资源利用效率，减少浪费和污染。例如，采用先进的采矿技术和设备，提高采矿回收率，降低矿石贫化率，减少对自然资源的破坏和浪费。

　　（4）促进循环经济

　　通过循环利用矿产品、废弃物再利用等方式，实现资源的高效利用和废弃物的减量化、资源化。例如，将矿山废弃物进行再加工处理，生产建筑材料、土壤改良剂等新产品，既解决了废弃物处理问题，又降低了对自然资源的依赖。

　　（5）加强环境保护

　　通过采取环保措施和生态修复手段，减少矿山开发对环境的破坏和污染。例如，加强废水处理和废水循环利用，减少废水排放；开展生态修复工程，恢复矿区植被和生态功能。

　　（6）建立绿色矿业发展机制

　　通过建立绿色矿业发展机制，规范矿业开发行为。例如，制定绿色矿山建设标准和规范，建立矿业开发环境影响评价制度，完善矿业开发监管机制等。

2.9　均衡发展理论

2.9.1　均衡发展概述

　　均衡发展是指各方面在发展过程中保持平衡、协调和统一的发展态势。在社会经济发展中，均衡发展是一个重要的目标和要求。均衡发展可表现为以下几个方面：

（1）经济均衡发展

经济均衡发展是社会经济发展的基础，要求各个产业、区域、居民之间的经济发展保持相对平衡。一个经济社会体内部各要素资源要合理使用，并达到均衡的状态。

（2）区域均衡发展

区域均衡发展要求各个地区在经济、社会、环境等方面都得到合理发展，避免区域之间的差距过大，实现区域间的协调发展。

（3）社会均衡发展

社会均衡发展要求各个社会群体之间的利益得到平衡，注重解决社会矛盾和不平等的问题。这包括各个阶级、群体之间的利益平衡和社会公平正义的实现。

（4）生态均衡发展

生态均衡发展要求人与自然之间的关系保持良好的平衡，注重保护和修复生态环境，提高生态系统的稳定性和韧性，只有实现生态均衡发展，才能保证可持续发展。

2.9.2 绿色矿山均衡发展

矿山生产是一个复杂的系统工程，涉及采矿、选矿、运输、通风、排水等多个环节。这些环节之间相互依存、相互影响，任何一个环节的瓶颈都会影响到整个生产流程的效率。各辅助系统能力的均衡是确保生产流程顺畅进行的基础，只有各辅助系统能够协同工作，才能保证矿石从开采到加工再到运输的整个过程顺利进行，从而提高生产效率。

同时影响绿色矿山建设的要素较多，要想系统、综合、科学地推动矿业绿色发展和高质量发展，就必须兼顾多个要素，不能只考虑某一要素而不考虑这些因素之间的制约和促进关系。全面推进阶段提出绿色矿山包含六个方面的内容，从不同角度反映绿色矿山所要求的能力和水平（图2-7中1~6），需要均衡的发展。均衡发展关注并改进绿色矿山建设中的薄弱环节，以实现整体效能的提升和可持续发展。可以借鉴木桶理论[○]，如图2-7所示。

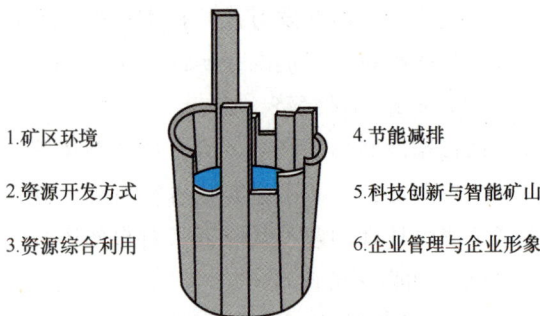

1.矿区环境　　　　4.节能减排
2.资源开发方式　　5.科技创新与智能矿山
3.资源综合利用　　6.企业管理与企业形象

图2-7　木桶理论

除此之外，绿色矿山所讲的均衡发展还是一种追求经济效益、生态效益和社会效益相统一的理念和目标，主要体现在以下几个方面：

1）确保矿山资源的可持续利用，充分考虑资源的有限性和不可再生性，避免过度开采和浪费，通过科学规划、合理布局和先进技术手段的应用，实现经济效益和生态效益的平衡。

2）注重矿山经济与当地经济的互动发展，促进产业链条的完善和延伸，通过与周边地

㊀　木桶理论，又称为短板理论，是指在木桶中，最短的木板限制了木桶整体的盛水量。对于一个系统或组织，最薄弱的环节将会限制整体效能的发挥。

区的合作和共赢，实现资源共享、优势互补和协同发展，提升整个区域的经济发展水平和竞争力。

3）注重矿山生态环境的保护和治理工作，采取有效的措施防止环境污染和生态破坏，通过加强矿山废水、废气、废渣等的治理和利用，降低对周边环境的影响，同时，加强矿区的生态恢复和景观建设，提升矿区的生态环境质量和景观价值。

4）注重矿山企业与当地社会的融合发展，积极参与社会公益事业和社区建设，通过加强与当地居民的沟通和合作，解决矿山开发过程中可能出现的社会问题，实现矿山企业与社会的和谐发展。

2.10　一体化协同原则

2.10.1　一体化概述

一体化是指多个原来相互独立的实体通过某种方式逐步在同一体系下彼此包容，相互合作。建设绿色矿山需要形成资源开发、环境保护、生态恢复一体化思想和工作机制。

资源开发一体化要求统一考虑主矿种、共伴生矿、废弃物、土地、水、能源等资源的开发和利用。资源一体化要求，在主矿种的开发和利用方面对矿产资源进行全面规划，合理布局，优化配置；在共伴生矿和废弃物资源化方面，强调将不同类型的矿产资源和废弃物进行综合利用；在土地、水、能源等资源的开发和利用方面，要求进行全面评估和综合规划。

环境保护一体化要求系统研究废水、废气、废渣、粉尘、噪声等所有的有害物从前端产生、中端利用、末端治理问题，形成污染预防和污染治理相结合的"全过程控制"的新模式。在前端产生上，重视清洁生产，提高资源利用效率，减少污染物的产生和排放；在中端利用上，重视资源的循环利用和再生利用；在末端治理上，重视对已经产生的污染物的治理。

生态恢复一体化是指在资源开发、地质环境治理、生态修复等过程中，系统性考虑生态系统重构与多样性保护的问题，实现源头减损、过程控制、末端治理的人工恢复加自然恢复的过程。

2.10.2　资源开发与环境保护一体化

资源开发与环境保护一体化是指在矿山开发过程中，将资源开发和生态环境保护有机结合起来，实现经济效益和生态效益的统一。具体来说，包括以下几个方面的含义：

1）在资源开发过程中，要充分考虑环境保护因素，避免或减少对环境的破坏和污染。在制定资源开发方案时进行环境影响评价，预测和评估资源开发可能对环境造成的影响，并制定相应的预防和治理措施。

2）在资源开发过程中，要建立完善的环境监测和管理体系，加强对环境的监测和管理，及时发现和解决环境问题。

3）在资源开发结束后，制定环境恢复和治理方案，对受损的生态环境进行修复和改善，使其恢复到或接近于开发前的状态。

4）在资源开发过程中，推广清洁生产和循环经济模式，采用先进的技术和设备，提高资源的综合利用效率和废弃物的资源化程度。

2.10.3 矿山管理一体化

矿山管理一体化思想是一种全面、协调和高效的管理理念，旨在将矿山管理的各个环节整合为一个有机整体，实现矿山的高效、安全和可持续发展。这包括矿山资源管理、生产管理、安全管理、环境保护管理等多个方面。通过制定科学的管理制度和技术规范，建立完善的管理体系和管理机制，实现矿山管理的标准化、规范化和精细化。同时，采用先进的管理方法和手段，如信息化技术、智能化设备等，提高管理效率和水平，实现矿山的可持续发展。

矿山管理一体化思想的意义在于促进矿山各个方面的协同和配合，实现矿山管理的整体优化和提升。通过将各个方面进行有机结合，可以更好地协调和管理矿山资源，提高生产效率和管理水平，保障矿山安全和环境质量稳定。同时，可以更好地满足市场需求和法律法规要求，提高矿山的竞争力和可持续发展能力。

在实践过程中，矿山管理一体化思想的实现需要政府、企业和社会各方面的共同努力。政府需要加强对矿山的监督和管理，制定相关政策和法规，推动矿山管理的标准化和规范化。企业需要加强对矿山管理的重视和投入，建立完善的管理体系和机制，提高管理水平和效率。社会各方面也需要加强对矿山管理的关注和支持，形成共同参与、共同建设的良好局面。

思 考 题

一、简答题

1. 什么是帕累托改进？

2. 什么是山水林田湖草生命共同体理念？

3. 什么是均衡发展理论？

二、论述题

1. 矿区循环经济主要包含哪些内容？

2. 一体化协同原则包括什么内容？

3. 生态环境容量不减少原则对于指导绿色矿山建设有什么意义？

4. 环境不可分割理论对大气防治有什么意义？

绿色矿山建设是一个循序渐进的过程，分为初级阶段和高级阶段。在初级阶段，主要的建设任务侧重于完善矿山的基本功能条件、合理开发利用资源、有效保护环境以及进行系统生态修复，通过规范各项基本工作，确保各项建设任务有序进行。而进入高级阶段，则更加注重资源开发与环境保护的和谐共生，力求实现经济效益与生态效益的双赢。本章将重点围绕绿色矿山初级阶段的建设内容展开，详细介绍其应涵盖的基本要素和关键环节。

3.1 概述

3.1.1 试点阶段绿色矿山建设内容的分类

国家级绿色矿山试点要求绿色矿山应具有依法办矿、规范管理、综合利用、技术创新、节能减排、环境保护、土地复垦、社区和谐、企业文化九个条件（图 3-1）。

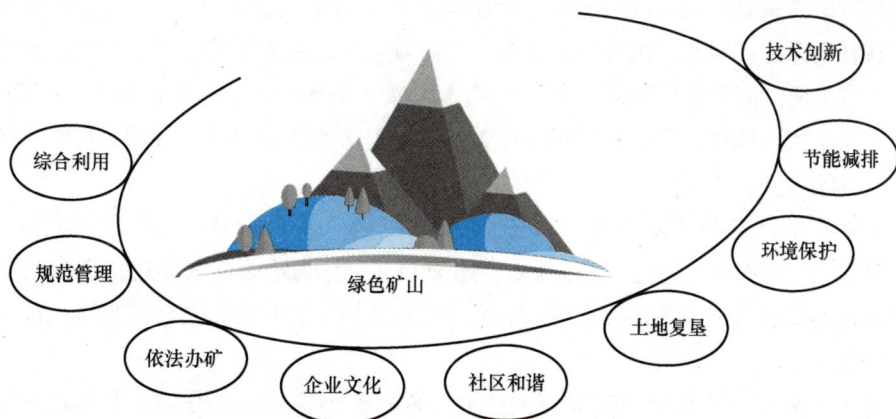

图 3-1 试点阶段绿色矿山建设九大条件

（1）依法办矿

严格遵守《中华人民共和国矿产资源法》等法律法规，合法经营，证照齐全，遵纪守法；矿产资源开发利用活动符合矿产资源规划的要求和规定，符合国家产业政策；认真执行

《矿产资源开发利用方案编制指南》《矿山地质环境保护与土地复垦方案编制指南》《矿山生态修复工程验收规范》等；3 年内未受到相关的行政处罚，未发生严重违法事件。

（2）规范管理

积极加入并自觉遵守《绿色矿业公约》[⊖]，制定有切实可行的绿色矿山建设规划，目标明确，措施得当，责任到位，成效显著；具有健全完善的矿产资源开发利用、环境保护、土地复垦、生态重建、安全生产等规章制度和保障措施；推行企业健康、安全、环保认证和产品质量体系认证，实现矿山管理的科学化、制度化和规范化。

（3）综合利用

按照矿产资源开发规划和设计，较好地完成资源开发与综合利用指标，技术经济水平居国内同类矿山先进行列；资源利用率达到矿产资源规划要求，矿山开发利用工艺、技术和设备符合矿产资源节约与综合利用鼓励、限制、淘汰技术目录的要求，"三率"（即开采回采率、选矿回收率和综合利用率）指标达到或超过国家规定标准；节约资源，保护资源，大力开展矿产资源综合利用，资源利用达国内同行业先进水平。

（4）技术创新

积极开展科技创新和技术革新，矿山企业每年用于科技创新的资金投入不低于矿山企业总产值的 1%；不断改进和优化工艺流程，淘汰落后工艺与产能，生产技术居于国内同类矿山先进水平，重视科技进步。

（5）节能减排

积极开展节能降耗、节能减排工作，节能降耗达国家规定标准；采用无废或少废工艺，成果突出，"三废"排放达标，矿山选矿废水重复利用率达到 90%以上或实现零排放，矿山固体废弃物综合利用率达到国内同类矿山先进水平。

（6）环境保护

认真落实矿山恢复治理保证金制度，严格执行环境保护"三同时"制度，矿区及周边自然环境得到有效保护；制定矿山环境保护与治理恢复方案，目的明确，措施得当，矿山地质环境恢复治理水平明显高于矿产资源规划确定的本区域平均水平，重视矿山地质灾害防治工作，近 3 年内未发生重大地质灾害；矿区环境优美，绿化覆盖率达到可绿化区域面积的 80%以上。

（7）土地复垦

矿山企业在矿产资源开发设计、开采各阶段中，有切实可行的矿山土地保护和土地复垦方案与措施，并严格实施；坚持"边开采，边复垦"，土地复垦技术先进，资金到位，对矿山损毁而可复垦的土地应得到全面复垦利用，因地制宜，尽可能优先复垦为耕地或农用地。

（8）社区和谐

履行矿山企业社会责任，具有良好的企业形象；矿山在生产过程中，及时调整影响社区生活的生产作业，共同应对损害公共利益的重大事件；与当地社区建立磋商和协作机制，及

⊖ 《绿色矿业公约》：2008 年，中国矿业联合会会同中国铝业集团有限公司、首钢集团有限公司矿业公司、山西大同煤矿集团有限责任公司、江西铜业集团有限公司、中国黄金集团有限公司、新汶矿业集团有限责任公司、中国有色金属工业协会、中国冶金矿山企业协会等 11 家矿山企业和行业协会共同发起制定《绿色矿业公约（草案）》，在中国矿业联合会四届五次常务理事会通过了《绿色矿业公约》。

时妥善解决各类矛盾，社区关系和谐。

（9）企业文化

企业应创建一套符合企业特点和推进实现企业发展战略目标的企业文化；拥有一个团结战斗、锐意进取、求真务实的企业领导班子和一支高素质的职工队伍；企业职工文明建设和职工技术培训体系健全，职工物质、体育、文化生活丰富。

3.1.2　全面推进绿色矿山建设内容的分类

《绿色矿山建设规范》把绿色矿山建设内容分为矿区环境、资源开发、综合利用、节能减排、科技创新、数字化矿山、企业管理和企业形象 7 个方面。

（1）矿区环境

优美的矿区环境既是创造职工生产生活健康环境的内在需要，也是矿区生态系统的重要组成部分，是向社会展示企业形象的重要窗口，也体现了矿山企业履行社会责任的程度。

（2）资源开发

坚持"统一规划、集中开采、规模开采、成片治理""边开采，边治理，边恢复"的原则，做到开采一片，整治一片，利用一片。开采区要统一规划开采布局、开采总量，规模化利用矿山固体废弃物，及时治理环境和恢复生态系统功能。

（3）综合利用

资源综合利用推动了矿业循环经济的发展，包含共伴生资源的开发、有价元素的回收、废弃物的资源化利用等方面的内容。"资源化、减量化、无害化"的循环经济原则不但为企业提供了新的经济增长点，同时大大减少了对环境的污染，是资源开发与生态保护相协调的重要表现形式。

（4）节能减排

在生产过程中应节约物质资源和能量资源，减少"三废"、粉尘、噪声的排放。企业在加强节能技术应用的同时，应避免因片面追求减排而造成的能耗激增，实现经济效益、社会效益和环境效益的均衡。

（5）科技创新

构建企业的新质生产力，利用先进适用的技术降低企业的运营成本，对冲环境治理、生态恢复、履行社会责任带来的成本升高。

（6）数字化矿山

矿山企业在生产过程中应通过信息化的手段使生产处于最佳状态和最优水平，生产过程达到持续、稳定、安全的效果。

（7）企业管理和企业形象

企业管理和企业形象是推动绿色矿山建设的关键因素，是绿色矿山机制保障，体现了领导的重视程度和执行力度。

推动上述 7 个方面的均衡发展，对于提升矿区可持续生产能力和生态环境保护能力，不断推进矿区绿色发展起着重要作用。表 3-1 为绿色矿山建设内容的能力与水平，能够较为全面地体现矿山企业建设绿色矿山的情况。

表 3-1　绿色矿山建设内容的能力与水平

大类	能力与水平
矿区环境	配套设施对生产生活支撑能力
	矿区环境展示的企业形象（矿区的社会形象）
资源开发	资源开发对生态环境的保护能力
综合利用	矿山资源综合利用水平
节能减排	能源管理及技术装备先进水平
	对环境污染的控制能力
科技创新	矿山可持续发展支撑能力
数字化矿山	数字化矿山对矿山安全生产等的保障能力
企业管理与企业形象	矿山企业管理对建设绿色矿山的保障能力

3.1.3　绿色矿山建设内容分类

2024 年，自然资源部发布的《国家级绿色矿山建设评价指标》和国家标准化管理委员会正式颁布的《绿色矿山评价通则》均从矿区环境、资源开采、资源综合利用、绿色低碳、生态修复与环境治理以及科技创新与规范管理等六大方面对绿色矿山进行全面评价。这不仅充分体现了新形势下对绿色矿山建设的新要求，也体现了从行政、企业管理角度出发的分类思路，具有灵活性和可变性，以适应矿业行业不断发展和变化的需求。

鉴于不同矿山在绿色矿山建设进程中所处的阶段各异，为了更准确地反映矿山企业的持续发展轨迹，并增强绿色矿山内容分类的稳定性和社会各界的识别度，本书将绿色矿山建设的内容分为三大核心板块：基础构建、运营管理与持续发展，如图 3-2 所示。这三大板块不仅构成了绿色矿山建设的整体框架，也贯穿了本书的各个相关章节，为读者提供了全面且系统的理解路径。

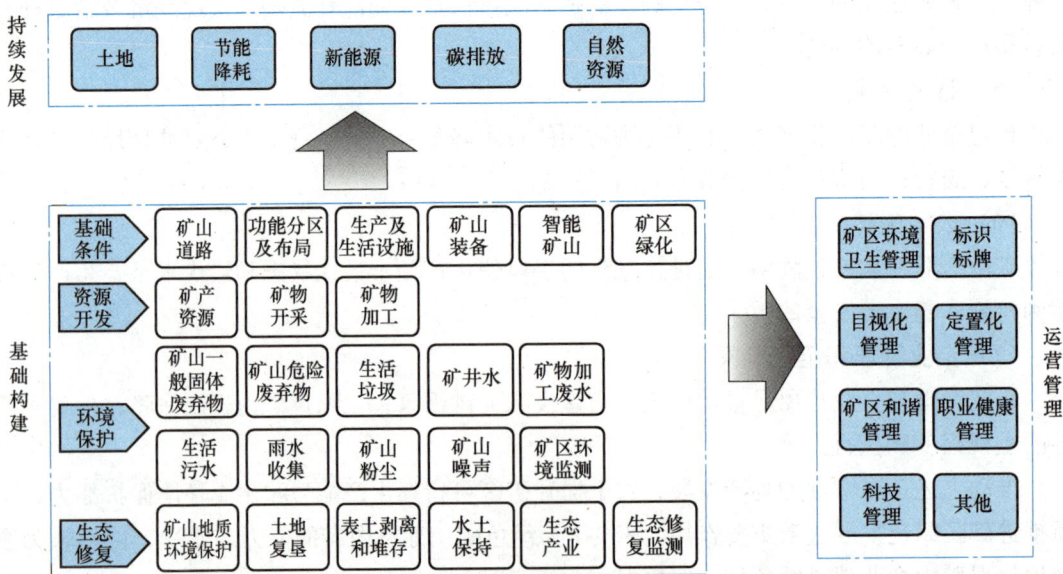

图 3-2　绿色矿山建设的内容

（1）基础构建

此板块聚焦于绿色矿山建设的初期阶段，包括矿区的基础条件、资源开发、环境保护、生态修复等。它是绿色矿山建设的基石，为后续的运营管理和持续发展奠定了坚实的基础。

（2）运营管理

在基础构建之上，运营管理板块关注矿山在日常运营中的绿色化、规范化管理。这包括矿区环境卫生管理、标识标牌、目视化管理、定置化管理、矿区和谐管理、职业健康管理、科技管理等。通过精细化的运营管理，确保绿色矿山建设的持续性和有效性。

（3）持续发展

作为绿色矿山建设的最终目标和长远规划，持续发展板块强调矿山企业在实现经济效益的同时，也要注重社会责任和生态环境的长期保护。这包括土地、节能降耗、新能源、碳排放、自然资源等方面。通过持续发展，推动矿山企业走向更加绿色、低碳、可持续的未来。

本书第 3 章详细介绍了基础构建部分的内容，第 7 章描述了运营管理体系及专项内容，第 4~6 章、第 8 章围绕基础构建、持续发展两个板块从不同角度分析了绿色矿山的核心理念、实现路径，以及从规划、设计到关闭的全过程。

3.2 基础条件

3.2.1 功能分区及布局

1. 概念

功能分区是指工业企业为便于企业管理和更好地组织生产，减少生产过程中的相互影响和干扰，将各类设施按不同功能和系统分区布置，构成一个相互联系的有机整体。从生产上看，功能分区有利于生产设施集中布置，实现专业化生产，提高生产效率，发挥生产系统的最大功能；从生活上看，功能分区有利于营造一个安全、健康、舒适的生活环境，提高职工的生活质量，调动职工的工作积极性。

矿区应按生产区、辅助生产区、地质环境恢复治理区、办公区、生活区等功能进行分区。

1）生产区是指需要对人员、设备、物料及加工对象进行有组织的操控，满足生产工艺对场地、卫生、质量要求的生产操作区域。露天煤矿的生产区主要有采掘场、选矿厂、材料储存场地、矿区道路和排土场等区域。

2）辅助生产区是指为矿区生产提供必要的支持和服务的区域，包括矿区中非生产性的部分，如变电站、高位水池、仓储、维修间、污水处理车间、设备和材料存放场所等。

3）地质环境恢复治理区是指因采矿活动造成地表破坏而需要治理和恢复的区域，如采矿沉陷区、尾矿库、露天坑、矸石山、排土场、废弃道路、废弃建（构）筑物等区域。

4）办公区是指以满足员工的基本工作和生活需求的区域，包括办公楼、会议室、休息区等。

5）生活区是指厂区集中设置的职工住宅及公用文化娱乐设施的区域，包括集体宿舍、家属住宅、食堂、浴室、医院（医务室）、娱乐室等。

2. 基本要求

1）矿区分区及布局要考虑节省用地，不占或少占耕地，提高每宗建设用地的投入产出强度，通过整合、置换和储备，合理安排土地投放的数量和节奏，改善建设用地结构、布局，挖掘用地潜力，提高土地配置和利用效率。

2）矿区分区及布局要通过优化资源配置、改善通风条件、减少运输距离等方法来实现节能降耗。

3）生活区优先依托邻近城镇布置。邻近城镇往往具备较为完善的基础服务设施和服务，如交通、供水、供电、通信、医疗、教育、文化等，邻近城镇的生活区能够为矿区内的从业人员更好地提供便利和保障，带动邻近城镇的经济发展。

4）办公区与生活区距离不宜太远。生活区距离工作地点较近时，可以减少员工的通勤时间，提高工作效率和改善生活便利性。

5）生产区与辅助生产区应相互邻近。生产区与辅助生产区邻近布置可以缩短物料和信息的传输距离，减少中转环节；矿山生产区和辅助生产区之间的协作紧密，需要频繁地进行沟通和协调，将两者邻近布置可以方便管理人员进行实时监控和调度。

6）生产区不应对周边造成环境污染，厂界与居民集中区需保持一定的安全距离。

3.2.2 矿区生产及生活设施

1. 概念

矿区生产及生活设施包括生产设施、辅助生产设施及生活配套设施三类。

1）矿区生产设施是指在矿山企业中，直接参与生产过程或直接为生产服务的机器设备、建筑物和构筑物等。主要生产设施包括采掘设备，运输设备，通风设备，矿石运输、装卸、贮存和取样化验的建、构筑物，废石运输、装卸、贮存的建、构筑物，地下矿井还包括井架、提升机房、井口房、矿仓、废石仓等。这些设施对于保障矿区的正常运营、提高生产效率及确保安全生产具有重要意义。

2）矿区辅助生产设施是指那些不直接参与矿产资源的采掘过程，但为矿区的主要生产活动提供必要支持、服务和保障的各种设施和设备。主要辅助生产设施包含电力设施、压气设施、供热设施、采矿机械修理设施、仓库设施、供水排水设施、地面运输系统等。这些设施在矿区的整体运营中发挥着至关重要的作用，确保主要生产过程能够顺利、高效、安全地进行。

3）矿区生活配套设施是指为了方便矿区工作人员的生活而设置的各种设施和服务。生活配套设施一般包括食堂、澡堂、厕所、宿舍、医疗室等，有条件的矿山布置了矿山救护站、消防车库、俱乐部等公用建筑设施。生活配套设施根据需要尽量配备齐全，并保持整洁，符合相关环境卫生标准。这些设施不仅关系到矿区工作人员的生活质量，还影响到他们的工作效率和工作积极性。

2. 矿区设施要求

1）满足生产生活需要：矿区生产和生活设施布局合理、功能齐备，为员工提供舒适的生产生活环境和便捷的交通。

2）安全可靠：充分考虑各类设施的安全性，配置消防设施，预留紧急疏散出口，保障各类设施的可靠性，及时对设施进行维护和维修。

3）节能环保：建设矿区的生产生活设施时选用节能环保的材料和设备，充分利用清洁能源，改进节能措施，优化生产工艺。

4）正常运行：矿区生产、生活配套设施根据需要尽量配备齐全，能够保持正常运行；生活配套设施要保持整洁，符合相关环境卫生标准。

3.2.3　矿山道路

1. 概念

矿山道路是连接矿区各个工作区域、承担物资和人员运输任务的重要交通网络。矿山道路一般分为厂外道路、厂内道路、露天矿山运输道路三类。

1）厂外道路为厂矿企业与国家公路、城市道路、车站、港口相衔接的对外公路，或本厂矿企业分散的车间（分厂）、居住区等之间的联络公路。

2）厂内道路为工厂（物资仓库、机修场地、矿井井口、危险废弃物暂存间等）的内部道路。

3）露天矿山运输道路为露天矿经常行驶矿用汽车的公路和通往爆破材料库、水源地、总变电所、尾矿坝、矸石山、排土场等行驶一般载重汽车的辅助道路（包括矿井的地面辅助道路）。

总体来说，矿山道路是矿山基础设施的重要组成部分，其设计、建设和维护管理直接影响矿山的安全和运营效率。

2. 基本要求

矿山道路的基本要求涵盖了通行能力、安全性、耐久性、环保性、维护管理等多个方面。为了确保矿山的安全和高效运营，矿山道路应满足以下要求：

1）通行能力：矿山道路应具备足够的通行能力，能够承受矿山内各种车辆和设备的频繁行驶，确保物资和人员的顺畅流动，满足生产运输的需要。

2）安全性：矿山道路应按照相关标准和规范进行设计，确保道路的几何尺寸、纵坡、横坡等符合安全要求。同时，应设置完善的安全设施，如护栏、交通标志、照明设备等，以降低交通事故发生的风险。

3）耐久性：矿山道路应具备良好的耐久性，能够承受恶劣的气候条件和频繁的交通荷载，确保道路的使用寿命和稳定性。

4）环保性：矿山道路建设和维护应注重环保性，减少对周围环境的影响。例如，优先选择环保的道路材料，合理规划排水系统，防止道路对矿区水资源的污染。

5）维护管理：矿山道路应建立完善的维护管理体系，定期对道路进行检查、维修和养护，确保道路处于良好的技术状态和使用性能。

3.2.4　矿山装备

1. 分类

矿山装备是指在矿山开采和矿物加工过程中所使用的机械设备。主要的矿山装备包括采掘设备、提升运输设备、矿物加工设备、环保设备、辅助设备。

1）采掘设备是指直接参与井巷掘进和矿石开采的机械设备，如穿孔钻机、凿井机械、掘进机、铲运机、挖掘机、装药机械、装载机、耙矿绞车、采煤机等。

2）提升运输设备是指提升和运输矿石、物料和人员的机械设备，如矿井提升机、胶带输送机、矿车、电机车、矿山架空乘人索道等。

3）矿物加工设备是指对矿物进行分选加工和矿产资源综合利用的设备，如破碎设备、筛分设备、磨矿设备、分级设备、重选设备、浮选设备、磁选设备、脱水设备、干选设备等。

4）环保设备是指用于处理采矿和矿物加工过程中产生的废水、废气、废渣、粉尘、噪声等污染物的设备，如污水泵、渣浆泵、过滤设备、加药设备、污泥处理设备、烟尘脱硫设备、消声器、负压收尘设备、雾炮车、雾炮机、洒水车、车辆冲洗设备等。

5）辅助设备是指用于井下或露天采掘辅助机械设备，如风机、水泵、空压机、推土机等。

2. 基本要求

1）装备的可靠性。采选装备应具有较高的可靠性，具备较长的使用寿命和较低的维护成本，能够在恶劣的工作环境下长时间无故障运行。

2）装备的稳定性。采选装备应具有稳定的性能和工作状态，以及较强的耐用性和抗震能力。

3）装备的安全性。采选装备应具备良好的安全性能，装备本身的安全装置符合操作维修安全要求。

4）装备的节能环保性。采选装备应具有良好的节能环保性能，能源消耗量低，对环境污染少；优先采用清洁能源或新能源装备，减少温室气体排放。

3.2.5 智能矿山

1. 概念

智能矿山是指利用自动化技术和物联网、大数据、人工智能等新一代信息技术，建立起具备感知、分析、推理、判断及决策能力的运行系统。实现矿山地质与测量、矿产资源储量、矿产资源开采、矿物加工、资源节约与综合利用、生态环境保护等生产经营各环节的数字化、自动化、无人化以及协同化管控。

建设智能矿山的目的是生产处于最佳状态和最优水平，提升矿山的安全性保障水平，降低职工的劳动强度，改善职工的劳动环境，在一定程度上提高工作效率。

2. 主要功能

智能矿山主要包括矿山地质与测量、矿产资源储量、矿产资源开采、矿物加工、资源节约与综合利用、生态环境保护等系统⊖。下面介绍各系统应包括的功能。

（1）矿山地质与测量

通过地质数据采集和传输，建立用于管理矿床、水文、工程、环境等各类地质数据的数据库和三维地质模型，满足矿山智能化管控使用要求；建立测量数据采集、存储、处理、统计以

⊖ 本书所讲的智能矿山各系统主要依据自然资源部发布的《智能矿山建设规范》（DZ/T 0376—2021），重点体现资源集约利用和生态环境保护等内容，符合绿色矿山建设的核心内容。

及图形化展现等数据管理系统，实现数字化工程测量、三维工程验收和多维工程制图等；建立地质、测量资料及数据的信息化综合管理系统，实现技术、计划与生产过程一体化动态管理。

（2）矿产资源储量

根据地质、测量、采矿、矿物加工等数据和信息，建立综合三维地质模型；利用智能化算法辅助开展矿产资源储量估算，并通过生产经营数据跟进更新，掌握矿产资源储量的数量、质量、结构、空间分布和利用状况，实现矿山储量数据与生产经营数据集成和同步；实现矿产资源量、储量全过程动态跟踪、全过程管理等工作。

（3）矿产资源开采

露天开采中，凿岩机、挖掘机等采剥设备实现自动定位、动态跟踪和在线故障诊断等功能，实现定位、导航和远程遥控操作；运输车辆具备行车防撞与预警、司机疲劳预警与盲区监控等功能，实现智能调度、远程监控和无人驾驶等；各采选工序选用自动化、智能化设备，实现生产数据自动采集和可视化，完成作业面视频系统，实现远程自动化集中控制；自动采集矿山供电、通风、压风、排水、供气、供水、注浆、井下充填、除尘、制冷、装车、注氮、污水处理、计量等数据，实现远程集中控制和现场无人值守。

（4）矿物加工

矿物加工采用工艺模型、数据分析、专家决策、机器学习等技术形成控制策略，实现破碎筛分、磨矿分级、选别加工、精矿处理生产全流程多设备综合监控、联锁控制、自决策控制，实现生产现场无人值守、智能化控制。

（5）资源节约与综合利用

建立共伴生矿产资源及废弃物利用和管理数据库，将智能决策分析、控制技术应用于智能化分析和评价系统，建立共伴生矿产资源和废弃物回收、存放、利用、转移等在线管理系统，实现其加工、回收、存放、利用全过程的信息化管理。

（6）生态环境保护

建立对矿区粉尘、噪声、矿井水、矿石堆场与排土场等进行动态管理的环境治理地理信息系统，利用视频监控系统、自动化控制系统实现作业人员、设备、作业环境和作业过程的实时监控和数字化管理，实现生态环境数据动态分析与预警。

3.2.6 矿区绿化

1. 概念

矿区绿化是为美化环境、防止或减轻污染而建立植被的活动。一般通过人工的方法种植和保养植物，以改善矿区的生态环境，提升矿区的形象，使矿区环境更加美观、舒适。通过绿化改善矿区生态环境、减少水土流失和地质灾害隐患从而保护土地资源，避免不必要的浪费。在矿区绿化的同时要考虑净化、亮化、美化的效果。矿区绿化具有补充空气中的氧气、吸收大气中有害气体、防尘、防风、降噪、灭菌、改善地区微小气候、净化水质、保持地面干燥等作用。

矿区绿化主要有以下类型：

（1）绿地

绿地是以栽植树木花草为主要内容的土地。绿地主要包括公共绿地、宅旁绿地、道路绿地。公共绿地是满足规定的日照要求、适合安排游憩活动设施、供居民共享的游憩绿地。宅旁绿地属于居住建筑用地的一部分，是居住区绿地的重要组成部分，是住宅内部空间的延续和补充，与居民日常生活息息相关。道路绿地是指在道路用地范围内，用作栽培植物和造园布景的地面，包含行道树、林荫道、绿篱、花丛和条形草地等形式。绿地的特点是面积较大、不规则、种植植物或野生植物种类较多。

（2）花园

花园是以植物观赏为主要特点的绿地，是园林中最为常见的一种类型，可独立设园，也可附属于宅院、建筑物和公园内。花园以观赏树木、花卉和草地为主体，配有少量设施的园林，可美化环境，供人观花赏景、休息和户外活动。

（3）公园

公园是指供公众游览、观赏、休憩、开展户外科普、文化及健身等活动，向全社会开放，有较完善的设施和良好生态环境的城市绿地。

2. 基本要求

1）绿化布置要符合总平面布置要求，合理安排绿化用地。重点要考虑进厂主干道两侧及主要出入口、企业行政办公区、洁净度要求高的生产区域、产生粉尘或噪声等污染的区域、易受日晒或雨水冲刷的区域、厂区生活服务设施周围区域以及厂区内临城镇主要道路的围墙内侧地带等区域的绿化工作。

2）矿山企业应根据企业性质、环境保护及厂容、景观的要求，结合当地自然条件、植物生态习性、抗污性能和苗木来源，因地制宜进行矿区绿化。

3）非建筑地段和零星空地的绿化满足生产、检修、运输、安全、卫生、防火、采光、通风等要求，避免与建（构）筑物及地下设施的布置相互影响。

4）对于具备条件的可设置隔离绿化带，改善环境，隔离空间；对于不具备绿化条件的可通过对道路两侧进行美化、安装遮挡墙（板）、制作宣传牌或宣传标语等手段来减少对可视景观的不利影响。

3.3 资源开发

3.3.1 矿产资源

矿产资源是指经过地质成矿作用而形成的，天然赋存于地壳内部或地表埋藏于地下或出露于地表，呈固态、液态或气态的，并具有开发利用价值的矿物或有用元素的集合体。矿产资源是人类生产生活的物质基础，具有不可再生性、稀缺性、分布不均匀性、开发对环境具有破坏性等特点。

1. 我国矿产资源的基本特征

我国矿产资源的基本特征可以概括为：矿产资源总量丰沛、品种多样，但人均占有量相对较低；众多矿产面临短缺或探明储量不足的问题；矿产资源质量普遍不高，国际竞争力有待提高；贫矿占比大，富矿和易选矿相对较少；矿产成分复杂，共伴生矿资源丰富，但开发利用技术难度大；中小型矿床居多，大型、超大型矿床及露天开采矿床较为稀缺。

2. 矿产资源分类

根据《中华人民共和国矿产资源法实施细则》（1994 年 3 月 26 日发布），我国矿产种类分为能源矿产、金属矿产、非金属矿产、水气矿产四大类。

（1）能源矿产

煤、煤成气、石煤、油页岩、石油、天然气、油砂、天然沥青、铀、钍、地热。

（2）金属矿产

铁、锰、铬、钒、钛；铜、铅、锌、铝土矿、镍、钴、钨、锡、铋、钼、汞、锑、镁；铂、钯、钌、锇、铱、铑；金、银；铌、钽、铍、锂、锆、锶、铷、铯；镧、铈、镨、钕、钐、铕、钇、钆、铽、镝、钬、铒、铥、镱、镥；钪、锗、镓、铟、铊、铪、铼、镉、硒、碲。

（3）非金属矿产

金刚石、石墨、磷、自然硫、硫铁矿、钾盐、硼、水晶（压电水晶、熔炼水晶、光学水晶、工艺水晶）、刚玉、蓝晶石、硅线石、红柱石、硅灰石、钠硝石、滑石、石棉、蓝石棉、云母、长石、石榴子石、叶蜡石、透辉石、透闪石、蛭石、沸石、明矾石、芒硝（含钙芒硝）、石膏（含硬石膏）、重晶石、毒重石、天然碱、方解石、冰洲石、菱镁矿、萤石（普通萤石、光学萤石）、黄玉、电气石、玛瑙、颜料矿物（赭石、颜料黄土）、石灰岩（电石用灰岩、制碱用灰岩、化肥用灰岩、熔剂用灰岩、玻璃用灰岩、水泥用灰岩、建筑石料用灰岩、制灰用灰岩、饰面用灰岩）、泥灰岩、白垩、含钾岩石、白云岩（冶金用白云岩、化肥用白云岩、玻璃用白云岩、建筑用白云岩）、石英岩（冶金用石英岩、玻璃用石英岩、化肥用石英岩）、砂岩（冶金用砂岩、玻璃用砂岩、水泥配料用砂岩、砖瓦用砂岩、化肥用砂岩、铸型用砂岩、陶瓷用砂岩）、天然石英砂（玻璃用砂、铸型用砂、建筑用砂、水泥配料用砂、水泥标准砂、砖瓦用砂）、脉石英（冶金用脉石英、玻璃用脉石英）、粉石英、天然油石、含钾砂页岩、硅藻土、页岩（陶粒页岩、砖瓦用页岩、水泥配料用页岩）、高岭土、陶瓷土、耐火黏土、凹凸棒石黏土、海泡石黏土、伊利石黏土、累托石黏土、膨润土、铁矾土、其他黏土（铸型用黏土、砖瓦用黏土、陶粒用黏土、水泥配料用黏土、水泥配料用红土、水泥配料用黄土、水泥配料用泥岩、保温材料用黏土）、橄榄岩（化肥用橄榄岩、建筑用橄榄岩）、蛇纹岩（化肥用蛇纹岩、熔剂用蛇纹岩、饰面用蛇纹岩）、玄武岩（铸石用玄武岩、岩棉用玄武岩）、辉绿岩（水泥用辉绿岩、铸石用辉绿岩、饰面用辉绿岩、建筑用辉绿岩）、安山岩（饰面用安山岩、建筑用安山岩、水泥混合材用安山玢岩）、闪长岩（水泥混合材用闪长玢岩、建筑用闪长岩）、花岗岩（建筑用花岗岩、饰面用花岗岩）、麦饭石、珍珠岩、黑曜岩、松脂岩、浮石、粗面岩（水泥用粗面岩、铸石用粗面岩）、霞石正长岩、凝灰岩（玻璃用凝灰岩、水泥用凝灰岩、建筑用凝灰岩）、火山灰、火山渣、大理岩（饰面用大理岩、建筑用大理岩、水泥用大理岩、玻璃用大理岩）、板岩（饰面用板岩、水泥配料用板岩）、片麻岩、角闪岩、泥炭、矿盐（湖盐、岩盐、天然卤水）、镁盐、碘、溴、砷。

（4）水气矿产

地下水、矿泉水、二氧化碳气、硫化氢气、氦气、氡气。

3. 共伴生矿产资源

矿床是指在地壳中由地质作用形成的，其所含有用矿物资源的数量和质量，在一定的经济技术条件下能被开采利用的综合地质体。一个矿床至少由一个矿体组成，也可以由两个或多个，甚至十几个乃至上百个矿体组成。矿床是由地质作用形成的、有开采利用价值的有用矿物的聚集地。矿床是地质作用的产物，但又与一般的岩石不同，它具有经济价值。矿床的概念随经济技术的发展而变化。

我国的单一矿床少，共伴生矿床多，其中共伴生矿床分为共生矿和伴生矿。

（1）共生矿

共生矿是指在同一矿区（或矿床）内，存在两种或两种以上均达到各自独立的品位要求和储量标准，且各自均达到矿床规模的矿产资源。这些成矿元素通常具有相似的地球化学性质，成矿地质条件也相近，是在同一成矿过程中共同形成的。例如，在喷流沉积型铅锌矿床中，铅和锌均达到独立矿床的规模，它们即构成共生矿。

（2）伴生矿

伴生矿是指在同一矿床（或矿体）内，虽然本身不具备单独开采的经济价值，但能与其主要伴生的矿产资源一起被开采并利用的有用矿物或元素。以斑岩铜矿床为例，其中的钼、铼、金等元素即伴生矿。伴生矿是相对于主要矿产而言的，由于它们与主要矿产具有相似的地球化学性质和共同的物质来源，因此常常伴生在同一矿床（或矿体）中。

4. 矿床按矿体形状分类

按矿体形状划分，矿床有以下三种类型（图3-3）。

（1）层状矿床

这类矿床多为沉积或沉积变质矿床，其特点是矿床规模较大，矿体延伸（倾角、厚度等）稳定，有用矿物成分组成稳定，含量较均匀。多见于黑色金属矿床、煤炭、磷矿等。

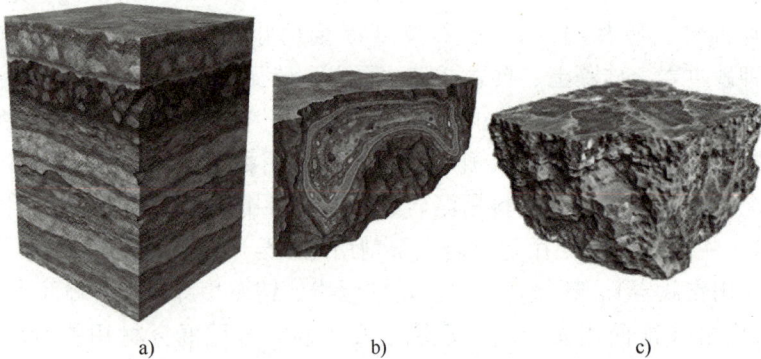

a)   b)   c)

图3-3　矿床按矿体形状分类

a）层状矿床　b）脉状矿床　c）块状矿床

（2）脉状矿床

这类矿床主要是由于热液和汽化作用，矿物质充填于地壳的裂隙中生成的矿床，其特点是矿体与围岩接触处有蚀变现象，矿体赋存条件不稳定，有用成分含量不均匀。有色金属、稀有金属及贵重金属矿床多属此类。

（3）块状矿床

这类矿床主要是充填、接触交代、分离和汽化作用形成的矿床，其特点是矿体大小不一，形状呈不规则的透镜状、矿巢状、矿株状等，矿体与围岩的界线不明显。一些有色金属矿床（如铜、铅、锌等）属于此类。

在开采脉状和块状矿床时，需要加强探矿工作，以充分回收矿产资源。

3.3.2 矿物开采

1. 概述

固态矿物采矿是从矿体里采出矿石的过程，分为地下开采⊖和露天开采⊜。在矿床埋藏较深、地表不允许沉降或存在重要建筑物的场合采用地下开采（图 3-4a~c）；矿床埋藏较浅时采用露天开采（图 3-4d）。

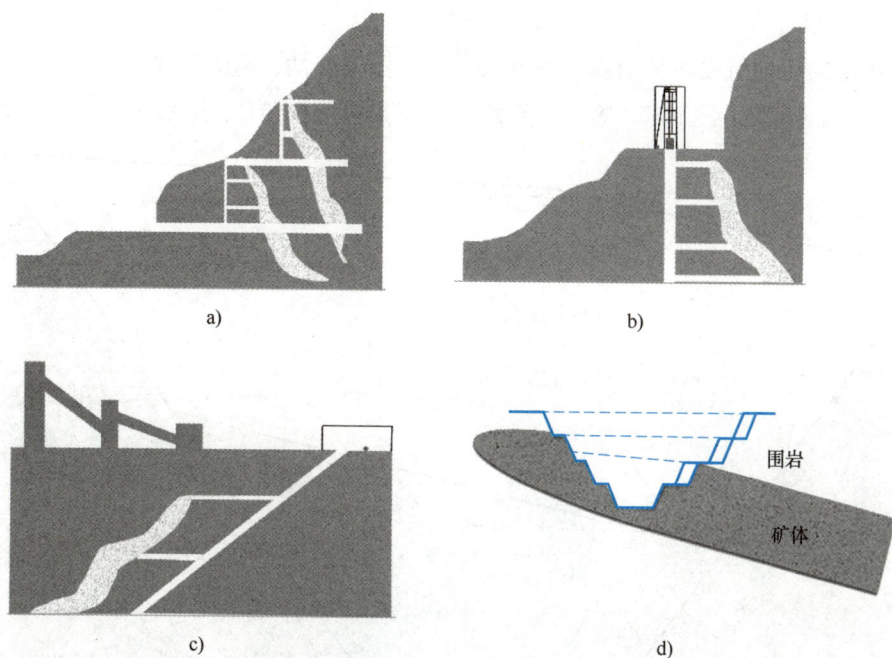

图 3-4 固态矿物采矿

a）地下平硐开采 b）地下竖井开采 c）地下斜井开采 d）露天开采

2. 地下开采

地下矿山的生产系统主要有竖井⊜、斜井⊜、平硐⊜、通风井⊜、充填井⊕等，支护设施和充填设施，矿石的运输系统、矿厂破碎场、选矿厂或矿石加工场、地磅站、矿石堆场、尾

⊖ 地下开采又称为井工开采，是指通过挖掘井筒、巷道到达地下的矿体，将矿石从地下矿床的矿块里采出的过程。
⊜ 露天开采又称为露天采矿，是指从敞露地表的采矿场采出有用矿物的过程。
⊜ 竖井是指洞壁直立的井状通道。
⊜ 斜井是指与地面直接相通的倾斜巷道。
⊜ 平硐是指矿山内部与地面相通的水平通道。
⊜ 通风井是指主要用于通风的井筒。
⊕ 充填井是指用于溜放充填材料的竖井或斜井。充填井也可用于储存干式充填材料。

矿库等。

地下开采的一般步骤包括矿床开拓⊖、矿块的采准⊜、切割⊜和回采㉃。

1）矿床开拓：涉及进入矿床的通道和基础设施的建设，为后续的采矿活动做准备。

2）矿块的采准：在矿床开拓完成后，需要进行矿块的采准工作，包括对矿块进行必要的准备，以便进行后续的切割和回采。

3）切割：在采准工作完成后，进行矿石的切割，是将大块矿石分割成适合运输和处理的小块的过程。

4）回采：即从切割好的矿块中实际采出矿石的过程，包含落矿、采场运搬、出矿和采场地压管理等作业过程。

3. 露天开采

露天矿山的场地组成一般有露天采矿场㉄、矿石破碎站、选矿厂或矿石加工场、矿石堆场、地磅站、排土场㉅、尾矿库㉆等。露天矿采场要素包括台阶㉇、运输平台㉈、安全平台㉉、

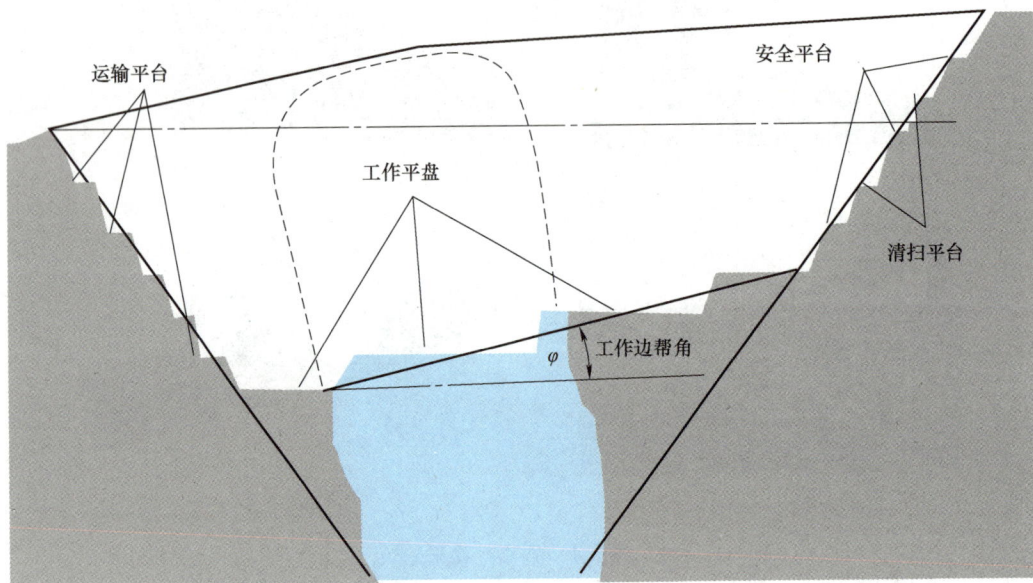

图 3-5 露天矿山的场地组成

⊖ 开拓是从地表掘进井巷通达矿体，形成完整的运输、通风、人行、排水和动力供应等系统。
⊜ 采准是指在开拓完毕的阶段和盘区中为切割和回采而进行的巷道掘进及有关设施的安装等工作。
⊜ 切割是指在采准完毕的矿块中，沿待采部分的某一侧面和底面（或二者之一）开辟槽形空间，并在其下劈出一定形式的受矿空间的工作。
㉃ 回采是指从已切割的回采单元中大量采出矿石的地下采矿作业。
㉄ 露天开采形成的采坑、台阶和露天沟道的总和称为露天采矿场。
㉅ 排土场是指集中堆放矿山剥离和掘进中产生的腐殖表土、风化岩土、坚硬岩石及其混合物和贫矿等的场所。
㉆ 尾矿库是指堆存尾矿和澄清尾矿水的专用场地。
㉇ 台阶是指露天矿中进行剥离和采矿作业的矿岩水平层。
㉈ 运输平台是指露天矿非工作帮上通过运输设备的平台。
㉉ 安全平台是指露天矿最终边帮上为保持边帮稳定和阻截滚石下落的平台。

清扫平台、工作平盘⊖、工作帮和非工作帮⊜等，如图 3-5 所示。

露天开采的一般步骤包括准备阶段、基本建设阶段、正常生产阶段和生态恢复阶段。

1）准备阶段：主要涉及可行性研究、初步设计和施工设计，为进行露天采矿奠定基础。

2）基本建设阶段：包括露天矿山的剥离（岩）工程、地下水疏干工程等，为后续的生产活动做好准备。

3）正常生产阶段：涉及凿岩爆破、采装、运输和排土等主要作业，这是露天采矿的核心环节。

4）生态恢复阶段：在采矿活动结束后进行环境保护和生态恢复工作，确保采矿活动对环境的影响最小。

4. 绿色开采

绿色开采是指在矿产资源开发过程中，通过采用先进的采矿技术和管理方法，实现资源利用率高、废弃物产生量少、水资源浪费量小，并从源头上减少对环境的影响，实现生态环境保护与矿产资源开发相协调的采矿活动。

（1）生态环境保护

在开采过程中采取各种措施，保护周边的自然环境和其他资源免受破坏。保护水资源免受污染，保持地下水的正常循环和流动；减少开采过程中废气的产生，加大废气收集和处理力度，控制废气排放；减少地表沉降、岩层位移，减少地质灾害的发生和因采矿造成的对地表生态系统的损伤。

（2）资源高效利用

强调在开采过程中最大限度地提高资源回收率，减少资源浪费。通过先进技术手段，包括采用先进的开采技术和设备，提高矿石的采出品位和回收率，以及实现开采废料的资源化利用。

（3）废弃物产生量少

优化采矿方法，降低矿石贫化率，减少脉石和废石的混入；提高选矿水平，充分回收有价元素和有用组分，降低废弃物中有用成分的品位。

（4）水资源消耗量小

采取措施降低含水层涌出，地层渗入以及减少膏体充填采矿过程必须使用的水量。

3.3.3　矿物加工

1. 概念

矿物加工是指根据矿物岩石的组成结构和物理化学等性质及其差异性，采用物理或化学等方法将矿物岩石进行分离、提纯、超细、改性⊜、改型⊗等，并对尾矿进行有效处理，实

⊖　工作平盘是指进行采掘和运输作业的平盘。

⊜　工作帮是指由正在进行和将要进行开采的台阶所组成的边帮；非工作帮是指由已结束开采的台阶部分组成的边帮。

⊜　改性是指通过物理和化学手段改变材料物质形态或性质的方法。这一方法在材料合成、制备与加工过程中有广泛应用。

⊗　改型是指对天然或人造矿物和岩石材料进行物理或化学处理，以改变其成分或结构特征，从而达到定向性的性能变化。这种改型处理通常旨在提高矿物的使用价值、开拓新的应用领域，或满足特定行业的需求。

现矿物资源综合利用的总称。

绿色加工则是在确保产品品质、成本控制、可靠性、功能完善及能源高效利用的基础上，强调最大化资源利用并最小化加工活动对环境的负面影响。其核心特征在于追求高质量、低消耗、高效率及环境友好型的生产过程。

2. 矿物加工过程

（1）矿石破碎

矿石破碎是指将开采出的原矿石通过破碎机进行初步破碎，使其变成较小的颗粒的过程。矿石破碎包括矿石粗碎、矿石中碎、矿石细碎、矿石超细碎4个分类。

1）矿石粗碎：将给矿粒度为 500~1500mm 的矿块破碎到 125~400mm 的过程。粗碎的最大破碎比在 3 左右，矿石粗碎过程作用力以压碎为主。

2）矿石中碎：将给矿粒度为 125~400mm 的矿块破碎到 25~100mm 的过程。中碎的最大破碎比在 4 左右，矿石中碎过程作用力以压碎和冲击为主。

3）矿石细碎：将给矿粒度为 25~100mm 的矿块破碎到 5~25mm 的过程。细碎的最大破碎比在 5 左右。

4）矿石超细碎：给矿粒度一般为 25~50mm，破碎至小于 6mm 的矿石占 60% 左右。

（2）筛分

筛分是指通过物理振动或旋转的方式，利用筛面与物料之间的相对运动，将矿石按照粒度大小进行分级，把不同粒度的矿石颗粒分离出来。

破碎作业常与筛分作业联合进行。矿石每经过一次破碎机称为一个破碎段，破碎段是破碎流程的最基本单元。破碎段不同，以及破碎机与筛子的组合不同，便有不同的破碎流程。在待破碎的给料中，经常含有一些小于该破碎阶段要求达到的粒度的矿块，在给入破碎机前，预先用筛子将这些矿块筛出，称为预先筛分。破碎后的产品中常含有一定量的过大颗粒，也常用筛子筛出进行再破碎，称为检查筛分。因此，破碎机常与筛子构成闭路系统工作（图3-6第3段破碎）。闭路破碎的产品粒度由检查筛分的筛孔尺寸控制而开路破碎（图3-6第1、2段破碎）的产品中常含有大于规定粒度的过大颗粒。

（3）磨矿

磨矿是通过磨矿机等设备将矿石颗粒研磨至更小的粒度的过程，目的是使组成矿石的有用矿物与脉石矿物达到最大限度的解离，以提供粒度上符合下一选矿工序要求的物料。

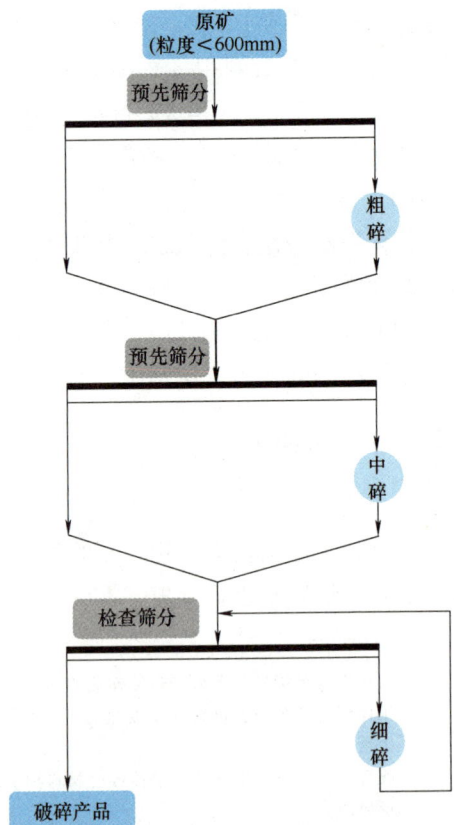

图 3-6　常用 3 段破碎流程

磨矿过程通常是在连续转动的磨机筒体内完成的。筒体中装有研磨介质（如钢球、钢棒、砾石等），这些介质在筒体旋转过程中被带动产生复杂的冲击、研磨和剪切作用，进入筒体内的矿石在研磨介质作用下被磨碎。

（4）选矿

选矿过程是利用矿物物理或物理化学性质的差异，通过一系列工艺将矿石中的有用矿物与脉石矿物分离，并使有用矿物相对富集的过程。根据矿物性质不同，有物理选矿、浮游选矿（浮选）、化学选矿、其他选矿等方法，如图 3-7 所示。

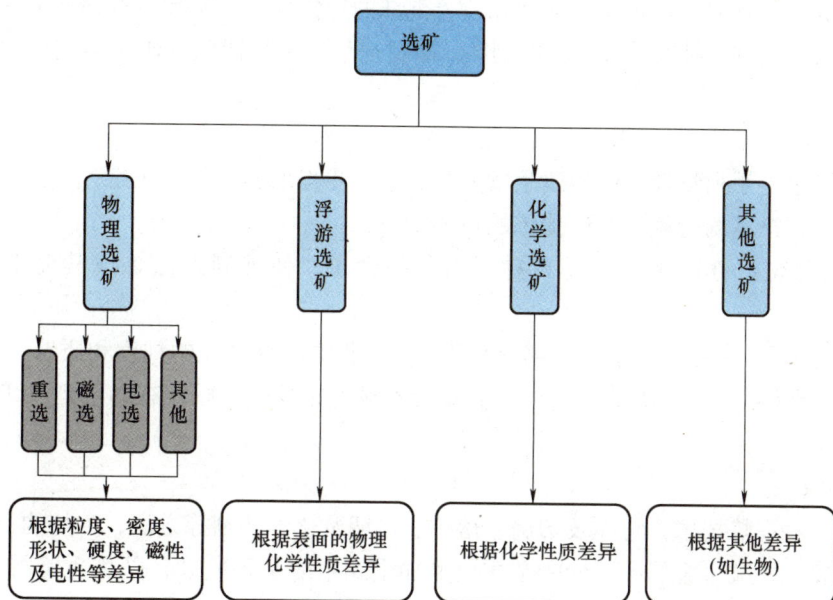

图 3-7　选矿方法分类

1）重选法：根据矿物密度的差异来分选矿物的方法，密度不同的矿物粒子在运动的介质中（如水、空气与重液）受到流体动力和各种机械力的作用，造成适宜的松散分层和分离条件，从而使不同密度的矿粒得到分离。重力选矿法是处理煤、钨、锡、金矿石，特别是处理砂金、砂锡矿的传统方法；在处理含稀有金属（如铌、钽、钛、锆等）的砂矿中应用也很普遍；重选也被用来分选弱磁性铁矿石、锰矿石、铬矿石等；在选别铜、铅、锌、锑、汞等硫化矿的浮选厂中，也常采用重选法进行矿石预选。

2）磁选法：根据矿物磁性的不同，在磁选机的磁场中使不同矿物受到不同的作用力，从而得到分选的方法。它主要用于选别黑色金属矿石（如铁、锰、铬），也用于有色和稀有金属矿石的选别。对于单一磁铁矿石，常采用弱磁选方法；对于含多金属磁铁矿石，一般采用弱磁选与浮选联合流程；对于单一弱磁性铁矿石，常用的方法包括磁化焙烧磁选法、重选、浮选、强磁选或其联合流程。

3）电选法：在高压电场作用下，配合其他力场作用，利用矿物的电性质的不同进行选别的干选技术。根据矿石矿物和脉石矿物颗粒电导率的不同，在高压电场中进行分选。电选法用于稀有金属、有色金属和非金属矿石的选别，目前主要用于混合粗精矿的分离和精选，如白钨矿和锡石的分离、锆英石的精选、钽铌矿的精选等，也用于黑色金属矿的分选以及砂金矿的精选。

4）浮选法：根据矿物表面物理化学性质的差别，经浮选药剂处理，使有用矿物选择性地附着在气泡上，达到分选的目的。有色金属矿石的选矿，如铜、铅、锌、硫、钼等矿主要用浮选法处理。某些黑色金属、稀有金属和一些非金属矿石，如石墨矿、磷灰石、煤矿等也用浮选法选别。浮选法还适于处理细粒及微细粒物料，用其他选矿方法难以回收小于 $10\mu m$ 的微细矿粒也能用浮选法处理。

浮选过程需要使用药剂，其目的是提高矿物表面疏水性和在气泡上黏着的牢固度，在矿浆中促使形成大量气泡，防止气泡兼并和改善泡沫的稳定性，使矿物有选择地黏着气泡而上浮。常用的浮选药剂有捕收剂[一]、起泡剂[二]、抑制剂[三]、活化剂[四]、pH 调整剂[五]、分散剂[六]、絮凝剂[七]等。

（5）提炼

提炼是通过一系列物理、化学或生物方法，进一步提取和富集有用组分，以生产更高纯度和价值的最终产品的过程。精矿提炼的目的如下：

1）提高品位：可以进一步提高有用组分的含量，使其满足冶炼或其他工业过程的要求。

2）降低杂质：去除精矿中的大部分杂质，从而提高最终产品的纯度和质量。

3）资源利用：精矿提炼是实现矿产资源高效利用的重要手段，有助于延长矿山服务年限，提高资源利用率。

（6）冶炼

冶炼是一种提炼技术，它涉及焙烧、熔炼、电解及化学药剂等方法，冶炼的目的是从矿石中提取金属，并减少金属中所含的杂质或增加金属中的某种成分，以炼成所需要的金属。冶炼技术主要分为以下几类：

1）火法冶炼：将矿石和必要的添加物一起在炉中加热至高温，使其熔化为液体，并通过化学反应分离出粗金属。火法冶炼广泛应用于钢铁、铜、铝等金属的生产。

2）湿法冶金：在酸、碱、盐类的水溶液中发生的以置换反应为主的从矿石中提取所需金属组分的制取方法。此法主要应用在低品位、难熔化或微粉状的矿石。湿法冶金包括浸取、分离、净化和提取等步骤，在锌、铝、铜、铀等工业中占有重要地位。

[一] 捕收剂是改变矿物表面疏水性，使矿物颗粒黏附于气泡上的一类浮选药剂。捕收剂具有能够选择性地吸附在特定的矿物表面上以及增强矿物表面的疏水性的作用，使矿物颗粒更易于在气泡上黏附，从而提高浮选效果。

[二] 起泡剂是一种表面活性物质，其主要作用是通过降低水的表面张力来形成泡沫，使充气浮选矿浆中的空气泡能附着于选择性上浮的矿物颗粒上。

[三] 抑制剂是破坏或削弱矿物对捕收剂的吸附，增强矿物表面亲水性的浮选调整剂。

[四] 活化剂是一种化学添加剂，通过改变矿物表面的化学组成，消除抑制剂作用，增强矿物表面对捕收剂的吸附能力，从而提高矿物的可浮性。

[五] pH 调整剂是一种用于维持或改变溶液或其他物质酸碱度的化学物质。

[六] 分散剂是一种能够增加油性以及水性组分在同一体系中的相容性，使固体或液体颗粒均匀分散在液体介质中的化学物质。它可以通过调整分散系统的界面性质，减小或抑制颗粒间的相互作用力，从而防止团聚和沉淀的发生。

[七] 絮凝剂是一种能使水溶液中的溶质、胶体或悬浮物颗粒脱稳而产生絮状物或絮状沉淀物的药剂，能够实现分离和去除的目的。

3）电解法：通常用于冶炼活泼金属（如钠、钙、钾、镁等）和需要提纯精炼的金属（如精炼铝、镀铜等）。电解法虽然成本较高且易造成环境污染，但其提纯效果好，适用于多种金属。

（7）尾矿处理

尾矿处理是将选矿厂排出的尾矿送往指定地点堆存或利用的过程。尾矿具有量大、集中、颗粒细小的特点。同时，尾矿中可能含有重金属、有毒物质等有害成分，若处理不当可能对环境造成严重污染。

3.4　环境保护

3.4.1　矿山一般固体废弃物

1. 概念

矿山一般固体废弃物是指在矿山开采、加工、选矿等过程中产生的，不包含危险成分的固体废弃物⊖。这类废弃物通常可以通过填埋、堆存、资源化利用等方式进行处理。它们的主要特点是数量大、种类多，但一般不具有毒性、腐蚀性、易燃易爆性等危险特性。矿山的废石、煤矸石⊜、尾矿、钻井废弃泥浆、岩屑、浮渣、油泥等都属于矿山的一般固体废弃物。

2. 矿山常见的一般固体废弃物

废石、煤矸石及尾矿是矿山中最为常见且占绝大部分的固体废弃物。

1）废石是采掘（剥）作业采出的、低于边界品位⊜且未能进入选矿等后续作业的围岩、夹石等固体废弃物的统称。在矿山开采过程中，无论是露天开采剥离地表土层和覆盖岩层，还是地下开采开掘大量的井巷，必然产生大量废石。

2）煤矸石是采煤过程和洗煤过程中排放的固体废物，是一种在成煤过程中与煤层伴生的含碳量较低、比煤坚硬的黑灰色岩石，包括巷道掘进过程中的掘进矸石，采掘过程中从顶板、底板及夹层里采出的矸石，洗煤过程中挑出的洗矸石等。

3）尾矿是选矿作业的产物之一，是入选物料分选出精矿®和中矿®后的剩余物，具有量大、集中、颗粒细小的特点，在当前的技术经济条件下，不宜进一步分选，但随着生产科学技术的发展，有用目标组分还可能有进一步回收利用的经济价值。

固体废弃物含有丰富的二氧化硅、氧化铁、氧化铝、氧化钙等成分，具有资源和废弃物的

⊖　固体废弃物是指在生产、生活和其他活动中产生的丧失原有利用价值或者虽未丧失利用价值但被抛弃或者放弃的固态、半固态和置于容器中的气态的物品、物质，以及法律、行政法规规定纳入固体废弃物管理的物品、物质［来自《环境工程　名词术语》（HJ 2016—2012）］。

⊜　煤矸石是指在成煤过程中与煤层伴生的一种含碳量很低、比煤坚硬的黑灰色岩石。

⊜　低于边界品位是指划分矿与非矿界限的最低品位，即圈定矿体时单个矿样中有用组分的最低品位。

®　精矿是指原矿经过选矿后有用成分得到富集的产品。每一个分选作业有两种或两种以上的产物，精矿是产物中有用成分最高的部分。

®　中矿是指选矿过程中产出的需要返回原分选流程中进行再处理或单独处理的中间未完成产品。

属性。当作为资源进行利用时，就可以带来经济效益；当作为废弃物堆积时，易造成资源浪费、环境污染以及地质灾害等问题。为预防此类问题的发生，一方面要从源头减少矿山固体废弃物的产生量；另一方面要采用有效的技术对矿山固体废弃物进行资源化利用以及安全处置。

3.4.2 矿山危险废弃物

矿山危险废弃物是在矿山开采、加工、选矿等过程中产生的，具有毒性、腐蚀性、易燃易爆性等危险特性的固体废弃物。这类废弃物对环境和人体健康具有较大的潜在危害，需要采取特殊的处理措施来确保环境安全。危险废弃物包含两类：第一类是具有毒性、腐蚀性、易燃性、反应性或者感染性的一种或者几种危险特性的固体废弃物；第二类是不能排除具有危险特性，可能对生态环境或者人体健康造成有害影响的固体废弃物。

矿山危险废弃物可能包括含有重金属、有毒化学物质、放射性物质的废弃物等。这些物质在未经处理的情况下，可能通过渗滤、挥发、扩散等途径进入土壤、水体和大气中，对环境造成长期、严重的污染，甚至可能对人体健康造成直接或间接的危害，如中毒、致癌、致畸等。

危险废弃物从性质上一般分为固体废弃物、液体废弃物，矿山常见的危险废弃物主要有炸药、动力油品、易燃材料等。为了减少危险废弃物的危害，应对矿山危险废弃物采取合理的管理措施，主要包括危险废弃物的收集、运输、贮存以及处置等过程（图 3-8）。

图 3-8　矿山危险废弃物的收集、运输、贮存以及处置过程

（1）矿山危险废弃物的收集

矿山危险废弃物需根据危险特性进行分类收集和管理，在鉴别试验的基础上，根据废弃物的特点、数量、处理和处置的要求分别收集，有利于危险废弃物的处理、处置以及资源化利用等管理过程，减少对环境和人体健康的潜在危害。

（2）矿山危险废弃物的运输

矿山危险废弃物的运输是指从危险废弃物产生地移至处理或处置地的过程。危险废弃物的运输过程需选择合适的容器、装载方式、运输工具以及运输路线，并制定泄漏或临时事故的补救措施。危险废弃物运输单位需具备危险货物运输资质，运输危险废弃物的车辆必须要符合相关规定，运输者必须经过专门的培训，并配备必要的防护工具，同时熟悉突发状况的应急处理措施。

（3）矿山危险废弃物的贮存

矿山危险废弃物的贮存是指危险废弃物再利用或无害化处理和最终处置前的存放行为。矿山危险废弃物的贮存应根据拟贮存的废弃物种类和数量，合理设计分区，每个分区之间宜设计挡墙间隔，并根据每个分区拟贮存的废弃物特征，采取防渗、防腐、防火、防雷、防扬尘等措施。需设置专用危险废弃物暂存间，暂存间要求做到封闭、地面防渗，贮存设施周边需设围堰或导流沟及收集井，收集可能泄漏的危险废弃物。危险废弃物仓库需设置警示标志及标签，危险废弃物包装上需贴好标签，设置危险废弃物出入库台账等要求。

（4）矿山危险废弃物的处置

矿山危险废弃物必须要实施无害化处理，危险废弃物产生单位需按照国家制定的危险废弃物管理计划在当地环保行政部门申报危险废弃物的种类、产生点、产生量、贮存量等信息并备案，获得具备贮存危险废弃物的资质，不能私自处置危险废弃物。

3.4.3　生活垃圾

1. 分类

生活垃圾是指在日常生活中或者为日常生活提供服务的活动中产生的固体废物以及法律、行政法规规定视为生活垃圾的固体废弃物。生活垃圾一般可分为四大类：可回收垃圾、餐厨垃圾、有害垃圾和其他垃圾。

1）可回收垃圾是指适宜回收和可循环再利用的物品，通过综合处理回收利用，可以减少污染，节省资源。

2）餐厨垃圾是指易腐烂、含有有机质的食品类废弃物，经生物技术处理后可制成堆肥。

3）有害垃圾是指能对人体健康或者自然环境造成直接或者潜在危害的物质，需要进行特殊的安全处理。

4）其他垃圾是指除上述几类垃圾之外的，难以回收的废弃物，采取卫生填埋可有效减少对地下水、地表水、土壤及空气的污染。

垃圾分类能够有效降低垃圾填埋和焚烧带来的环境污染，最大化回收和再利用可回收物品，减少垃圾堆放和填埋所占用的空间。

2. 收集

垃圾收集涵盖从日常清理到分类处理、从设施设置到环境管理的多个方面，旨在通过科学、规范的操作流程，实现垃圾的有效处理和资源的循环利用。

1）日产日清，无堆积：垃圾应做到每日清理，避免长时间堆积造成环境污染和卫生问题。

2）容器整洁，定位设置：垃圾收集容器应保持整洁，定位设置，封闭完好，无散落垃圾和积留污水，无恶臭，基本无蝇，摆放整齐。

3）分类明确：危险废弃物、工业废弃物和建筑垃圾必须与生活垃圾分别收集，分类处理。生活垃圾应全部实行容器收集，并逐步推广开展分类收集。

4）设施合理：生活垃圾分类收集设施的数量、密度和规格，应根据区域内分类垃圾产生量、收运频率和作业时间，因地制宜、科学合理地设置。

5）指引清晰：垃圾收集点应设置分类投放指引牌，引导投放人合规投放。

6）容器摆放：垃圾收集应采取密闭方式，容器应摆放整齐、外观整洁干净、分类标志清晰可见，密闭后应能防止水分和气体外逸，如果有破损应及时维修、更换。

7）收集点位置与环境：垃圾收集点的位置应较为固定，便于投放、收集。收集点地面应硬化并宜采取排水措施，定期清洗，保持地面干净整洁，无污水积存。

8）管理规范：垃圾收集点应有专人管理，垃圾桶每天清洗消毒至少一次，确保设施正常运行和环境卫生。

3. 无害化处理

生活垃圾无害化处理是指在处理生活垃圾过程中采用合适的工艺与技术，消除或减小垃圾及其衍生物对环境影响的过程。不同的垃圾处理方法适用于不同类型和组成的垃圾，选择合适的方法需要考虑垃圾的性质、环境以及治理成本等多种因素，按照分类收集垃圾，可在较短的时间内，以最少的投资将垃圾最大限度地处理到无害化水平。垃圾无害化处理的工艺主要有焚烧、卫生填埋和堆肥三种。

（1）焚烧

焚烧是一种将垃圾燃烧为灰烬和烟气的处理方法，具有占地少、减量效果好的优势，但会产生有害气体、有机物和炉渣，若直接排放到环境中，会导致污染。因此，在焚烧时需要将垃圾送入焚烧炉进行集中处理，其产生的热量可以用来发电，不但解决了垃圾露天焚烧带来的环境污染，而且有效地利用了垃圾所含的能量。

（2）卫生填埋

卫生填埋是指将垃圾埋在专门设计的填埋场中，覆盖土壤后进行埋藏。此工艺可以有效减少垃圾在环境中的散布，具有处理费用低、方法简单的优势，但会对土壤和地下水产生潜在的污染风险。

（3）堆肥

堆肥是指通过控制湿度、通气和温度，将有机垃圾在堆肥堆中进行生物降解和转化，从而分解为肥料的过程。堆肥处理可以用于改善土壤质量和植物生长。

3.4.4 矿井水

1. 概念

矿井水是指在矿山开采过程中由地下渗透或排水所形成的含有各种物质的水体。矿床开采破坏了地下水的原始赋存状态并产生了裂隙，加强了大气降水、地表水、地下水和生活用水之间的水力联系，使各种水沿着原有的和新的裂隙渗入井下采掘空间，形成矿井水。产生矿井水的原因主要有以下几种：

1）地下水通过岩层裂隙、断层或溶洞等通道自然渗透到矿井中。

2）地下含水层受到自然因素如降雨、地表水等补给时，水位会上升，从而增加了矿井水的涌出量。当降雨强度大或地表水丰富时，矿井水的补给量会显著增加。

3）矿井在开采过程中会产生一些人为因素导致的矿井水。例如，采矿活动会破坏岩层的完整性，使地下水更容易渗透。

4）含水层埋藏浅、上覆岩层裂隙发育等原因，也会增加矿井水产生的风险。

2. 主要类型

按照对环境的影响程度及作为生活饮用水水源的可行性，习惯上将矿井水按水质类型特征分为洁净矿井水、含悬浮物矿井水、高矿化度矿井水、酸性矿井水和含特殊污染物矿井水五类。

（1）洁净矿井水

洁净矿井水多指奥灰水、砂岩裂隙水、第四系冲积层水及老空积水。洁净矿井水的水质具有中性、低浊度、低矿化度、有毒有害元素含量很低的特点，基本符合生活饮用水的标准，可设专用输水管道予以利用。

（2）含悬浮物矿井水

含悬浮物矿井水中含有较多煤粒、岩、粉等悬浮物，一般呈黑色，在动水中呈悬浮状态，但其总硬度和矿化度并不高。

（3）高矿化度矿井水

高矿化度矿井水是指矿化度无机盐总含量大于 1000mg/L 的矿井水，主要含有 SO_4^{2-}、Cl^-、Ca^{2+}、K^+、Na^+ 等离子，硬度相应较高，水质多数呈中性或偏碱性，带苦涩味，少数有酸性。高矿化度矿井水不利于作物生长，会使土壤盐渍化；用作锅炉用水，容易结垢；用作建筑用水，会影响混凝土质量；人们长期饮用，将引起腹泻和消化不良，对心脏和肾脏病患者影响更严重。我国北方缺水矿区的矿井水往往属于高矿化度矿井水，有必要通过净化和淡化工艺处理成饮用水和生产用水。

（4）酸性矿井水

酸性矿井水是指 pH 小于 5.5 的矿井水，一般为 3~3.5，个别小于 3，总酸度高。当开采含硫煤层时，硫受到氧化与生化作用产生硫酸，酸性水易溶解煤及其围岩中的金属元素，故水中铁、锰重金属及无机盐类浓度增加，使矿化度、硬度升高。酸性水容易腐蚀矿井设备与排水管路，并且危害工人健康，如果抽排至地面，会影响土壤酸碱度，导致土壤板结和作物枯萎，而且使地表水酸度上升，间接地影响了水生生物的生存，对环境与生态会造成重大的损害，因此必须经治理达标后才能外排。

（5）含特殊污染物矿井水

含特殊污染物矿井水主要指含有氟、铁、锰、铜、锌、铅、铀、镭等元素的水。含氟矿井水主要来源于含氟较高的地下水区域或煤与围岩中含有氟矿物萤石（CaF_2）或氟磷灰石的地区。饮用高氟水，容易产生骨质疏松、氟斑牙等病症。含铁、锰矿井水一般是在地下水还原条件下形成的，大多呈现二价铁和二价锰的低价状态，有铁腥味，容易变混浊，可使地表水的溶解氧降低，这类水需要经过处理才能使用或外排。

3.4.5　矿物加工废水

矿物加工过程中产生的废水往往含有大量重金属、悬浮物和其他有害物质，直接排放会对环境造成严重污染。

矿物加工废水循环利用（图 3-9）包括废水收集、废水处理和循环利用三个环节。

（1）废水收集

矿物加工生产的废水可通过建设蓄水池、设置中水回收站、建立排水管网等方式进行收集。废水收集池或收集系统设计时需要考虑废水的流量、成分和排放时间等因素，能够全

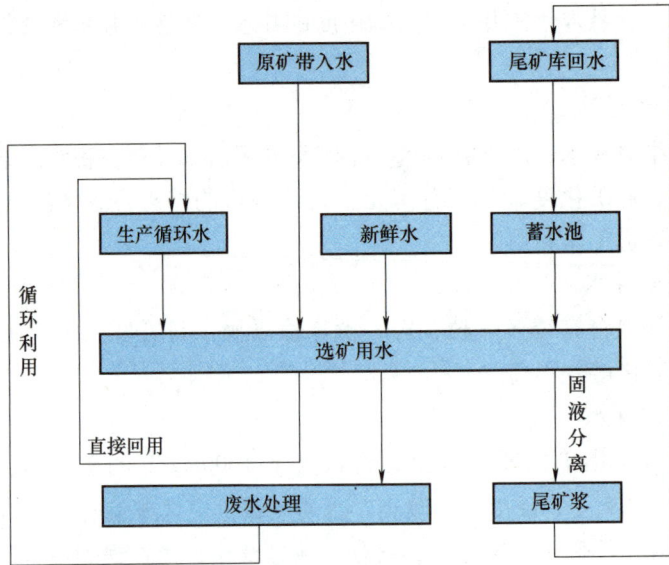

图 3-9　矿物加工废水循环利用

面、有效地收集矿物加工过程中产生的废水；废水进入收集系统之前，可以通过沉淀、过滤等方式去除废水中的悬浮物、重金属等有害物质，降低后续处理的难度和成本；加强废水收集系统的监测和管理，及时发现和处理废水收集过程中出现的问题，确保废水收集系统的正常运行和废水处理效果。

尾矿废水回用是矿物加工过程废水循环利用的重要环节。

（2）废水处理

矿物加工废水处理方法包括物理法、化学法和生物法。物理法主要利用重力、过滤、沉淀等手段去除废水中的悬浮物和颗粒物；化学法是通过添加化学药剂，使废水中的有害成分转化为无害物质或易于分离的形态；生物法则利用微生物的代谢作用降解废水中的有机污染物。

矿物加工废水处理通常包括预处理、深度处理和尾水回用等步骤。预处理主要是去除废水中的大颗粒物和悬浮物，降低后续处理难度；深度处理进一步去除废水中的有害物质，使其达到排放标准；尾水回用则是将处理后的废水进行再利用，提高水资源利用效率。

（3）循环利用

经过处理的循环水可以再次用于矿山生产的不同环节，如矿物加工、冲洗设备、喷洒降尘等，也可以将循环水用于绿化、农业灌溉等非生产用途。同时还必须做到处理后的废水水质必须达到相关标准，以确保循环利用不会对生产过程和产品质量产生不良影响；废水循环利用过程中应严格控制废水的流量和浓度，以避免对生产系统造成冲击。

3.4.6　生活污水

1. 概念

矿山生活污水是指矿山在日常生活过程中所排放的污水。从来源上看，生活污水主要来自居住、餐饮、洗浴等日常活动；从成分上看，生活污水是各种形式的无机物和有机物的复杂混合物，这些物质可能包括漂浮和悬浮的大小固体颗粒、胶状和凝胶状扩散物，以及纯溶液等。

矿山生活污水中所含的污染物通常由悬浮物（SS）、生化需氧量$^{\ominus}$（BOD）、化学需氧量$^{\ominus}$（COD）、氨氮（NH$_3$-N，以 N 计$^{\ominus}$）、总氮（TN，以 N 计）等参数计量，矿山生活污水污染物总体较为简单，但水量变化较大。矿山生活污水不同时间段的水质波动较大，但总体在一定区间内呈现出悬浮物含量高、有机污染物含量低的特点，需经处理水质达标后排放，或直接排入市政污水管网。

2. 生活污水处理流程

1）预处理阶段：包括水力平衡调整和污水初步调节。前者是对进水进行调节，以保持进水流量和浓度的稳定；后者是调节污水的流量、温度、pH 等参数，以便更好地进行后续的处理工艺。

2）主处理阶段：包括三个步骤，首先进行沉淀处理，将经过预处理的废水引入沉淀池，利用重力作用使悬浮物质沉降，形成污泥；其次是生物处理，将废水引入生物反应器，利用微生物对有机物进行降解和转化，也可以采用活性炭吸附，利用活性炭对废水中的有机物和部分重金属离子进行吸附；最后采用超滤、逆渗透等膜分离技术将废水中的溶解性固体、重金属离子等进行分离和去除。

3）后处理阶段：杀灭污水中的细菌、病毒等微生物，进一步处理和净化主处理后的生活污水，以满足环境排放标准或再利用的要求。还可能进行深度处理，去除污水中的微量有机物、重金属等，以确保排放后的水质达到更高的标准。

3.4.7 雨水收集

1. 概念和意义

雨水收集是指通过在矿山区域收集和储存雨水的过程。露天采场、选厂、废石场等区域的雨水由于溶解了空气中的污染性气体，可能受到污染，雨水降落到地面后，又由于冲刷建筑屋面、厂区道路、堆场等，会携带大量污染物进入排水沟渠或排水管道，若未经处理直接排到外界环境中，会对生态环境造成污染。

通过雨水收集，可以补充矿山生产过程中消耗的大量水资源，提高对水资源的管理效率，确保矿山区域的水资源得到合理利用，从而减少对地下水或外部供水的需求，同时雨水收集可以减少矿山附近地区的污染物输入，保护地下水和附近水源的水质。

矿山企业需要根据实际情况，因地制宜地对收集的雨水进行处理，实现雨水资源综合利用。不同矿山之中，雨水的污染情况不同。例如，铅、锌等重金属矿山雨水中重金属含量常超标，采用堆浸$^{\textcircled{\tiny 回}}$、萃取$^{\textcircled{\tiny 由}}$工艺的金矿、钒矿等矿山初期雨水中重金属和有机物含量常超

⊖ 生化需氧量是一个表示水中有机化合物等需氧物质含量的综合指标。它反映了水中有机污染物被微生物分解时所消耗的氧气量，通常以毫克/升（mg/L）或 ppm（百万分之一）表示。

⊖ 化学需氧量是指在一定条件下，水样中可被强氧化剂氧化的还原性物质所消耗的氧化剂的量，通常以每升水样消耗的氧的毫克数（mg/L）表示。

⊜ "以 N 计"是一个化学计量术语，它表示以氮元素（N）的质量或摩尔数作为参考标准，而不是以整个分子或离子的质量或摩尔数来表示。

⑩ 堆浸是指将低品位矿石堆直接布液进行浸出，再从浸出液中提取有用组分的工艺。

⑯ 萃取是指用一种溶剂把溶质从它与另一种溶剂所组成的溶液中提取出来的过程。

标，离子型稀土矿山雨水中氨氮含量常超标。

2. 雨水的处理流程

（1）雨水收集

在矿区建立雨水收集系统，包括雨水收集井、雨水管道、雨水储存设施等。这些设施可以有效地收集矿区内的雨水，为后续的雨水利用提供基础。

（2）雨水预处理

收集的雨水可能含有矿区特有的污染物，如尘埃、重金属等。因此，在利用之前，需要对雨水进行预处理，去除这些污染物。预处理可以通过物理、化学或生物方法实现，具体方法应根据雨水的污染程度和后续利用需求来确定。

（3）雨水储存

经过预处理后的雨水可以储存在专门的雨水储存设施中，如地下储水池或雨水罐等。这些设施应设计合理，以确保雨水的质量和数量都能满足后续利用的需求。

（4）雨水利用

矿区的雨水可以用于多种用途，如矿区绿化、道路清洗、工业用水等。通过合理利用雨水，可以减少对外来水源的依赖，降低生产成本，同时有助于改善矿区的生态环境。

3.4.8 矿山粉尘

1. 分类

矿山粉尘是矿山在采选生产过程中，由于爆破、机械凿动、切割、摩擦、振动而产生的岩尘、矿尘等固体物质细微颗粒的总称。从粉尘产生的原因或性质角度，矿山粉尘可以更准确地划分为以下几类。

1）自然飘浮尘：因地理条件和气象变化所产生的粉尘，如风沙、尘土等。

2）生产性粉尘：在矿山生产过程中产生的粉尘，包括煤尘、岩尘、水泥尘等。

3）按粒径划分的粉尘：如粗尘、细尘、微尘和超微尘等。

4）按成分划分的粉尘：如无机粉尘（硅尘、硅酸盐尘、含碳粉尘、金属粉尘等）、有机粉尘（植物粉尘、动物粉尘、人工有机粉尘等）和混合性粉尘。

5）按爆炸性划分的粉尘：如爆炸性粉尘和非爆炸性粉尘。

6）按毒性划分的粉尘：如有毒粉尘和无毒粉尘。

7）按产生环节划分的粉尘：生产性粉尘和采矿粉尘。生产性粉尘是指在矿产块石机械性撞击、研磨、辗轧过程中，产生的悬浮于空气中的固体颗粒；采矿粉尘则是在开采过程中必须进行的穿孔、爆破、二次破碎、铲装、运输装卸、破碎等作业产生的大量粉尘。

2. 粉尘的危害

矿山生产过程中，破碎筛分、皮带传运、落料堆料等多个环节都可能产生粉尘无组织排放⊖，其危害如下。

1）对人体健康：无组织排放的粉尘可能直接进入空气中，长期浮游在空气中四处飘

⊖ 根据《大气污染物综合排放标准》（GB 16297—1996）的定义，无组织排放粉尘是指不经过排气筒或排气筒小于 15m 的无规则排放的粉尘。

散。粒径小于 $5\mu m$ 的呼吸性粉尘不仅容易吸附 CO、氮氧化物等有毒有害污染物，导致尘肺病的发生，还可能降低粉尘的湿度与凝聚性能，对人体健康造成危害。

2）对工业生产：粉尘无组织排放可能对生产设备产生浸蚀和腐蚀作用，缩短使用寿命。同时，粉尘积累到一定限度可能引发爆炸等生产事故。

3）对大气环境：粉尘无组织排放是大气污染的重要来源之一。它可能形成低空污染物聚集区，不易扩散，对周边环境造成较大影响。此外，粉尘还可能携带致病菌等有害物质，对生态环境和人类健康构成威胁。

3. 粉尘控制

对于矿山粉尘控制方面，应采取相应的防尘治理措施：

1）尘源封闭：采取密封措施，严格封闭产尘部位和产尘设备，使粉尘封闭在一定的空间内，减少粉尘的扩散。

2）湿式作业：通过增加矿岩和工作面、道路湿度，防止粉尘飞扬，降低空气中含尘量。

3）通风扫尘：对于一些颗粒较小的粉尘，部分尘粒难以实现降解，继续留存在空气中，此时需要通风来排除这些粉尘。

4）喷雾降尘：借助于高压雾化喷嘴，所喷出的水滴能够与粉尘结合，促使粉尘惰性凝结，产生凝聚作用，实现除尘效果。喷雾降尘技术可以在运输行业、采掘工作以及转载工作中得到应用。

5）除尘器除尘：在矿物加工等生产过程中可采用布袋、电、洗涤式等除尘器，可以有效地降低空气中的粉尘浓度。

3.4.9　矿山噪声

1. 噪声类型

噪声是指各种不同频率和强度的声音无规律地混乱组合、波形无规则地变化，使人不喜欢或不需要的声音。矿山噪声主要包括矿山爆破产生的噪声及选矿生产过程中设备产生的噪声。

矿山噪声按产生的原因可分为设备噪声和非设备噪声。设备噪声包括扇风机、空气压缩机、凿岩设备、装卸设备、运输设备和破碎设备等运行产生的噪声；非设备噪声包括爆破、压气管线中压气的排放和泄漏、片帮、冒顶和放顶、矿石倾卸到矿仓、溜井、溜槽中的滚动和撞击等产生的噪声。

矿山噪声的主要危害是引发工作人员噪声性耳聋，造成心理和生理上的多种疾病，降低劳动生产率，妨碍矿山安全生产。为了保护人们的听力和身心健康，国际标准化组织（ISO）建议的噪声允许标准见表 3-2。

表 3-2　国际标准化组织（ISO）建议的噪声允许标准

每天允许暴露时间/h	8	4	2	1	0.5	0.25	0.125	最高限
噪声级/dB（A）	85～90	88～93	91～96	94～99	95～102	100～105	103～108	115

2. 噪声控制措施

噪声传播三要素为声源、传播途径及接受者，如图 3-10 所示。噪声控制措施需要从三个要素全面着手，通过声源控制、传播途径控制及个体防护等方式来降低噪声污染。

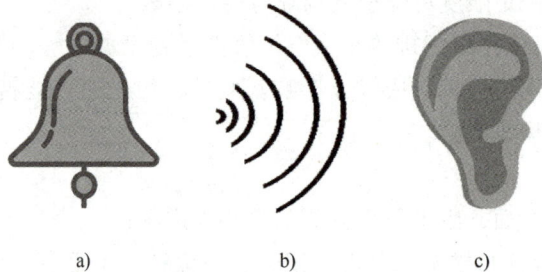

a)　　　　　　　　b)　　　　　　　　c)

图 3-10　噪声传播三要素

a）声源　b）传播途径　c）接受者

（1）声源控制

对于设备噪声，可通过改进设备的结构，提高各个部件的加工精度和装配质量，采用合理的操作方法等，降低声源的噪声发射功率。对于设备噪声和非设备噪声，可利用声波的吸收、反射、干涉等特性，采用吸声、隔声、减振、隔振等技术，以及安装消声器等，控制噪声的辐射。

（2）传播途径控制

居民区、矿山生活区要远离工业区和强噪声源，低噪与高噪声车间要分离，车间内要隔离高噪声源；利用地形、地物、防噪林带、隔声屏障等物衰减噪声；合理选择房屋位置、方位和外形，避免声波反射叠加；露天矿大爆破时，要考虑近地层逆温出现对噪声传播的影响；采用消声、隔声、减振阻尼等声学技术转化声能。

（3）个体防护

进入噪声区的人员要佩戴耳塞、隔声棉、耳罩和防声头盔等防噪声设备，同时实行轮流工作制，减少在噪声环境中的暴露时间。

3.4.10　矿区环境监测

1. 概念

矿区环境监测是指运用化学、物理、生物、医学、遥测、遥感、计算机等现代科技手段，监视、测定、监控反映环境质量及其变化趋势的各种标志数据，从而对环境质量做出综合评价的过程，矿区环境监测涉及对空气、水体、土壤、噪声等多方面的监测。

建立环境的动态监测体系，目的在于对空气、水体、土壤、噪声等进行持续的监测和评估，以获取最新的数据和信息。

2. 基本内容

矿区环境监测的范围是对采选活动及矿物加工废水、矿井水、尾矿库、矸石山、排土场、废石堆场等场所涉及的空气、水体及土壤方面的监测等。矿区环境监测的基本内容如下：

（1）空气质量监测

矿山空气质量因采矿活动中产生的粉尘、有害气体等的排放受到严重影响。严重时会对职工和周边居民的身体健康产生危害，并可能导致环境事件的发生。矿区空气质量监测的主要指标为粉尘、噪声、$PM_{2.5}$、PM_{10}、一氧化碳、二氧化硫等。

空气质量是通过空气质量指数（Air Quality Index，AQI）来表示，是一个综合指标。不同国家和地区有不同的 AQI 计算方法。我国的 AQI 分为六个级别，分别是优、良、轻度污染、中度污染、重度污染和严重污染，见表 3-3。

表 3-3　空气质量指数分级

空气质量级别	AQI 范围	建议措施
优	0~50	空气质量令人满意，可以正常活动
良	51~100	空气质量可接受，建议继续正常活动
轻度污染	101~150	对敏感人群不健康，建议减少户外活动
中度污染	151~200	对所有人群不健康，建议减少户外活动
重度污染	201~300	对所有人群有较严重影响，建议尽量减少户外活动
严重污染	>300	空气质量非常差，建议尽量避免户外活动

（2）水体监测

水体监测是指对水体的物理、化学和生物特性进行定期或不定期的观察、测量，分析矿区附近地表水和地下水的化学成分变化，监控酸性矿山排水、重金属等有害物质的浓度，以评估水体的质量、污染状况和生态健康，确保水质不受矿业活动的影响。水体监测的主要指标为水温、溶解氧、pH、浊度、电导率、营养盐（如氮、磷）、重金属、有机污染物等。

（3）土壤监测

土壤监测是指对土壤中的各种参数进行定期或不定期的测定和分析，以了解土壤的质量状况、污染程度以及土壤肥力的变化。土壤监测的主要指标为土壤的物理性质（如质地、结构、水分等）、化学性质（如 pH、有机质含量、养分含量、重金属含量等）和生物性质（如微生物群落、酶活性等）。

（4）噪声监测

噪声监测是对环境中声音强度、频率、持续时间等参数的测量和分析过程。这个过程旨在评估噪声污染的程度，以便采取适当的措施来减少其对人类健康和环境的负面影响。矿山的噪声监测主要是评估矿区机械作业产生的声音对周边环境和居民的影响情况。

3.5　生态修复

3.5.1　矿山地质环境保护

1. 概念

矿山地质环境保护是指在矿山开采过程中，为保护矿山地质环境和生态系统，采取的一系列技术措施和管理措施，包括预防和减少矿山开采活动对地质环境、水文地质、土壤、植被等自然资源的破坏和污染，确保矿山地质环境的可持续利用和生态平衡。矿山地质环境保护的目的是实现矿产资源开发与地质环境保护的协调发展，促进经济社会可持续发展。

地质灾害防治是指通过采取一系列技术手段和工程措施，来预防、减轻和治理地质灾害的发生和发展。地质灾害包括山体滑坡、泥石流、地面塌陷、地震等多种类型，对人类社会和自然环境造成了严重的威胁。地质灾害防治的目标是减少地质灾害造成的损失，保护人民生命财产安全，维护社会稳定和可持续发展。

2. 地质灾害的类型

地质灾害包括滑坡、崩塌、泥石流、地裂缝、地面沉降、地面塌陷等类型。

1）滑坡是指山坡坡面土和岩石受重力影响失去稳定平衡，向下及向外发生下滑移动的现象。滑坡一般是因为斜坡岩土体在重力作用或其他因素参与影响下，沿地质弱面发生向下、向外滑动，并以向外滑动为主的变形破坏。

2）崩塌是指边坡前缘的部分岩体被陡倾结构面分割，并以突然的方式脱离母体，翻滚而下，岩块互相冲撞、破坏，最后堆积于坡脚而形成岩堆的现象。崩塌一般是因为陡坡上的岩土体在重力作用或其他外力参与下，突然脱离母体，发生以竖向为主的运动，并堆积到坡脚。

3）泥石流是指因矿山边坡、排土场、尾矿坝垮塌而形成的介于挟沙水流和滑坡之间的土、水、气混合体（含大量泥沙石块）突然爆发、历时短暂、来势凶猛并具有强大破坏力的流动现象。泥石流一般是因为降水（暴雨、冰川、积雪融化水等）诱发，在沟谷或山坡上形成的一种挟带大量泥沙、块石和巨砾等固体物质的特殊洪流。

4）地裂缝是指地面上没有明显位移的裂隙。地裂缝一般是地表岩层、土体在自然因素或人为因素的作用下产生开裂，并在地面形成具有一定长度和宽度裂缝的地表破坏现象。

5）地面沉降是指由于地下水大量开采或采矿活动，地表在垂直方向发生的高程降低的现象。地面沉降一般是因自然或人为因素，在一定区域内产生了具有一定规模和分布规律的地表标高降低的地质现象。

6）地面塌陷是指地面相对下降的现象。地面塌陷一般是地表岩土体在自然或人为因素作用下向下陷落，并在地面形成凹陷、坑洞的动力地质现象。

3. 矿山地质环境保护的内容

（1）合理规划矿山开采

在矿山开采前，应进行全面的地质勘查，了解矿山的地质条件、资源分布和环境影响，制定合理的开采规划和设计方案，以减少对环境的破坏。

（2）水土保持措施

在矿山开采过程中，应采取有效的水土保持措施，如建设挡土墙、护坡、排水沟等，防止水土流失和泥石流等地质灾害的发生。

（3）植被恢复与绿化

矿山开采结束后，应及时进行植被恢复和绿化工作，通过种植适生植物，提高土地覆盖率和植被质量，增强土地的自净能力和生态功能。

（4）废弃物处理

对于矿山开采过程中产生的废弃物，应采取分类收集、无害化处理和资源化利用的措施，减少废弃物的排放和污染。

（5）监测与预警

建立健全的矿山地质环境监测体系，对矿山开采过程中的地质环境进行实时监测和预警，及时发现和处理潜在的地质灾害和环境污染问题。

3.5.2　土地复垦

1. 土地与土地复垦概念

土地是指地球陆地表面具有一定范围的地段，包括垂直于它上下的生物圈的所有属性，是由近地表气候、地貌、表层地质、水文、土壤、动植物，以及过去和现在人类活动的结果相互作用而形成的物质系统。土地是自然资源中最基本、最重要的资源，是水资源、森林资源、矿产资源、水产资源、人类、动物、植物生长生活的载体。

土地复垦是指对因生产、建设活动挖损、塌陷、压占、污染或自然灾害毁损等原因造成目前不能利用的土地采取整治措施，使其恢复到可供利用状态的活动。通过土地复垦可以实现以下内容：

1）改善土地环境：通过复垦措施，改善受损土地的环境条件，恢复其生态功能。

2）提高土地利用率：使原本无法利用的土地重新变得可用，增加有效耕地面积，推进土地集约利用。

3）促进可持续发展：土地复垦有助于实现土地资源的可持续利用，促进经济、社会和环境的协调发展。

2. 土地复垦的范围

土地复垦的范围主要包括因挖损、塌陷、压占等人为因素造成破坏的土地，这些土地由于各种原因失去了原有的利用价值。具体来说，土地复垦的范围涵盖以下几个方面：

1）地表挖损损毁的土地：露天采矿、烧制砖瓦、挖沙取土等地表挖掘活动所损毁的土地。这些活动往往导致土地表面被剥离，土壤结构被破坏，需要进行复垦以恢复其利用价值。

2）地下活动引发塌陷的土地：地下采矿等活动导致地面塌陷，形成沉陷区。塌陷区域不仅无法利用，还可能对周边环境和生态造成威胁。

3）固体废弃物压占的土地：在工矿建设过程中，由于排放废石、矿渣、粉煤灰等固体废弃物，会压占大量土地。这些土地被废弃物覆盖，失去了原有的利用价值。

4）基础设施建设损毁的土地：因矿山关闭或升级改造形成的废弃建（构）筑物所压占和破坏的土地。

5）其他受损的土地：污染、灾害等原因导致土地无法利用。

3.5.3　表土剥离与堆存

表土是指土壤剖面中最靠近地表的一个层次（A层），该层土壤富含腐殖质，一般厚度为20~30cm，黑土和黑钙土的A层厚度可达50~100cm。表土直接与空气、植物根系和微生物群落接触。表土是泥土的最高层,一般将覆盖于基岩之上的第四纪冲积层和岩石风化带统称为表土层。由于表土层土质松软、稳定性差、变化大,含水量一般比较丰富,通常在顶部20~30cm。表土是泥土中含有最多有机质和微生物的地方,这些物质对于植物的生长和土壤肥力的维持至关重要。表土是非常珍贵的不可再生资源,表土剥离与回填能够节约利用资源、保护生态环境。

表土的形成受到多种因素的影响,包括气候、植被、地形和地质条件等。在温暖湿润的气候条件下,植被茂盛,生物活动频繁,有利于有机质的积累和表土的形成。而在干旱或寒冷的环境中,植被稀疏,生物活动减弱,表土的形成相对较慢。在露天矿开采过程中需要剥离这些表土,保存表土对于维护土壤肥力、维持生态平衡、防止水土流失、节约资源和成本以及提升环境质量等方面都具有重要意义。

1)维护土壤肥力:保存表土可以避免养分流失,从而保持土壤的肥力,为后期生态修复提供持续的支持。

2)维持生态平衡:表土中的微生物、昆虫和其他生物群落构成了复杂的生态系统。保存表土有助于维护这一生态系统的稳定性,促进生物多样性,为生态环境快速恢复提供了基础。

3)防止水土流失:表土具有较好的结构性和稳定性,能够抵抗风化和侵蚀。保存表土可以减少水土流失,保护土地资源,防止土地退化。

4)节约资源和成本:保存表土可以避免不必要的资源浪费,并减少因重新购买或制备土壤而产生的成本。

5)提升环境质量:表土中的微生物和植物根系有助于净化水源和空气,减少污染。

3.5.4　水土流失与水土保持

1. 概念

水土流失是指在水力、风力、重力及冻融等自然营力和人类活动作用下,土壤和水分损失及岩石风化的现象。这种现象会破坏地面完整性,降低土壤肥力,影响生态系统的平衡,并可能引发一系列环境问题,如河流淤积、洪涝灾害等。

水土保持是指通过采取各种工程、植物和耕作等措施,预防和减少因降水等因素导致的土壤侵蚀和破坏,以保持和提高土壤的质量和肥力,从而维护土地资源的可持续利用。水土保持的主要目标是防止土壤侵蚀、保护水资源、改善生态环境和提高农业生产能力。

水土保持是预防和减少水土流失的重要手段,水土流失则是需要通过水土保持措施来防治的一种环境问题。

2. 水土保持措施

(1)植被保护

保持植被覆盖能够有效防止土壤侵蚀,降低水流速度,吸收降水和水分,并提升土壤的稳定性。

(2)土壤管理

合理耕种和施肥的管理措施能够减少土壤的侵蚀和养分流失,如梯田种植、轮作休耕、有机肥料的使用等。

（3）林草工程

通过建设森林和草地，能够起到拦截水流、固土保水、增强生态系统稳定性的作用。

（4）土地复垦

对于受损的土地，进行合理的修复和复垦，可以恢复土壤的肥力和水源保持能力。

（5）水资源管理

合理规划和利用水资源，包括雨水收集和利用、灌溉系统的高效管理，以及湿地和河流的保护。

3.5.5　生态产业

1. 概念

生态产业是指将生态保护与经济发展相结合，追求经济增长与生态可持续性的发展模式。它涉及环境保护、资源节约和可持续发展，强调在产业发展过程中，要充分考虑自然环境的承载能力和生态系统的平衡，通过科技创新和绿色生产方式，实现经济效益、社会效益和环境效益的和谐统一。

生态产业包括多个领域，如生态农业、生态旅游、生态工业等。生态农业注重农业生产的生态化、绿色化和有机化，以提高农产品的质量和安全性；生态旅游则强调在旅游开发中保护自然环境和文化遗产，实现旅游业的可持续发展；生态工业则通过采用先进的生产技术和环保措施，实现工业生产的绿色化和低碳化。

2. 矿区发展生态产业的意义

矿区发展生态产业的意义如下：

（1）辐射带动发展

矿区生态产业可以辐射带动发展其他相关产业，包括绿色农业、生态旅游、生态保护和修复、环境监测与治理等，以实现经济结构的多元化和可持续发展。

（2）推动绿色转型

矿区生态产业可以推动绿色转型，减少对矿产资源的依赖，发展绿色技术和环保产业，提高资源利用效率，降低环境风险和污染物排放，实现经济发展与生态环境保护的良性循环。

（3）实施生态修复和重建

通过采取科学规划、合理利用资源、修复生态环境等措施，减少矿山开采和加工过程中产生的废弃物和污染物，恢复受矿产开采破坏的生态系统，减少矿业活动对环境的负面影响。

（4）发展循环经济

矿区生态产业可以发展循环经济，实现资源的循环利用和再生利用，减少资源的浪费和消耗，降低矿区生态环境的压力，提升矿区的可持续发展能力。

（5）促进矿区经济转型

矿区生态产业可以促进矿区经济的转型，发展新兴产业⊖和服务业，提升产业竞争力和综合效益，增加就业机会，改善居民生活质量，实现矿区经济的可持续发展和社会稳定。

⊖　新兴产业是基于生物技术、信息技术、新能源技术、新材料技术等前沿技术发展起来的。这些产业通常具有创新性、高增长潜力，对经济社会发展有重要的推动作用。

3.5.6 生态修复监测

1. 概念

生态修复监测包括矿山地质环境监测、生物多样性监测及土地复垦监测。

1）矿山地质环境监测是对矿山开采活动所引发的地质环境变化和潜在风险进行持续、系统的观测、记录和分析的过程。这包括对矿山开采导致的地形地貌变化、地下水动态、地面沉降以及地质灾害（如滑坡、泥石流、崩塌等）等方面的监测。矿山地质环境监测的目的是及时发现地质环境问题，为矿山安全开采、生态环境保护以及地质灾害防治提供科学依据。

2）生物多样性监测是对生物多样性组成和变化进行的有计划的观察和记录，在一定时期内不同的时间和空间维度上，对一个或多个样区的同一组生物多样性指标进行重复测量。生物多样性监测主要在物种、生态系统和景观三个水平上进行。在物种水平上，主要选择濒危物种、经济物种和指示物种等，监测其种群动态和主要影响因素；在生态系统水平上，通过选择重要的生态系统类型并在其典型地段建立一定面积的长期固定监测样地，实现对生态系统组成、结构、功能及关键物种、濒危物种等的监测；在景观水平上，主要通过遥感手段和地理信息系统对一定区域的景观格局和景观过程及其影响因素进行监测。

3）土地复垦监测是对土地复垦过程中土壤、植被、水文等生态环境因素的恢复情况进行定期或不定期的观察、测量和分析的活动。土地复垦监测旨在评估土地复垦的效果，确保土地资源的可持续利用，并为未来的土地复垦工作提供科学依据。

2. 意义

1）矿山地质环境监测可以及时发现和处理地质环境问题，有效保护矿山地质环境，预防和治理矿山地质灾害。

2）生物多样性监测对生物种类、种群数量、分布范围、生境状况以及生态系统功能等进行系统观察和评估，可以了解生物多样性的现状、变化趋势及其驱动因素。

3）土地复垦监测可以反映土地复垦的范围、现状和变化情况。

思 考 题

一、简答题

1. 矿山功能分区有什么意义？

2. 矿山装备的基本要求是什么？

3. 智能矿山的意义是什么？

4. 矿山道路分为几种？

5. 矿区绿化的类型有哪些？

6. 简述矿床按形体分类分别适用哪些矿山。

7. 选矿有哪几种方法？

8. 矿山固体废弃物有哪些？

9. 矿山危险废弃物有哪些特点？

10. 矿井水有哪几种类型？

11. 雨水收集的意义是什么？

12. 矿山粉尘的来源有哪些？

13. 控制噪声的措施有哪些？

14. 矿区空气质量监测的主要指标有哪些？

15. 地质灾害的种类有哪些？

16. 水土保持有哪些措施？

17. 矿山地质环境监测包含哪些内容？

二、论述题

1. 不同阶段绿色矿山建设的重点是什么？

2. 论述绿色矿山建设基本内容所要关注的重点。

3. 论述发展矿区生态产业的意义。

矿产资源开发过程中往往伴随着生态破坏与环境污染问题，而生态环境治理则能促进生态自然修复[一]和环境自净[二]，这一内在联系为资源开发与环境保护协同发展奠定了坚实的基础。为建立和优化资源开发与环境保护之间的平衡关系，推动矿区循环经济体系的发展，必须采取源头减量、源头减损措施，同时加强过程控制，并完善末端减排的治理方案。这样才能有效减少污染物排放，减轻对地质环境的破坏，实现矿产资源开发与环境保护的和谐共生。

4.1 概述

4.1.1 生态环境修复

生态环境修复是指对因人类活动受到影响和破坏的生态环境系统进行修复和重建[三]的过程，这包括改善生态系统现有的状态，增加人类所期望的某些特性，减少或消除某些人类所不希望的自然特征。修复的结果可能使生态系统远离其初始状态，但旨在提供更多的生态服务功能。根据修复主体的不同，生态环境修复可分为环境修复与生态修复两种类型。

（1）环境修复

环境修复主要是指采用物理、化学和生物等各种各样的净化机制使存在于环境中的污染物质浓度、毒性降低或完全无害化的方法。其中，物理净化机制包括稀释、扩散、沉降和挥发等；化学净化机制包括氧化还原、中和、分解以及离子交换等；生物净化机制则主要是指有机生命体代谢。

根据是否有人工的参与，环境修复又可分为自净化和人工环境修复两类。自净化是在物理、化学和生物等自然作用下环境中污染物浓度或总量降低的过程，是环境自然、被动的过程。人工环境修复是通过人类有意识的外源活动对污染物质能量清除的过程，是人为、主动的过程。

[一] 自然修复是指依靠自然的力量和生态系统的自我调节能力来修复生态系统。

[二] 环境自净是生态系统的一种自我调节机制，通过其自身的物理、化学和生物学作用使污染环境逐渐恢复到原来状态的过程。通过环境自净使环境能够自我调节，并降低污染物的浓度或总量。

[三] 生态环境系统重建是指将生态系统现有的状态进行改善，增加人类所期望的某些特点，降低某些人类所不希望的自然特点，改善的结果使生态系统远离其初始状态，但能提供更多的生态服务功能。

环境具有一定的自净化能力，当污染物质进入环境中时，并不一定会引起污染，但由于环境的自净化能力有限，如果利用不当，就会导致自净能力降低。当环境中的污染物质或能量因子⊖过度集中，超过了环境的承载能力时，会导致环境污染，使环境的质量和功能发生衰退。此时可通过人工环境修复的方式，使受到污染的环境恢复，促进恢复进程。

（2）生态修复

生态修复是指因开采矿物资源所带来的环境污染和生态平衡的破坏，修复到生命系统⊜和环境系统⊜之间处于相对平衡状态的整治活动。生态修复通过一系列的措施和方法恢复、保护和改善受到破坏或退化的生态系统。生态修复根据是否有人工的参与也可分为两类，即自然恢复和人工修复。自然恢复是指不依靠人工干预或以最小化的人工干预措施达到生态恢复的目标，是生态系统自我调节和自我修复的过程；人工修复是指依靠人工干预或诱导措施达到生态恢复目标的过程。

当生态系统受到干扰或破坏时，由于生态系统存在自然修复能力，会通过自身动态平衡机制恢复到原来的状态或达到一种新的平衡状态，这种自然修复能力使生态系统能够保持其生物多样性和生态功能，确保持续地为人类提供生态服务。但生态系统的自然恢复能力是有限的，当人类活动对生态系统造成的破坏超出其自然修复能力（即生态承载力）时，可能会导致生态失衡和生态的组成要素关系发生变化，就可能造成生态系统的破坏。

4.1.2　资源开发与生态环境的关系

1. 环境污染强度与污染物处理程度的关系

资源开发过程产生污染强度的固体废弃物、废水、废气等对水体、土壤和大气造成的污染如果在短时期内能够得到全部净化，说明环境的自净化能力大于环境的污染破坏力；反之，就需要通过人工处理污染物来降低污染强度。

环境污染强度是指环境中污染物含量的高低与毒性强弱的程度，包括污染源强、污染源高、污染源内温度、排气速率等。

污染物处理程度是处理的污染物减少量与处理前污染物含量的百分比，其中处理的污染物减少量为处理前污染物含量与处理后污染物含量的差。当污染物处理程度为100%时，表示污染物全部被净化。

环境污染强度与污染物处理程度的关系如图4-1所示。

根据图4-1，得出污染能力计算公式，见式（4-1）：

$$\theta_2 = F_2 - E_2 \tag{4-1}$$

式中　θ_2——污染能力；

F_2——污染物排放的环境参数，即资源开发过程中排放到水体、土壤、大气里的污染物浓度、排放速率或其他环境指标；

⊖ 在环境科学与生态学领域，能量因子是指环境中存在的对生态系统造成影响的各种能量形式，包括辐射能、热能、机械能、化学能和核能等。

⊜ 生命系统是指能够独立完成生命活动的系统。

⊜ 环境系统是指由围绕人群的各种环境因素及其相互联系、相互作用和相互制约的关系所构成的整体。

E_2——环境功能限值[⊖]。

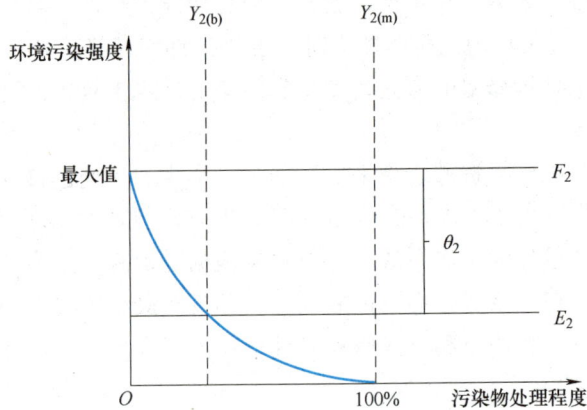

图 4-1 环境污染强度与污染物处理程度的关系

$Y_{2(m)}$—污染物处理程度最大值 $Y_{2(b)}$—污染物处理程度与自然净化能力分界点

由式（4-1）推断出以下结论：

1）当 F_2 在 E_2 之下，属于环境自净化区，不需要进行人工环境修复，可完全依靠环境的自净化能力来解决环境污染问题；当 F_2 在 E_2 之上，属于人工处理区，需要将污染物浓度、排放速率或其他环境指标降低至 E_2 之下。

2）当 $\theta_2 > 0$ 时，表示 $F_2 > E_2$，需要辅助人工处理措施在排放前对污染物进行处理，降低污染强度，直至 $\theta_2 = 0$，实现污染物的破坏力与环境自净化能力的平衡。

3）当 $\theta_2 \leqslant 0$ 时，表示 $F_2 \leqslant E_2$，此时不需要再辅助人工对环境进行修复，环境对污染完全可以实现自净化。

4）当 $Y_{2(b)} = Y_{2(m)} = 100\%$ 时，表示排放到水体、土壤、大气的污染物已全部进行无害化处理，不会产生污染，但此时修复成本最高。当 $Y_{2(b)} = 0$ 时，没有对污染物进行任何处理直接排放，完全靠环境自净化，无治理成本。当 $Y_{2(b)}$ 处于 $0 \sim 100\%$ 之间且 $\theta_2 > 0$ 时，需要采取人工措施和环境自净化相结合的方式降低污染强度。

5）E_2 为污染与环境承载力的平衡点，若排放到水体、土壤、大气里的污染破坏力降到 E_2 之下，此时不再需要进行污染处理，可完全依靠环境自净化将环境污染问题解决，治理成本可达到最低。

2. 生态系统破坏与土地生态功能恢复程度的关系

如果资源开发过程对生态系统的破坏在短期内能够依靠生态系统的自修复能力全部修复，那么这体现了生态系统的自修复能力强于资源开发所带来的破坏力；反之，如果生态系统的自修复能力不足以在短期内能恢复，就需要进行人工生态修复，为生态系统创造条件，加快修复进程。

生态系统破坏程度是指由于人类活动或自然因素导致的生态系统结构、功能和服务的受损程度，包括生态系统的稳定性、生物多样性丧失程度、生态系统功能受损程度等。

⊖ 环境功能限值是指某一环境要素或环境功能区所允许的污染物浓度、排放速率或其他环境指标的最大值或范围。

　　土地生态功能恢复程度是指被复垦的土地其生态功能恢复到原始或期望状态的百分比。当土地生态功能恢复程度为 100% 时，表示被矿山占用和破坏的土地生态功能已全部恢复至原始或期望状态。

　　生态系统破坏程度与土地生态功能恢复程度的关系如图 4-2 所示。根据图 4-2，得出人工修复力度计算公式，见式（4-2）：

$$\theta_3 = F_3 - E_3 \tag{4-2}$$

式中　θ_3——人工生态修复力度；

　　　F_3——资源开发过程对生态系统的破坏力；

　　　E_3——生态功能极限值[⊖]。

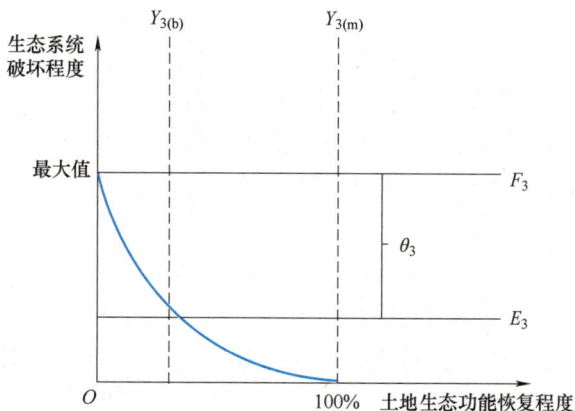

图 4-2　生态系统破坏程度与土地生态功能恢复程度的关系

$Y_{3(m)}$—土地生态功能恢复程度最大值　$Y_{3(b)}$—人工修复与自然修复分界点

　　由式（4-2）推断出以下结论：

　　1）当 F_3 在 E_3 之下，属于生态系统自修复区，即不需要进行人工生态修复；当 F_3 在 E_3 之上，属于人工修复区，即需要通过人工生态修复将生态系统破坏降低到 E_3 之下。

　　2）当 $\theta_3 > 0$ 时，表示 $F_3 > E_3$，必须进行人工生态修复，加快修复进程。

　　3）当 $\theta_3 \leq 0$ 时，表示 $F_3 < E_3$，不需要再辅助人工对生态系统进行修复，生态系统完全可以进行自修复。

　　4）当 $Y_{3(b)} = Y_{3(m)} = 100\%$ 时，表示没有利用生态系统的自修复能力，而对生态环境进行高质量人工修复，修复成本最高。当 $Y_{3(b)}$ 处于 0 ~ 100% 之间且 $\theta_3 > 0$ 时，需要采用人工修复和自然修复相结合的方法对生态系统进行修复。

　　5）E_3 为生态系统破坏与生态承载力平衡点，当人工修复使生态环境的破坏降到 E_3 时，不再需要进行人工修复，仅依靠自然修复，此时修复成本最低。

4.1.3　资源开发与生态环境修复的关系

　　资源开发过程对生态环境主要会产生两种破坏：一种是对水体、土壤、大气的污染破

⊖　生态功能极限值是指生态系统在维持其正常功能下所能承受的最大外部干扰极限值。

坏；另一种是对生态系统造成的破坏。若资源开发对生态环境的破坏超过生态环境的自修复、自净化能力，则必须辅助人工治理；反之，则不需要进行人工治理。

1. 资源开发对生态环境的破坏与回采率的关系

资源开发对生态环境的破坏与回采率的关系如图 4-3 所示。

根据图 4-3，得出人工生态环境修复计算公式，见式（4-3）：

$$\theta_1 = F_1 - E_1 \tag{4-3}$$

式中 θ_1——人工生态环境修复力度，同时 $\theta_1 = \theta_2 + \theta_3$；

F_1——资源开发对生态环境的破坏力；

E_1——生态环境功能极限值[○]。

由式（4-3）得出：

1）当 F_1 在 E_1 之下，即资源开发对生态环境的破坏力低于生态环境承载力，不需要采取人工措施对生态环境治理；当 F_1 在 E_1 之上，属于人工治理区，需要通过采用先进技术等人工措施将资源开发对生态环境的破坏降低到 E_1 之下。

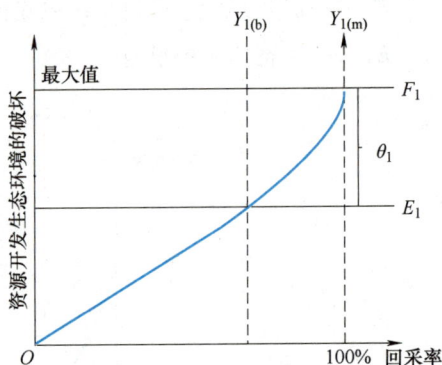

图 4-3 资源开发对生态环境的
破坏与回采率的关系

2）当 $\theta_1 > 0$ 时，表示 F_1 大于生态环境功能极限值，说明虽然可能有对生态环境的保护和治理力度的存在，但仍需要采取措施加大对生态环境的保护或增加人工修复力度。

3）当 $\theta_1 \leq 0$ 时，表示 F_1 小于或等于生态环境功能极限值，说明资源开发对生态环境的影响有限，可能不需要额外的人工修复力度。

4）当 $Y_{1(b)} = Y_{1(m)} = 100\%$ 时，表示回采率达到 100%，即资源开发过程对生态环境破坏最大，在这种情况下生态环境治理成本最高。

2. 资源开发破坏力与生态环境功能极限值平衡

实现 F_1 与 E_1 平衡（即 $\theta_1 = 0$），主要有三种方法：一是降低 F_1，即采取绿色开采技术，以降低资源开发对环境的破坏；二是提高 E_1，即加大环境的综合治理力度，提高生态环境承载能力；三是选择适合矿山企业的回采率，以在资源开发与生态保护之间找到平衡点。

（1）降低 F_1 的方法

采用充填开采、采空区回填等技术减少地表沉降、降低资源贫化率、防止地质灾害，以及在选矿环节减少废弃物的产生和排放。

（2）提高 E_1 的方法

把废弃物末端治理转化为源头控制、过程管理和末端治理相结合的方法，从源头上减少废弃物的产生，进而减少废弃物对生态系统的伤害，积极开展循环经济，提高废弃物资源化利用水平，按要求对堆放的废弃物进行管理。及时治理区域污染，提高生态承载能力。

○ 生态环境功能极限值是指在特定环境条件下，生态系统或环境资源所能承受的人类活动、污染物排放或其他环境压力的最大限度，而不导致生态系统结构、功能或环境质量发生不可逆转的损害。这个极限值是基于生态系统的自我调节能力、恢复力以及环境资源的承载能力来确定的。

（3）选择适合矿山企业的回采率

通过选择合适的回采率，减少资源开发过程废弃物的产生和降低对生态环境的破坏，寻找经济效益和环境保护的平衡点。

4.1.4　矿产资源开发与环境保护平衡体系

矿产资源开发与环境保护平衡体系分为三层，即基础层、路径层和目标层，如图4-4所示。

基础层涵盖了资源开发对生态系统破坏与生态系统自修复之间的平衡，以及污染物排放与环境自净化之间的平衡。这体现了资源开发对生态环境破坏与生态环境功能极限值之间的动态平衡关系。为了降低对生态环境的破坏，需要依靠先进的技术手段；而为了提高生态环境功能极限值，则需要加强生态环境治理。

路径层是矿业开发过程中实现资源开发与环境保护平衡关系的关键路径，包括矿产资源高效利用平衡、碳排放与碳汇循环平衡、能源节约利用平衡、水资源循环利用平衡、固体废弃物处置与资源化平衡，以及土地损毁与复垦平衡六个平衡体系的构建和优化方案。同时，六个平衡之间互相影响和制约，在实际工作中需要协同它们的关系。

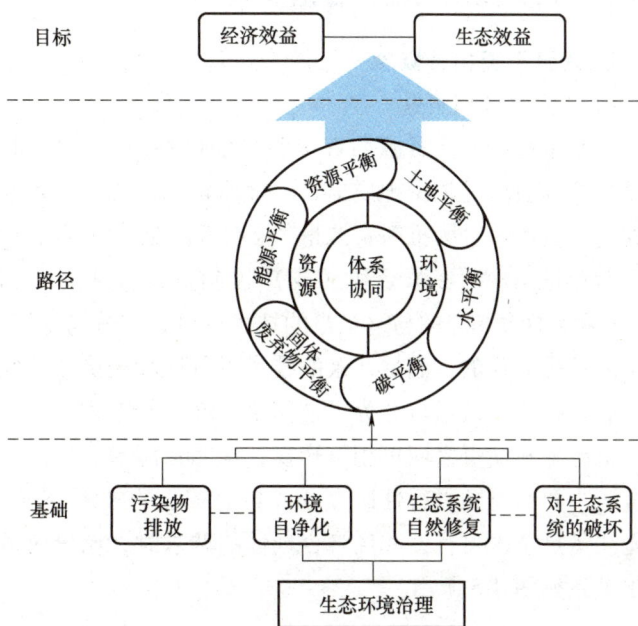

图 4-4　矿产资源开发与环境保护平衡体系

目标层体现的是资源开发与环境保护平衡体系运行目标，通过梳理影响绿色矿业综合收益的主要因素、投入的最大收益，以及与六个平衡之间相互影响、相互制约、相互促进的关系，提出资源开发与生态保护之间的协调发展方案。

4.2　矿产资源高效利用平衡

4.2.1　概念

资源平衡，即矿产资源高效利用平衡，是构建资源与环境和谐共生体系的关键要素。它着重于在矿产开发全链条中实现资源流动的均衡调控，旨在系统性地削减资源损耗与浪费，并减轻对自然环境的负面影响。这一平衡不仅是矿山企业精进技术流程、提升经济效益的基石，更是推动企业储量增加、产量提升及实现可持续发展的核心策略。

矿山企业可通过增强勘探[⊖]力度，深入解析开采区域的构造特征与动态变化规律，发掘潜在隐伏矿体，从而有效扩充矿床储量，延长矿山服务年限。同时，在严格保护生态环境的基础上，优化并革新采矿技术，提高资源开采效率；通过调整选矿工艺，合理降低边界品位，不仅能增加资源开采量，还能提高选矿回收率，显著减少废弃物排放，确保资源开发与环境保护之间达到最佳平衡状态，促进矿山可持续发展。

4.2.2　相关概念及输入输出关系

1. 资源平衡相关概念

（1）资源量和储量

资源量是经矿产资源勘查查明并经概略研究，预期可经济开采的固体矿产资源，其数量、品位或质量是依据地质信息、地质认识及相关技术要求而估算的。按照地质可靠程度由低到高，资源量分为推断资源量[⊜]控制资源量[⊜]和探明资源量[⊠]。

储量是指探明资源量和（或）控制资源量中可经济采出的部分，是经过预可行性研究[⊞]、可行性研究[⊗]或与之相当的技术评价，充分考虑了可能的矿石损失和贫化，合理使用转换因素后估算的，满足开采的技术可行性和经济合理性。考虑地质可靠程度，按照转换因素的确定程度，储量可分为可信储量[⊕]和证实储量[⊗]。

资源量和储量之间可相互转换，探明资源量、控制资源量可转换为储量。资源量转换为储量至少要经过预可行性研究，或与之相当的技术经济评价指标；当转换因素[⊗]发生改变，已无法满足技术可行性和经济合理性的要求时，储量应适时转换为资源量。储量和资源量的转化关系如图 4-5 所示。

⊖　勘探（Exploration）是矿产资源勘查的高级阶段，通过有效勘查手段、加密取样工程和深入试验研究，详细查明矿床地质特征、矿石加工选冶性能及开采技术条件，开展概略研究，估算资源量，为矿山建设设计提供依据；也可开展预可行性研究或可行性研究，估算储量，详细评价项目的经济意义，做出矿产资源开发是否可行的评价。

⊜　推断资源量（Inferred Resources）是指经稀疏取样工程圈定并估算的资源量，以及控制资源量或探明资源量外推部分；矿体的空间分布、形态、产状和连续性是合理推测的；其数量、品位或质量是基于有限的取样工程和信息数据估算的，地质可靠程度较低。

⊜　控制资源量（Indicated Resources）是指经系统取样工程圈定并估算的资源量；矿体的空间分布、形态、产状和连续性已基本确定；其数量、品位或质量是基于较多的取样工程和信息数据估算的，地质可靠程度较高。

⊠　探明资源量（Measured Resources）是指在系统取样工程基础上经加密工程圈定并估算的资源量；矿体的空间分布、形态、产状和连续性已确定；其数量、品位或质量是基于充足的取样工程和详尽的信息数据估算的，地质可靠程度高。

⊞　预可行性研究（Pre-feasibility Study）是指通过分析项目的地质、采矿、加工选冶、基础设施、经济、市场、法律、环境、社区和政策等因素，对项目的技术可行性和经济合理性的初步研究。

⊗　可行性研究（Feasibility Study）是指通过分析项目的地质、采矿、加工选冶、基础设施、经济、市场、法律、环境、社区和政策等因素，对项目的技术可行性和经济合理性的详细研究。

⊕　可信储量（Probable Mineral Reserves）是指经过预可行性研究、可行性研究或与之相当的技术经济评价，基于控制资源量估算的储量，或某些转换因素尚存在不确定性时，基于探明资源量而估算的储量。

⊗　证实储量（Proved Mineral Reserves）是指经过预可行性研究、可行性研究或与之相当的技术经济评价，基于探明资源量而估算的储量。

⊗　转换因素（Modifying Factors）是指资源量转换为储量时应考虑的因素，包含采矿、加工选冶、基础设施、经济、市场、法律、环境、社区和政策等。

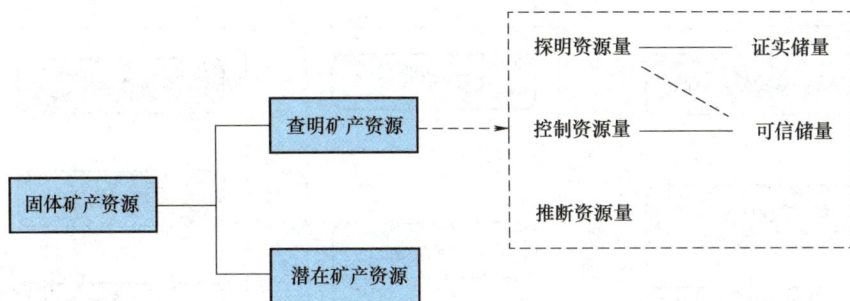

图 4-5　储量和资源量的转化关系

（2）设计损失量和开采损失量

设计损失量是指在矿井设计阶段，根据相关技术规范和政策要求，预先估算并允许的无法采出或难以采出的矿产资源量。露天开采设计不能回收的挂帮矿量，地下开采设计的工业场地、井筒及永久建（构）筑物等需留设的永久性保护矿柱的矿量，以及因法律、社会、环境保护等因素影响不得开采的矿量都属于设计损失量。

开采损失量是回采过程中的损失量，如主要巷道（非井筒）和矿房中的顶柱、底柱、间柱，因为技术原因不能回采的部分（如边角矿或没有回采价值的矿块）等。

（3）原矿量、精矿量、尾矿量

原矿量是从矿山开采出来的矿石量，未经选矿或其他加工工艺。精矿量是指原矿石经过破碎、磨矿、分选等一系列的作业后，除去大部分伴生脉石和杂质，所选矿物得到富集的产品，是一个选矿厂最终想要得到的目标产品。尾矿量是选矿过程中精矿和其他有用矿物经综合处理和回收后剩下的产物。

2. 资源平衡输入输出关系

资源平衡由输入端、输出端，以及包括开采、矿物加工在内的中间端三部分组成。输入端体现矿产资源赋存[⊖]情况以及资源量、储量等之间的转化关系；输出端包括贫化量、原矿量、精矿量、尾矿量之间的关系；中间端体现实现资源平衡所需的技术、方法和手段。资源平衡输入输出关系如图 4-6 所示。

（1）矿山地质工作

本书所介绍的矿山地质工作主要是指生产探矿，即矿山在生产期间，综合考虑前期地质资料的基础上，为满足采矿权范围内开采和继续开拓延深的需要，提升矿产资源储量类型和深入研究矿床（体）地质特征所开展的地质工作。其意义如下：

第一，对前期地质工作勘查报告进行验证，对因勘查工程受资金、时间、技术等因素影响造成的误差给予纠正、补充，对前期想做而不能做的工作予以完善。

第二，前期地勘工作一般根据成矿环境、矿床分布进行不同级别的槽探、钻探或者必要的巷探，而生产时的探矿工作是在矿体中进行，能更有效地寻找和掌握矿体，更有效地开采矿体和提高资源利用率。

⊖　资源赋存是指资源在特定环境中的存在状态和条件。

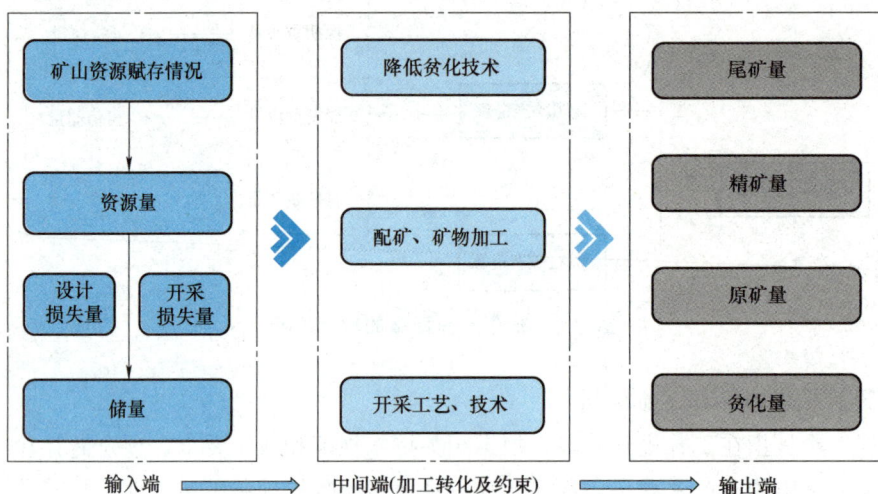

图 4-6　资源平衡输入输出关系

第三，生产矿山在开采已查明的矿体时，对查明矿体周边进行探矿，其准确度最高，把握性最大，探矿工程量最小，探矿时间最短。

采矿与探矿需同步进行，如果一个矿山企业不进行生产探矿，而采取将已探明矿产储量采完就关闭的做法，会造成长期或永久错失周边未探明矿体。

（2）采矿

采矿应考虑如下问题：

第一，合理确定边界品位。边界品位是用于区分矿石与废石的临界品位，矿床中高于边界品位的部分是矿石，低于边界品位的部分是废石。边界品位定位越高，矿石量就越小。低品位矿的开采和加工成本较高，生产过程中需要更多的能源和物料，同时由于金属含量较低，生产出来的精矿品质一般也会受到影响。

第二，控制矿石损失量。在矿床开采过程中，由于某些原因造成一部分资源量不能采或采下的矿石未能完全运出地表而损失在地下的现象称作矿石损失，需要科学控制。

第三，降低矿石贫化率。矿石的贫化主要是在开采过程中矿石与废石相混造成的，贫化率是矿石品位与采出矿石品位之差与矿石品位的比值，反映矿石品位降低的程度。

（3）配矿

配矿是指在矿石采下后运装过程中，有计划地按比例搭配不同品位的矿石，混合均匀，在保证达到选厂要求的质量标准情况下综合回收和利用更多矿床资源，提高经济效益，延长矿山服务寿命。其作用如下：

第一，通过配矿，使入选矿石品位长期稳定，保障选矿的技术条件。

第二，通过配矿，综合回收矿山低品位矿石，降低边界品位，提高资源回收率。

（4）选矿

选矿是根据矿石中不同矿物的物理、化学性质，把矿石破碎磨细后，采用重选法、浮选法、磁选法、电选法等方法，将有用矿物与脉石矿物分开，并使各种共（伴）生的有用矿物尽可能相互分离，除去或降低有害杂质，以获得冶炼或其他工业所需原料的过程。

选矿能够使矿物中的有用组分富集，降低冶炼或其他加工过程中燃料、运输的消耗，使低品位的矿石能得到经济利用。选矿试验所得数据是矿床评价及建设选矿厂设计的主要依据。

4.2.3　关系模型

1. 资源平衡业务流向图

由固体矿产资源储量分类标准可以看出：查明矿产资源以资源量表述，资源量可转换为储量。储量等于资源量减去设计损失、开采损失量，原矿量等于储量加上贫化量，而原矿量通过选矿后形成精矿量和尾矿量，即原矿量等于精矿量加上尾矿量，据此形成资源平衡业务流向图，如图 4-7 所示。

资源平衡可以理解为由矿产资源量、开采量、精矿量、尾矿量等各种要素在资源开发过程之间的动态平衡关系，主要由查明的资源量、储量、设计损失量、开采损失量之间资源与储量的转化关系，储量、贫化量、原矿量之间的开采变化关系，原矿量、精矿量、尾矿量之间的矿物加工转化关系三部分内容组成。

2. 资源平衡的计算公式

对图 4-7 所示的资源平衡业务流向图进行分析，可以得出

$$S = R + D + M \tag{4-4}$$

$$R = O - De \tag{4-5}$$

$$O = C + T \tag{4-6}$$

将上述公式进行合并，得出

$$S = C + D + M + (T - De) \tag{4-7}$$

式中　S——资源量；

　　　R——储量；

　　　D——设计损失量；

　　　M——开采损失量；

　　　O——原矿石量；

　　　De——贫化量；

　　　C——精矿量；

　　　T——尾矿量，且 T 完全包含 De。

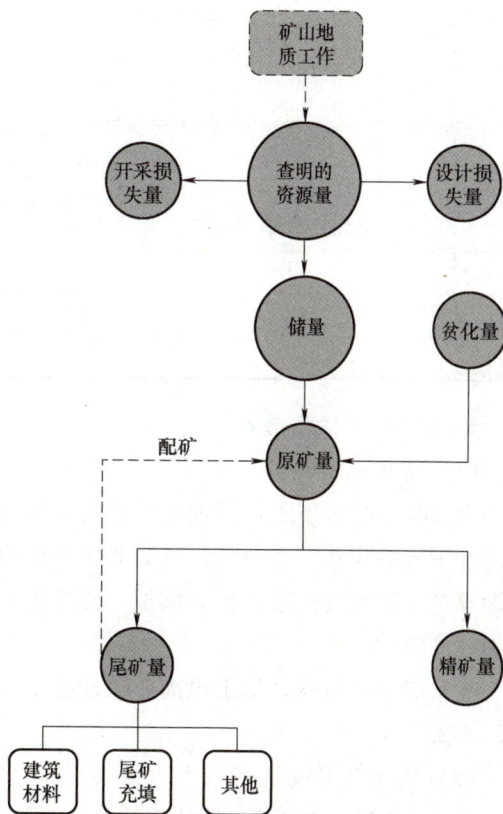

图 4-7　资源平衡业务流向图

4.2.4　技术路径

研究资源平衡的目的是在资源开发过程中，增加精矿量、降低因产生大量固体废弃物而造成的资源损失与环境破坏，从而在提高企业经济效益的同时加强对环境的保护。

1. 资源平衡表

资源平衡表是由资源量、储量、原矿量、精矿量、尾矿量、贫化率、开采损失量、新增资源量、设计损失量等数据组成的二维表格。矿山企业可每月填写一次，定期分析平衡关系，对标行业先进指标进行改进。也可建立计算机软件系统，形成分析报告，为企业资源开发利用提供决策。资源平衡表关键因素参见表 4-1。

表 4-1 资源平衡表关键因素

月份	关键因素							
	资源量/万 t	储量/万 t	当月动用储量/万 t	贫化量/万 t	原矿量/万 t	精矿量/万 t	尾矿量/万 t	回收率（%）
10								
11								
12								

月份	关键因素							
	新增资源量/万 t	设计损失量/万 t	开采损失量/万 t	贫化率（%）	原矿品位（%）	工业品位（%）	精矿品位（%）	尾矿品位（%）
10								
11								
12								

2. 资源平衡优化措施

（1）增加总资源量

生产矿山的地质工作是地质找矿的重要方式、有效途径和必要补充。通过地质工作，查明已开采区域构造形态特征，研究矿区地质构造⊖规律，查明过去尚未发现的隐伏矿体，从而能够增加矿产资源量、扩大储量，延长矿山生产服务年限⊜，提高矿山生产规模，进一步增加经济效益。

在采矿后期阶段，矿山也需要采取必要的技术和安全措施，有计划地进行矿柱⊜回收和残矿开采⊗。

（2）增加精矿量

由式（4-7）得出精矿量的表达式，见式（4-8）：

$$C=S-T-D-M+De \tag{4-8}$$

由于 T 完全包含 De，设 $T_1=T-De$，式（4-8）变为

$$C=S-T_1-D-M \tag{4-9}$$

从式（4-9）可以得出，在总资源量不变的情况下，如果希望提高精矿量，应采取以下

⊖ 地质构造是指地壳或岩石层各个组成部分的形态及其相互结合的方式和面貌特征的总称。
⊜ 矿山生产服务年限是指矿山维持正常生产设计能力所存在服务的时间。
⊜ 矿柱是出于保护地貌、地面建筑物和主要井巷，分割采区和矿井，防水、防火等目的，留下不采或暂时不采的部分矿体。
⊗ 残矿开采是指在已经结束开采的阶段或矿山中再次进行的开采。

几个措施：

1）减少设计损失量 D。积极研究地质构造、资源赋存情况，加大科研力度，通过扩大原设计开采境界增加采场开拓矿量和回采矿量，回收挂帮矿量，通过充填开采等技术回收永久性保护矿柱的矿量，增加矿产资源储量，增加精矿产量。

2）减少开采损失量 M。积极开展开采工艺研究和推广先进技术，采用合适的采矿方法，优化矿块结构参数，完善回采工艺，加强采场技术管理及时回收传统工艺不能回收的主要巷道（非井筒）和矿房中的顶柱、底柱、间柱等难以回收的矿石，减少回采过程中造成的矿石损失，增加矿产资源储量，增加精矿量。

3）提高选矿回收率。增加精矿和有用元素的回收力度。做好选矿试验，合理规划配矿策略，选择适合该矿石的选矿工艺和工艺条件，分析不同矿石的选矿规律，研究先进适用的选矿工艺技术，推广先进适用的技术装备，对标行业选矿回收率的先进值，降低尾矿品位。

（3）环境保护

由式（4-7）得出尾矿量的表达式，见式（4-10）：

$$T = S - C - D - M + De \tag{4-10}$$

由于资源量 S 包含设计损失量和开采损失量，在这里考虑储量 $R = S - D - M$，式（4-10）变为

$$T = R - C + De \tag{4-11}$$

从式（4-11）可以得出，在储量不变的情况，如果希望减少对环境的破坏，可采用以下几个方面的措施：

1）减少尾矿量：加强贫化管理，制定废石混入的控制措施，选用贫化率小的采矿方法，合理规划配矿策略，以及应用有助于提高选矿回收率和有用量组分富集的先进、适用的选矿工艺技术，减少尾矿中金属或其他有用量组分的含量，减少尾矿量。

2）开展尾矿综合利用工作，提高固体废弃物处置技术水平：开展充填开采，规模化利用固体废弃物，研究并实施尾矿、废石制作建筑材料等资源化利用工作，减少尾矿堆放量，减少尾矿占地和对环境的破坏。

3）减少开采过程中的贫化量：加强贫化管理，采用降低贫化率的开采技术和方法，减少开采过程中废石混入，从源头上减少固体废弃物的产生。

4）开展采选环节能源消耗和能效水平评估，优化能源消费结构，提高能效水平。

（4）提高经济效益

研究资源开发与经济效益的动态平衡关系，分析各要素之间变化对经济效益的影响。有时为提高经济效益，暂时只开采高品位资源；有时为持续发展需改进工艺，增加控制措施，合理配矿，增加投入以获取更大范围的资源或降低边界品位。

4.2.5　边探边采案例

凡口铅锌矿是目前在采的亚洲最大铅锌单体矿山。该矿于 1958 年建矿，1968 年投产，矿山累计消耗矿石资源量为 4126 万 t。凡口铅锌矿生产过程边探边采，探采结合，地质部门根据矿床的地质条件、成矿规律，充分利用开拓采准工程，开展生产探矿、盲区和采区深边部找矿，累计查明资源量由建矿初期的 4034 万 t 增加到 5913 万 t。

1）利用采场进路或采场已有空间布置钻孔，一次性探明周边零星矿体，一同设计回收，减少后期采掘工程，提高经济效益。

2）利用已有的开拓工程，提出"中间控制+边部扫盲+深部探索"三位一体勘查模式，追索深部隐伏盲矿体，找矿效果好。

3）采用高密度扇形深孔方式设计中深孔，无须施工探矿巷，也无须设计专门的探矿硐室，探明采区深边部含矿地层和构造复合部位，以尽量少的掘进工程实现探边扫盲，增加储量。

4.3 能源节约利用平衡

4.3.1 概念

能源平衡，即能源节约利用平衡，是指在矿山企业的运营活动中，输入的各种能源总量与最终输出的能源总量之间达到一种相对平衡或优化的状态。具体而言，输入的能源涵盖化石燃料、可再生能源以及外购电力等多种形式；而输出的能源则细分为有效利用部分⊖和未能有效利用部分⊖。

在矿山的日常运营中，虽然高能耗能迅速提升产能，短期内获取更多资源，但鉴于能源的有限性及其对环境的深远影响（如加剧全球变暖和引发大气污染），若不及时采取综合措施平衡能耗与经济发展，未来将面临更为沉重的代价来修复环境。相反，低能耗策略更有利于保护自然资源和生态环境，长远来看能最大限度地减轻环境负担，促进社会、经济与环境的可持续发展。

在绿色矿山的能源管理中，能源平衡分析需超越单纯的高能耗与低能耗对比，转而聚焦于经济效益与环境保护之间的精细平衡。其核心在于探寻并实施高效的节能措施，以确保资源的精准配置与能源消耗的合理优化。这要求进行全面深入的能源审计⊖，结合策略性的调整方案，旨在极致提高能源利用效率，同时最大限度地削减无意义的能耗。通过这样的实践，绿色矿山不仅能在节能减排方面取得显著成效，还能有力推动矿山向更加环保、可持续的发展路径转型。这一过程不仅是经济效益增长的催化剂，还是对维护生态平衡、促进环境健康的有力支撑，体现了矿山企业对社会责任的积极担当与践行。

4.3.2 相关概念及输入输出关系

1. 能源分类

能源平衡中的能源主要分为不可再生能源、再生能源、发挥作用的能源、未发挥作用的能源四类。

⊖ 有效利用部分是指能源在转换或使用过程中，实际被转化为有用功（如机械能、电能）或有效热能的部分。
⊖ 未能有效利用部分是指能源在转换、传输或使用过程中未被转化为有用功或有效热能，而是以废热、废气、摩擦损耗、泄漏、无效辐射等形式散失的能量。
⊖ 能源审计是对煤、水、电、气、油等能源及其设施的事先设计及事后管理与节约所进行的审计项目。它通过对用能单位能源使用过程（包括物理过程和财务过程）的全面分析，评估和优化能源利用状况。能源审计的主要目的是提高能源利用效率，降低能耗，促进节能减排，同时为企业或机构提供科学的能源管理依据，帮助其实现可持续发展。

（1）不可再生能源

不可再生能源主要是化石能源，化石能源是指碳氢化合物及其衍生物，是由古代生物化石沉积而形成的一次性能源。化石燃料是人类必不可少的燃料，在整个人类的能源消耗中占有极大的比重，但化石能源在使用过程中会产生大量的温室气体，如 CO_2、CH_4 等，造成温室效应，使全球的气温升高，影响人类的生存与发展，同时化石能源的燃烧可能产生一些有污染的烟气，如 SO_2、烟尘等，导致酸雨等问题，严重威胁全球的生态环境。

（2）再生能源

再生能源是指在自然界中可以不断再生和利用的能源，具有取之不尽、用之不竭的特点。与传统能源相比，再生能源具有可再生、清洁和持久的特点，再生能源的使用可以减少人们对化石能源的依赖，降低能源消耗对环境的影响，减少温室气体的排放，有助于可持续发展和环境保护。再生能源一般直接或间接来自太阳，或来自地球深处产生的热量，包括太阳能、风能、海洋、水力发电、生物质能、地热资源、生物燃料，以及氢气产生的电力和热量。

（3）发挥作用的能源

发挥作用的能源是指在矿山实际生产生活中，电能或热能等能源为满足矿山日常生产生活所需，转换为动能等其他能量形式的一部分能量。

（4）未发挥作用的能源

根据热力学第二定律，在能量的传递和转化过程中，除了一部分可以继续传递和做功的能量外，总有一部分不能继续传递和做功而以热的形式消散的能量，消散的能量中有一部分可以回收再利用，这些能量称为回收能。另一部分不能回收利用且未发挥作用的能量称为浪费的能量。

2. 能源平衡输入输出关系

能源平衡由输入端、输出端以及中间端三个过程组成。输入端表示矿山能源的供应，如化石能源（煤炭、石油、天然气等）、可再生能源（地热能、太阳能、风能等）、电能等；输出端表示能源的使用情况，即发挥作用的能源、浪费的能源以及回收的能源等；中间端主要体现能源的节约利用，如管理、工艺、设备、设施等。能源平衡输入输出关系如图 4-8 所示。

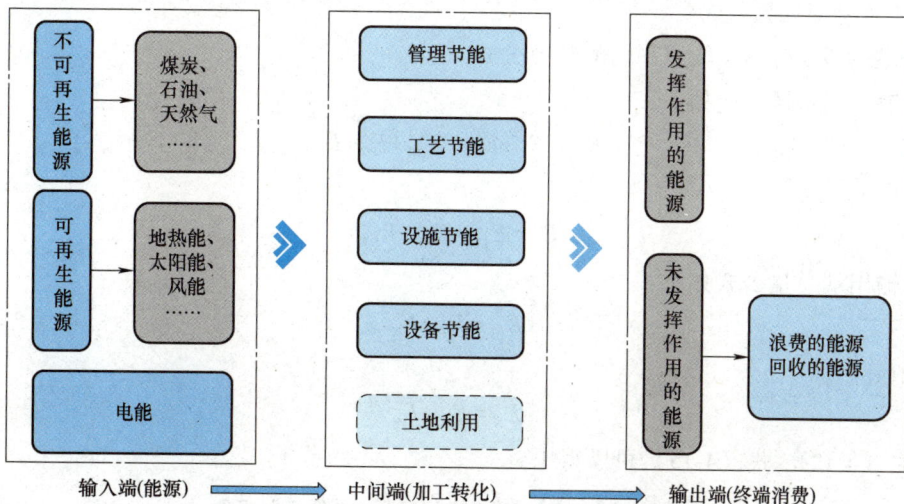

图 4-8　能源平衡输入输出关系

4.3.3 关系模型

1. 能源平衡业务流向图

能源由输入能源和输出能源两部分组成，两者大小相等，且均可看作实际消耗的能源。在矿山生产生活过程中，输入能源主要由化石能源（煤炭、石油、天然气）、可再生能源（地热能、太阳能、风能）、外购电能组成；输出能源则分为发挥作用的能源以及未发挥作用的能源，未发挥作用的能源又可分为浪费的能源和回收的能源，其中回收的能源可以再利用，重新回到输入能源中。能源平衡业务流向如图4-9所示。

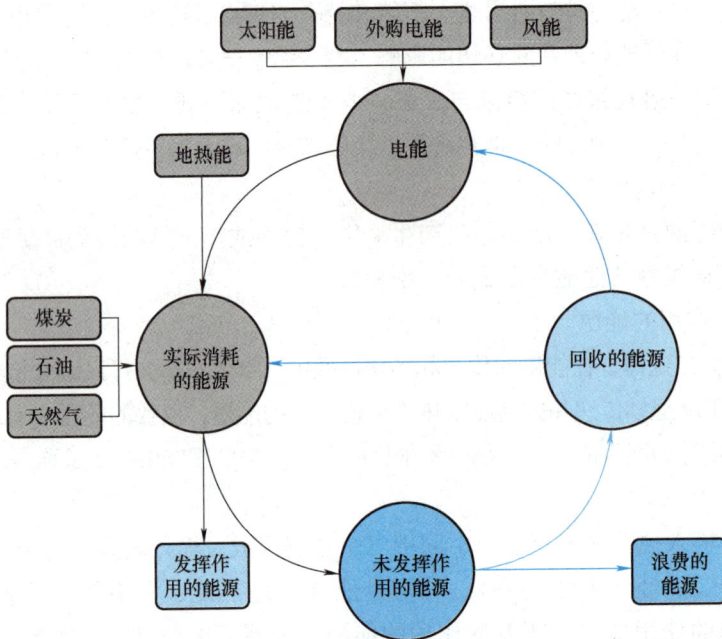

图 4-9 能源平衡业务流向

2. 能源平衡计算公式

根据图4-9，可建立能源平衡的计算公式。

1）输入端总量公式如下：

$$E_{入} = E_C + E_{NS} + E_{DO} + E_G + E_E \tag{4-12}$$

其中

$$E_E = E_{EO} + E_{ES} + E_{EW} \tag{4-13}$$

2）输出端总量公式如下：

$$E_{出} = E_U + E_N \tag{4-14}$$

其中

$$E_N = E_W + E_R \tag{4-15}$$

由式（4-12）~式（4-15）可以得出

$$E_C + E_{NS} + E_{DO} + E_G + E_{EO} + E_{ES} + E_{EW} = E_U + E_W + E_R \tag{4-16}$$

式中　$E_入$——输入能源量；

　　　E_C——煤炭量；

　　　E_{NS}——天然气量；

　　　E_{DO}——石油量；

　　　E_G——地热能量；

　　　E_E——电量；

　　　E_{EO}——外购电量；

　　　E_{ES}——太阳能转换的电量；

　　　E_{EW}——风能转换的电量；

　　　$E_出$——输出能源量；

　　　E_U——发挥作用的能源量；

　　　E_N——未发挥作用的能源量；

　　　E_W——浪费的能源量；

　　　E_R——回收的能源总量。

4.3.4　技术路径

研究能源平衡的目的是在矿山企业生产过程中，动态调整供能与耗能之间的关系，实现节约能源、降低成本之间的动态平衡，提高企业效益，保护生态环境。

1. 能源平衡表

能源平衡表是由外购电能、太阳能发电、风能发电、地热能、煤炭、天然气、石油、发挥作用的能源量、浪费的能源量、回收电能及回收热能等数据组成的二维表格，矿山企业应每年核算一次，分析指标之间的平衡关系，对标行业先进指标，找出差距，制定改进计划；也可以建立计算机软件系统，形成分析报告，为企业能源消耗提供决策。表 4-2 为能源平衡表。

表 4-2　能源平衡表

年份	1. 输入能源量/kJ							
	小计	外购电能	太阳能发电	风能发电	地热能	煤炭	天然气	石油
2022								
2023								
2024								

年份	2. 输出能源量/kJ				
	小计	发挥作用的能源量	浪费的能源量	回收电能	回收热能
2022					
2023					
2024					

2. 能源平衡优化措施

（1）优化输入能源结构

优化输入能源结构可以从减少煤炭等化石能源的直接消费，增加天然气、电力等清洁能源的使用比例，以及发展太阳能、风能、水能等可再生能源减少对化石能源的依赖等方面来考虑，提高能源利用效率，减少能源消耗和环境污染。

1）能源消费以一次能源消费为主，可以减少一次能源的使用量，充分使用二次能源或清洁能源，以减少对环境的污染，降低成本。

2）利用太阳能、风能、地热能、势能等电力以及机械能、电化学等储能技术建设新能源项目。

3）利用可再生能源和资源制氢、储氢、运氢和用氢以及生物质能利用、废弃物循环利用、能量回收利用等技术建设矿山再生能源利用项目。

4）发展生物质能利用、氢能利用、动能回收利用等技术建设矿山清洁能源利用项目。

5）利用热交换、余热发电、制冷、热对流、熔盐储热等低品位余热利用技术回收和利用工业生产、生活中产生的低品质、低温度的余热资源。

（2）提高能源利用效率

可以采取以下措施提高能源利用效率：

1）通过一系列科学的方法和手段，对企业的能源使用情况进行全面、系统的分析和评价，发现能源浪费的环节和原因，提出节能降耗的建议和措施。

2）建立完善的能源监测系统，设定合理的能耗基准，实施有效的节能措施，并持续优化和改进能源管理过程。

3）要控制高耗能、高污染工艺、技术、装备的增长，加快淘汰落后产能，促进产业结构调整，积极推进能源结构调整。

4）推广使用 LED、OLED 等高效照明产品、高效电动机与镇流器等产品和技术，减少照明能耗。

5）采用在电能转换为机械能的过程中，能量转换效率显著提高的电动机产品（IE3、IE4 等级电动机），减少电动机的功率损耗，提高电动机的效率。

6）采用热能转换效率高、能耗小、排放低和寿命长的锅炉产品，输出更多热量或消耗更少燃料。

7）采用将高温废热用于发电、中低温废热用于供暖等措施，实现能源的梯级利用。

8）通过电网数字化监测（如智能电表）减少输电损耗，优化能源分配，实现能源的智能化管理。

（3）节能工作与土地利用

通过合理规划土地利用，提高建筑密度和容积率，减少不必要的空地和绿化带，减少土地浪费，提高土地利用效率，可以减少因土地闲置或低效利用而造成的能源浪费，在一定程度上降低能源消耗，实现节能目标。

在建筑材料与设备制造、施工建造和建筑物使用的整个生命周期内减少化石能源的使用，提高能效，这不仅有助于降低建筑能耗，还有助于提升土地的综合利用价值。

（4）提高经济效益

矿山企业实施能源平衡，实现降低能耗、提高能效，需要引入新设备，研发新技术。虽然在前期会投入一定量的资金，增加了成本，但就长远发展而言，落实好能源平衡既能降低企业能源成本，提高产品价值，又能减少对环境的污染，增进社会效益。

4.3.5　节能案例

1. 案例一

华能伊敏煤电有限责任公司为满足海拉尔地区的远期供热增长需求，加强伊敏电厂余热回收利用水平，提高公司供热可靠性及供热经济效益，对机组技术进行了改造，建设长距离供热改造工程项目及伊敏至海拉尔 72km 长距离供热输送管网，向海拉尔地区供热。

华能伊敏煤电
有限责任公司
长距离供热改
造工程项目

该项目于 2022 年 5 月 26 日开工建设，总投资额为 15.7 亿元，于 11 月 25 日试运投产。年供热面积为 1528m²，替代海拉尔地区 14 台低效小锅炉，每年节约标准煤 30 万 t，减少 CO_2 排放 78 万 t，有效降低大气污染物排放总量。

2. 案例二

华能伊敏煤电有限责任公司充分利用排土场，大力发展光伏项目建设，构建清洁低碳、安全高效的能源体系，目前装机容量为 20.27MW，年均发电量为 30586.2MW·h，年节约标准煤 97875.84t，年减少 CO_2 排放量为 269158.86t。其中，2017 年建成投产伊敏露天矿西排土场 20MWp 项目，2018 年建成投产集中式 42.4MWp 光伏扶贫电站项目，2019 年建成投产伊敏露天矿内排土场光伏电站 10MWp 项目，2022 年建成投产 24MWp 分布式光伏电站，2023 年完成伊敏煤电分布式光伏二期（18MW），2023 年建设（88.3MW）光伏项目替代公司伊敏电厂厂用电。

伊敏煤电分布
式光伏二期

2024 年建设（70MW）光伏项目，替代公司露天煤矿矿用电。每年可为电网提供清洁电能 104400.74MW·h，每年可节约标准煤约 34034t，减少 CO_2 排放量约 82474t。

4.4　碳排放与碳汇循环平衡

4.4.1　概念

碳平衡，即碳排放与碳汇循环平衡，是指在矿山生产过程中，通过采取一系列科学有效的措施，确保在一定时间周期内，矿山所产生的温室气体（主要是 CO_2）排放总量，与通过自然碳汇吸收、人工封存与利用技术减少的碳量，以及可能购买的碳排放指标量，在数量上达到精确相等的状态。这种状态的实现，有助于矿山企业降低其对全球气候变化的影响，推动矿山生产向更加绿色、低碳、可持续的方向发展。

矿山作为能源和资源的供应基地，其碳排放量在全球温室气体排放中占比较大。依据麦肯锡公司测算，矿业的碳排放范围一⊖及碳排放范围二⊖在全球碳排放占比为 4%～7%，其中来自采矿、经营及用能的碳排放占 1%，煤矿的逸散性甲烷排放占 3%～6%。当将碳排放范围三⊖纳入时，矿业的全球碳排放占比跃升为 28%，其中除了燃煤的碳排放外，还包括含矿成品的碳排放。

矿山行业推动碳平衡，可以通过减少源头碳排放量、采取碳捕集和封存技术、植树造林、节能减排等手段，抵消或降低自身产生的 CO_2 或温室气体排放量，实现矿山的低碳发展，对"双碳"目标的实现具有深刻的现实意义。

4.4.2 相关概念及输入输出关系

1. 碳达峰、碳中和

（1）温室气体排放

温室效应是大气效应的俗称，是指透射阳光的密闭空间由于与外界缺乏热对流而形成的保温效应，即太阳短波辐射可以透过大气射入地面，而地面增暖后放出的长波辐射却被大气中的 CO_2 等物质所吸收，从而产生大气变暖的效应。由于 CO_2 等气体的这一作用与温室的作用类似，人们把大气中微量气体的这种作用称为温室效应，如图 4-10 所示。

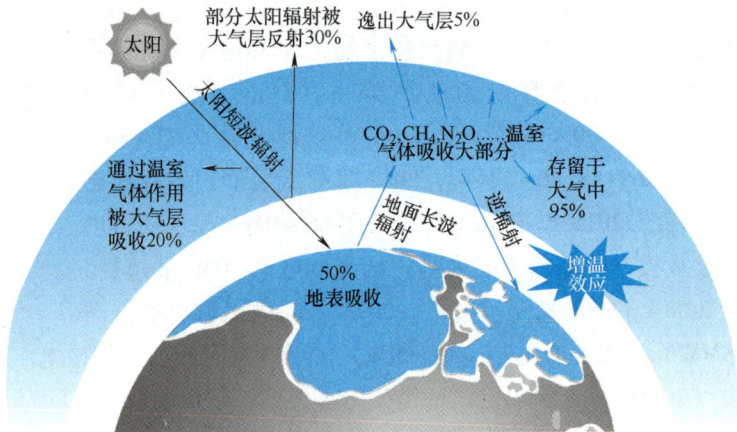

图 4-10　温室效应

碳排放是指人类在工业生产、交通运输、农业和生活等过程中，由于燃烧化石燃料、生物质或工业过程等直接产生的 CO_2 排放，以及因使用外购的电力和热力等所导致的间接温室气体排放。这些排放不仅包括煤炭、天然气、石油等化石能源的燃烧活动，还包括土地利用变化与林业活动产生的温室气体向大气的排放。

⊖ 碳排放范围一通常指的是实体控制范围之内的直接排放。这些排放主要来源于静止燃烧、移动燃烧、化学或生产过程，或逸出源（非故意释放）。

⊖ 碳排放范围二通常指的是企业外购能源产生的间接排放。这些排放主要来源于企业购买的电力、热力、蒸汽和冷气等能源在生产过程中所产生的温室气体。

⊖ 碳排放范围三是指企业价值链上所有间接排放的总和，这些排放既不属于企业直接控制的排放源（碳排放范围一），也不属于企业外购能源产生的间接排放（碳排放范围二）。碳排放范围三涵盖从原材料采购到产品使用、废弃处理等整个价值链上的所有间接排放。

"碳减排"的碳并不是指实物的 CO_2，而是指多种温室气体的 CO_2 排放当量（CO_2e）。这些温室气体包含二氧化碳（CO_2）、甲烷（CH_4）、氧化亚氮（N_2O）、氢氟碳化物（HFCs）、全氟化碳（PFCs）、六氟化硫（SF_6）和三氟化氮（NF_3）等。CO_2 当量为度量温室效应的基本单位，其他温室气体的排放量都需折算为 CO_2 当量，见表4-3。

表4-3　温室气体折算为 CO_2 当量[⊖]

温室气体	CO_2 当量	温室气体	CO_2 当量
二氧化碳（CO_2）	1	氢氟碳化物（HFC）	124~14800
甲烷（CH_4）	25	全氟化碳（PFC）	7390~17700
氧化亚氮（N_2O）	298	六氟化硫（SF_6）	22800

注：氢氟碳化物和全氟化碳各自都包含多种温室气体。

电力部门是重要的 CO_2 排放源，其 CO_2 排放量占全球化石燃料燃烧 CO_2 排放总量的 1/3 以上，占我国 CO_2 排放总量的 40% 以上。供热部门通常也使用化石燃料进行供暖，其碳排放量也会占据一定比例[⊖]。

（2）碳达峰

碳达峰是指在某一个时点，CO_2 的排放不再增长，达到峰值，之后逐步回落。具体来说，碳达峰是指某个地区或行业年度 CO_2 排放量达到历史最高值，然后经历平台期进入持续下降的过程，是 CO_2 排放量由增转降的历史拐点，标志着碳排放与经济发展实现脱钩。我国计划于 2030 年实现碳达峰，如图4-11所示。

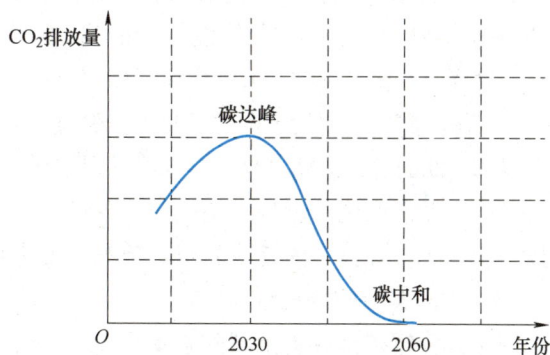

图 4-11　碳达峰与碳中和

实现碳达峰的主要措施为加快能源结构调整，提高能源利用效率，推动清洁能源发展，加快碳市场建设和碳管理，鼓励企业参与碳排放权交易，推动建立碳价格形成机制等。矿山企业应加强科技创新，发展光伏项目，回收和利用乏风余热及可再生能源，研发或使用低碳采矿、选矿技术装备，推广纯电动矿用卡车、纯电动矿用自卸车、纯电动挖掘机等设备，采用永磁电动机、变频器等技术降低能耗等。

（3）碳中和

碳中和一般是指国家、企业、产品、活动或个人在一定时间内直接或间接产生的 CO_2 或温室气体排放总量，通过植树造林、节能减排等形式，以抵消自身产生的 CO_2 或温室气体排放量，实现正负抵消，达到相对"零排放"。碳中和可以为全球气候变化问题找到解决方案，减缓温室气体排放给地球带来的不利影响。实现碳中和还可以推动可持续发展和低碳经济的发展，促进能源转型和环境保护。我国计划于 2060 年实现碳中和，如图4-11所示。

⊖ 数据来源于《气候变化 2007：联合国政府间气候变化专门委员会第四次评估报告》（Climate Change 2007：the Fourth Assessment Report（AR4）of the United Nations Intergovernmental Panel on Climate Change）。

⊖ 数据来源于生态环境部和国家统计局联合发布的《2021 年电力二氧化碳排放因子》。

实现碳中和的措施：通过节能减排、改善工业生产技术、提倡低碳交通方式等措施减少CO_2的排放量；通过从燃烧过程中捕捉到的CO_2永远地储存在地下或其他地方，以及直接从空气中捕集技术手段，将CO_2永久地从大气中移除；通过投资或购买碳减排项目来抵消自身的碳排放；通过恢复植被，增加植被覆盖率，提高碳吸收能力。

2. 矿山温室气体排放的主要方式

人类矿业活动产生的碳源主要是工业生产过程中的化石燃料燃烧产生大量CO_2，包括净购入电力热力、化石燃料燃烧碳排放、碳酸盐分解碳排放、逃逸碳排放等。

（1）净购入电力热力

净购入电力热力是指由于净购入电力和热力所引起的碳排放。该部分排放虽然实际发生在生产电力或热力的企业中，但是由矿山主体的消费活动引发，因此此处依照规定也应该计入矿山主体的排放总量中。

（2）化石燃料燃烧碳排放

化石燃料燃烧碳排放是指化石燃料在各种类型的固定或移动燃烧设备中与氧气充分燃烧生成的CO_2排放。化石燃料包括煤炭、石油以及天然气等。化石燃料燃烧是我国碳排放的主要来源。我国煤炭主要用于电力、热力、燃气、水的生产和供应以及制造业，煤炭含碳量丰富，燃烧会产生大量的CO_2；我国石油主要用于交通运输业中，其碳排放量相较于煤炭而言较少；我国天然气主要用于电力、热力、燃气、水的生产和供应居民生活以及制造业中，相对于煤炭和石油而言，天然气是一种洁净环保的优质能源，燃烧产生相同热值时碳排放量较低。

矿山企业涉及化石燃料燃烧的装置或设备主要有工业锅炉、窑炉、焙烧炉、链箅机、烧结机、干燥机、灶具、内燃凿岩机、铲车、推土机、自卸汽车等。

（3）碳酸盐分解碳排放

碳酸盐分解碳排放是指碳酸盐矿石（石灰石、白云石、菱镁矿等）在煅烧或焙烧时受热分解产生的CO_2排放。矿山企业涉及碳酸盐分解排放的生产工艺包括焙烧对含碳酸盐较多的沉积型钙质磷块岩进行提纯，煅烧硼镁石-碳酸盐型硼矿以对其提纯，煅烧石灰石生产石灰，煅烧白云石生产轻烧白云石，煅烧菱镁矿进行提纯或生产轻烧镁等。

（4）逃逸碳排放

逃逸碳排放是指在矿山开采、加工和运输等过程中，温室气体的有意或无意释放，主要包括井工开采、露天开采、矿后活动等环节的CH_4、CO_2排放。

矿山的污水处理也是一种碳排放源，是指可为污（废）水生化处理系统的微生物生长代谢提供营养物的含碳元素化合物，本书不做介绍。

3. 碳汇循环

碳汇循环是指通过碳汇林业（植树造林、森林管理等）及碳捕集、利用与封存（CCUS）等技术手段，来吸收、利用并最终封存大气中的CO_2，形成一个闭环的碳管理流程。

（1）碳捕集、利用与封存

碳捕集、利用与封存（Carbon Capture, Utilization and Storage，CCUS）是指将CO_2从工业过程、能源利用或大气中分离出来，直接加以利用或注入地层以实现CO_2永久减排的过程。按照技术流程，CCUS主要分为碳捕集、碳运输、碳利用、碳封存等环节。碳捕集的主要方式包括燃烧前捕集、燃烧后捕集和富氧燃烧等；碳运输是将捕集的 CO_2 通过管道、船舶等方式运输到指定地点；碳利用是指通过工程技术手段将捕集的 CO_2 实现资源化利用的过程，利用方式包括矿物碳化、物理利用、化学利用和生物利用等；碳封存是通过一定技术手段将捕集的 CO_2 注入深部地质储层，使其与大气长期隔绝，封存方式主要包括地质封存⊖和深海封存⊖。

碳利用是指将 CO_2 转化为有价值的产品，是一种推动可持续发展的技术，可以减少 CO_2 对环境的负面影响。CO_2 主要有以下三种利用方式：

1）将 CO_2 转化为化学品：CO_2 可以通过催化剂的作用，与氢气发生反应生成甲酸。甲酸是一种广泛用途的化学品，可用于制备染料、药物和农药等。CO_2 还可以与氢气反应生成甲醇，甲醇是一种重要的工业原料，可用于制造塑料、溶剂和燃料等。

2）将 CO_2 转化为能源：CO_2 可以作为光电池中的光敏材料，将光能转化为电能。

3）CO_2 用作化学溶剂或特殊的清洗剂，制造舞台的烟雾效果，用作膨胀剂，用作焊接保护气体，用于消防或医疗美容等。

4）碳矿化：CO_2 与碱性或碱土金属氧化物在一定的温度和压力条件下发生化学反应，生成系列碳酸盐矿物，从而将 CO_2 转化为新的物质固定下来。

（2）碳汇林业

碳汇林业是指利用森林的储碳功能，通过植树造林、加强森林经营管理、减少毁林、保护和恢复森林植被等活动，吸收和固定大气中的 CO_2，并按照相关规则与碳汇交易相结合的过程、活动或机制。

（3）碳化工艺碳吸收

碳化工艺碳吸收是指生产碳酸盐矿物时，碳化工艺对于 CO_2 的吸收。轻质碳酸钙、轻质碳酸镁、碳酸钡、碳酸锶、碳酸锂等碳酸盐的生产工艺一般包括矿石煅烧、消化、碳化、沉淀（过滤）、干燥等步骤。对于这类企业，碳化工艺吸收的 CO_2 量应从企业的排放量中扣除。

（4）碳排放配额

碳排放配额是指分配给重点排放单位规定时期内的 CO_2 等温室气体的排放额度。企业可以通过购买碳排放配额，以实现排放平衡的目标。

4. 碳排放与碳汇循环的关系

碳平衡由碳排放端、碳汇循环端及碳核算三个过程组成。碳排放端包含化石燃料燃烧碳排放量、碳酸盐分解碳排放量、逃逸碳排放量、净购入电力和热力隐含的碳排放量。碳汇循环端包含碳化工艺碳吸收量、碳利用量、碳封存量、植物固碳量、购买配额等。而 CO_2 排放量的核算是碳平衡的技术支撑。碳排放与碳汇循环的关系如图 4-12 所示。

⊖ 地质封存技术是一种将 CO_2 永久储存在地下的工程技术，是将 CO_2 从燃烧过程或工业排放中分离出来，然后通过管道输送到地下储存层，最终通过地层封闭作用将其长期固定在地下。

⊖ 深海封存技术是一种将 CO_2 注入深海中进行长时间存储的技术，是利用深海高压、低温的特殊环境，将 CO_2 以液态或超临界状态注入深海沉积物中，使其与大气长期隔离。在深海压力下，CO_2 会与水反应生成二氧化碳水合物，进一步增加其存储的稳定性。

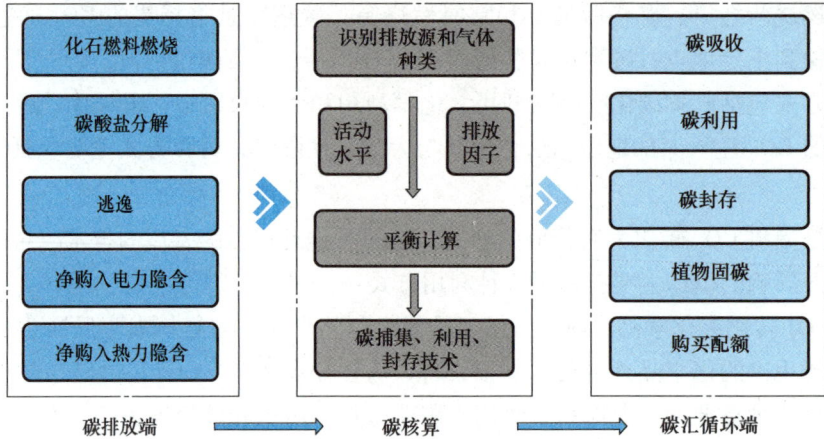

图 4-12　碳排放与碳汇循环的关系

4.4.3　关系模型

1. 碳平衡业务流向图

碳平衡由碳源和碳汇两部分组成，其中碳源包含燃料燃烧、碳酸盐分解、逃逸排放、净购入电力、净购入热力等，碳汇包含 CO_2 捕集、利用、封存以及植物固碳等方面，二者形成平衡关系（图 4-13）。

2. 碳平衡计算公式

根据图 4-13，可建立碳平衡的计算公式：

$$E_{GHG} = E_{(燃烧)CO_2} + E_{(碳酸盐)CO_2} + E_{(逃逸)CO_2} + E_{(净电)CO_2} + E_{(净热)CO_2} \quad (4-17)$$

吸收碳的方法主要有 CO_2 利用、CO_2 封存以及碳汇三种方式，可形成以下公式：

$$A_{GHG} = A_{(利用)CO_2} + A_{(封存)CO_2} + A_{(植物固碳)CO_2} + A_{(购买)CO_2} + A_{(碳化)CO_2} \quad (4-18)$$

$$E_{GHG} = A_{GHG} \quad (4-19)$$

由式（4-17）~式（4-19）可以得出

$$E_{(燃烧)CO_2} + E_{(碳酸盐)CO_2} + E_{(逃逸)CO_2} + E_{(净电)CO_2} + E_{(净热)CO_2} = A_{(利用)CO_2} + A_{(封存)CO_2} + A_{(植物固碳)CO_2} + A_{(购买)CO_2} + A_{(碳化)CO_2} \quad (4-20)$$

式中　　E_{GHG}——企业温室气体排放总量；

A_{GHG}——吸收总量；

$E_{(燃烧)CO_2}$——燃料燃烧排放量；

$E_{(碳酸盐)CO_2}$——碳酸盐分解的排放量；

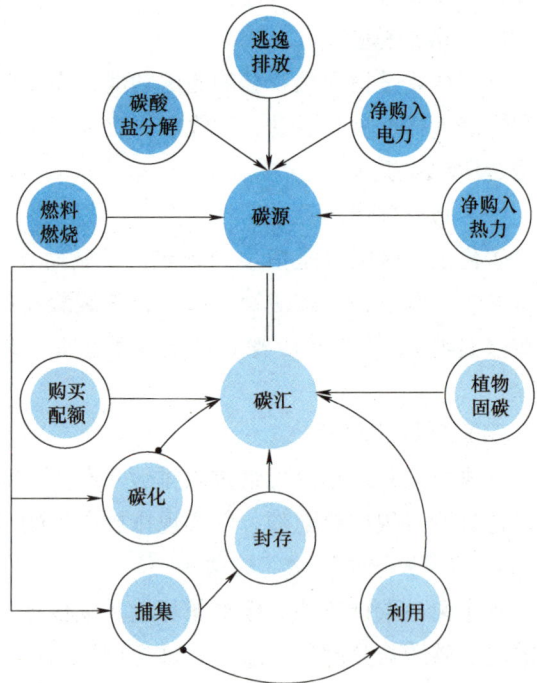

图 4-13　碳平衡业务流向图

$E_{(逃逸)CO_2}$——逃逸排放量；

$E_{(净电)CO_2}$——净购入电力隐含的排放量；

$E_{(净热)CO_2}$——净购入热力隐含的排放量；

$A_{(利用)CO_2}$——利用总量；

$A_{(封存)CO_2}$——封存总量；

$A_{(植物固碳)CO_2}$——植物吸收的量；

$A_{(购买)CO_2}$——购买排放指标量；

$A_{(碳化)CO_2}$——碳化工艺吸收的量。

3. 碳排放核算方法

碳排放核算主要有三种方法，分别是排放因子法、质量平衡法和实测法。

（1）排放因子法

排放因子法是一种基于能源消耗和产业活动数据的碳排放核算方法。它通过研究不同能源类型和生产过程的排放因子来估算总体的碳排放。这种方法相对简单易行，适用于大范围的碳排放估算。然而，由于排放因子会随时间和地区的变化而变化，数据的准确性和可靠性不易得到保证。此外，排放因子法无法考虑到不同碳排放源的特殊情况，如特定工业过程中的溢出排放等。

$$E_m = AD \times EF \times GWP \tag{4-21}$$

式中　E_m——温室气体排放量；

　　　AD——温室气体活动数据[一]，单位根据具体排放源确定；

　　　EF——温室气体排放因子[二]，单位与活动数据的单位匹配；

　　GWP——全球变暖潜能值[三]，数值可参考 IPCC[四]提供的数据。

（2）质量平衡法

质量平衡法是一种基于碳物质平衡原理[五]的碳排放核算方法。它通过分析产业和生产过程中的碳流动来推算系统的总碳排放量。这种方法更加精确，能够详细了解碳排放源和排放量。然而，质量平衡法对于数据的要求较高，需要准确的生产过程数据和专业技术支持。此外，随着系统复杂性的增加，质量平衡法的应用难度也增加。

使用物料平衡法[六]计算时，根据质量守恒定律，用输入物料中的含碳量减去输出物料中的含碳量进行平衡计算，得到 CO_2 排放量，公式如下：

[一]　根据国际标准化组织（ISO）和联合国政府间气候变化专门委员会（IPCC）等权威机构的定义，温室气体活动数据（GHG 活动数据）是指导致温室气体排放的生产或消费活动的活动量。

[二]　温室气体排放因子表示单位活动量所产生的温室气体排放量。

[三]　全球变暖潜能值（GWP）是一个用于衡量温室气体对全球变暖贡献程度的指标。

[四]　IPCC 全称为政府间气候变化专门委员会（Intergovernmental Panel on Climate Change），主要职责是评估气候变化的科学文献和研究成果，包括气候变化的事实、影响、风险、适应和缓解策略等。

[五]　碳物质平衡原理是指在地球生态系统中，碳元素以各种形式（如 CO_2、有机物、无机碳等）在生物圈、地圈、水圈和大气圈之间不断循环和交换，同时保持相对稳定的平衡状态。

[六]　物料平衡法是指通过比较产品或物料的理论产量或用量与实际产量或用量，同时考虑可允许的偏差范围，确保生产过程中的物料平衡。

$$E_{\text{GHG}} = (M_1 \times \text{CC}_1 - M_0 \times \text{CC}_0) \times \omega \times \text{GWP} \tag{4-22}$$

式中　M_1——输入物料的量，单位根据具体排放源确定；

　　CC_1——输入物料的含碳量，单位与输入物料的量的单位匹配；

　　M_0——输出物料的量，单位根据具体排放源确定；

　　CC_0——输出物料的含碳量，单位与输出物料的量的单位匹配；

　　ω——碳质量转化为温室气体质量的转换系数[⊖]。

式（4-22）适用于含碳温室气体的计算，其他温室气体可根据情况确定计算公式。

（3）实测法

实测法是一种基于现场监测和测量的碳排放核算方法。它直接对碳排放源的气体排放进行实时或定期测量和监测，具有直接、准确的特点。实测法适用于对特定排放源的精确核算，可以提供可靠的数据支持。然而，实测法的成本较高，需要专业技术人员和设备的支持，同时受到现场测量的局限性和误差的影响。

4.4.4　技术路径

碳平衡的目的是在矿山企业生产过程中增强环境保护意识，采取资源绿色开发的方法降低碳排放量，减少对自然环境的破坏，保护生态环境。

1. 碳平衡表

碳平衡表是由化石燃料燃烧、碳酸盐分解、净购入电力和净购入热力等碳排放，以及碳化工艺吸收、碳利用、碳封存、植物固碳、购买配额等碳汇数据组成的二维表格。矿山企业应每年核算一次，分析指标之间的平衡关系，对标行业先进指标，找出差距，制定改进计划；也可以建立计算机软件系统，形成分析报告，为企业碳排放提供决策。表4-4为碳平衡表。

表4-4　碳平衡表

年份	1. 碳排放/t CO_2							
	小计	化石燃料燃烧	碳酸盐分解	逃逸			净购入电力	净购入热力
				CH_4	CO_2	其他		
2022								
2023								
2024								

年份	2. 碳汇/t CO_2					
	小计	碳化工艺吸收	碳利用	碳封存	植物固碳	购买配额
2022						
2023						
2024						

2. CCUS 技术

按照技术流程，CCUS主要分为碳捕集、碳利用、碳封存等环节，是实现"双碳"目标的重要技术手段。

⊖　碳质量转化为温室气体质量的转换系数，通常是指将碳（C）的质量转换为特定温室气体（如 CO_2）的质量时所使用的系数（转化为 CO_2 的系数为44/12）。

（1）碳捕集

碳捕集可分为传统碳捕集、直接空气碳捕集以及碳运输。

1）传统碳捕集：根据碳捕集与燃烧过程的先后顺序，传统碳捕集方式可分为燃烧前捕集[一]、富氧燃烧捕集[二]（燃烧中捕集）和燃烧后捕集[三]三种。

燃烧前捕集是利用煤气化和重整反应，在燃烧前将燃料中的含碳组分分离出来，该技术具有捕集的 CO_2 浓度较高、分离难度低、能耗低的特点，但其可靠性有待提高。目前此技术的应用只局限于以煤气化为核心的整体煤气化联合循环电站。

富氧燃烧捕集是先通过分离空气制取纯氧，再将纯氧作为氧化剂通入燃烧系统同时辅助烟气循环。该技术捕集的 CO_2 浓度可达 90%以上，只需简单冷凝便可实现 CO_2 的完全分离，但额外增加了制氧系统能耗，增加了系统总投资。

燃烧后捕集是从工厂烟气中捕集分离 CO_2 的技术，是目前最成熟且应用最广泛的碳捕集技术，可从电厂、锅炉、水泥窑和工业炉等排放的烟气中分离 CO_2。目前常用的燃烧后碳捕集技术分为三类：化学吸收[四]、膜分离[五]和固体吸附[六]技术。

2）直接空气碳捕集：从空气中直接去除 CO_2 的技术。该技术一般采取物理吸附和化学吸附方法，但大气中 CO_2 浓度较低，采用直接空气碳捕集技术捕集效果较差，可对空气中的 CO_2 进行浓缩，但浓缩 CO_2 的能耗较高。

3）碳运输：捕集后的 CO_2 需转移至合适的封存地或利用地，因此碳运输是 CCUS 技术不可缺少的中间环节。碳运输方式有管道运输和各种交通工具运输。目前我国罐车运输和船舶运输已进入商业应用阶段，低压碳运输也逐渐被广泛使用，而高压、低温和超临界碳运输还处于研究阶段。

（2）碳利用

CO_2 资源化利用可分为物理利用、化工利用、生物利用和矿化利用。

1）物理利用：CO_2 可直接用于制冷、发泡材料、啤酒和碳酸饮料等制造行业。

⊖ 燃烧前捕集技术是指在燃料燃烧前，通过一系列化学和物理过程将碳从燃料中分离出去的技术。这种技术使得在燃烧过程中参与燃烧的燃料主要是氢气（H_2），从而不产生 CO_2。

⊖ 富氧燃烧捕集技术是指利用高浓度氧气作为氧化剂，与化石燃料进行燃烧。由于氧气浓度高，燃烧产生的烟气中 CO_2 浓度也相应提高（CO_2 浓度可达 80%以上），从而简化了后续的 CO_2 捕集和分离过程。

⊜ 燃烧后捕集技术主要利用物理或化学方法，从燃烧设备（如锅炉、燃气机等）排放的烟气中捕集 CO_2。烟气中通常含有低浓度的 CO_2（3%～15%），以及大量的氮气（N_2）、水蒸气（H_2O）和氧气（O_2）等。燃烧后捕集技术通过各种方法，如化学吸收、物理吸附、膜分离等，将 CO_2 从烟气中分离出来。

◉ 化学吸收技术基于碱性吸收剂与 CO_2 之间的化学反应。当含有 CO_2 的烟气通过吸收塔时，吸收剂与 CO_2 接触并发生化学反应，生成不稳定的盐类。这些盐类随后在再生塔中通过加热或其他方法分解，释放出高浓度的 CO_2 气体，同时吸收剂得到再生，可以循环利用。

⓫ 膜分离技术利用特殊薄膜对液体或气体中的某些成分进行选择性透过。在燃烧后碳捕集的膜分离技术中，含有 CO_2 的烟气通过膜组件时，由于膜的选择性透过性，CO_2 分子能够优先通过膜层，氮气等其他气体分子则被阻挡在膜的另一侧，从而实现 CO_2 的捕集和分离。

⓭ 固体吸附技术基于固体吸附剂对气体分子的选择性吸附作用。在燃烧后碳捕集的固体吸附技术中，含有 CO_2 的烟气通过装有固体吸附剂的吸附塔或吸附床，CO_2 分子被吸附剂表面吸附，从而实现与烟气中其他成分的分离。当吸附剂达到饱和状态时，通过加热、降压或置换等方法使吸附的 CO_2 脱附，吸附剂得以再生并重新用于吸附过程。

2）化工利用：CO_2可作为原料制备附加值较高的化工产品，如纯碱、白炭黑、金属碳酸盐、碳酸氢铵肥等无机化工产品和低碳烃、合成气、醇类、醚类、有机酸类、高分子聚合物等有机化工产品。

3）生物利用：CO_2生物利用技术也具有良好的应用前景，如微藻固碳和CO_2气肥技术在生物肥料、食品和饲料添加剂以及温室大棚种植方面发挥着重要作用。

4）矿化利用：CO_2矿化利用是指利用富含钙、镁的大宗固体废弃物（如炼钢废渣、水泥窑灰、粉煤灰等）矿化CO_2联产无机碳酸盐等化工产品，在实现CO_2减排的同时生产具有一定价值的无机化工产物，是一种非常有前景的大规模固定、利用CO_2的途径。

（3）碳封存

碳封存技术是将捕集的CO_2进行安全储存，不与大气接触，主要包括地质封存和深海封存。目前研究最多的是CO_2地质封存利用技术，将CO_2注入地质体内的同时利用地下矿物或地质条件生产有价值的产品，这不仅提高了CO_2利用率，还具有较高的安全性和可行性。

3. 碳平衡优化措施

（1）减少碳排放量

减少碳排放量可以从减少燃料燃烧CO_2排放量、碳酸盐分解的CO_2排放量、净购入电力和净购入热力隐含的CO_2排放量来考虑，可以采取以下措施：

1）认真做好碳核算[一]工作：有条件的企业可实测燃料元素含碳量，委托有资质的专业机构定期检测碳酸盐矿石以及碳化产物的化学组成和各组分的质量分数，准确计算矿山碳排放量。通过碳平衡表分析CO_2排放的关键环节，查出问题并提出整改措施。

2）采取清洁能源、再生能源为企业供能：使用这些能源可以大大降低碳排放，同时可以减少对化石燃料的依赖。

3）节能减排：通过降低能源用量、采用更加节能的设备和技术来减少碳排放。例如，更加节能的灯具、空调等电器设备，有更优隔热性能的建筑等都可以有效减少碳排放。

4）推广使用减少碳排放的技术：采用碳减排技术再造矿山企业工业流程，从源头上实现减碳。

（2）增加碳汇能力

提高碳汇能力可以从提高CO_2利用总量、CO_2封存总量、植物吸收的CO_2量来考虑，积极推广碳固化、碳利用、碳封存技术。

1）积极研究CO_2利用技术，对收集到的CO_2高效利用，不但减少了CO_2的排放，还提供了更多的产品或原材料。

2）开展植树造林和植被恢复活动，吸收CO_2。加强森林、草原、湿地、土壤、冻土的固碳技术[一]升级，提高生态系统碳汇量。

一 碳核算又称为温室气体（GHG）核算，是指按照科学方法和标准，对个人、组织或国家的温室气体排放量进行计量、统计和分析的过程。

一 固碳技术又称为碳封存，是指增加除大气之外的碳库的含碳量的措施，包括物理固碳和生物固碳两种方式，物理固碳就是碳封存，生物固碳则是利用植物的光合作用，将大气中的CO_2转化为碳水化合物，并以有机碳的形式固定在植物体内或土壤中。

3）推广应用 CCUS 技术。CCUS 技术能够捕集生产过程中产生的 CO_2，并将 CO_2 封存、利用，降低污染，提高效益。

（3）发展清洁能源

大力发展清洁能源，减少企业总温室气体排放量。清洁能源不排放污染物和温室气体，能够直接用于矿山的生产生活。

（4）提高经济效益

减少碳排放、增加碳汇、实现碳平衡，都需要大量的技术投入和设备更新来降低碳排放量，或者购买排放指标来中和碳排放，不同方案的选择取决于矿山发展阶段、规模和经营状况。减少 CO_2 排放需要增加成本、损失一定经济效益，但从矿业开发的整个生命周期来看，反而可能会降低运行成本、增加收益。

4.4.5 CCUS 案例

2007 年以来，延长石油立足油气煤资源禀赋，围绕"高碳行业低碳发展"目标开展大量理论研究与工程实践，先后建成了 30 万 t/年的煤化工 CO_2 捕集装置，打造了靖边乔家洼、吴起油沟、吴起白豹和安塞化子坪四个 CO_2 驱油与封存试验区，注气能力 15 万 t/年。2023 年，延长石油集团以低渗致密油藏 CO_2 高效利用与有效封存为目标，深入开展科技创新，探索"CCUS+新能源"技术模式，新建 26 万 t/年 CO_2 驱油与封存项目，建设油气密闭集输及油井产出气 CO_2 回收与循环利用系统+光伏/风电分布式能源系统，成为"CCUS+新能源"零碳技术示范项目。

26 万 t/年 CO_2 驱油与封存项目投运后，延长石油将建成 41 万 t/年的 CO_2 注入能力，标志着延长石油在推动"双碳"目标落地上又迈上了一个新台阶。该项目全面实现了 CO_2 驱油与封存协同技术、采出气 CO_2 捕集与循环利用技术、"三位一体" CO_2 封存安全监测技术和"CCUS+新能源"的规模化应用。该项目可节约水资源 78 万 t/年，减排 CO_2 25.5 万 t/年，相当于 10500 亩（1 亩 = 666.67m²）成年阔叶林每年减排的 CO_2 量。

4.5 水资源循环利用平衡

4.5.1 概念

水平衡，即水资源循环利用平衡，是指在矿山生产过程中，进水与出水、用水与排水之间保持的动态平衡状态。具体而言，矿山企业的总取水量需与其总用水量相匹配，这涵盖了供水量、循环再利用水量及新增水量的综合平衡。在日常运营及生态建设中，矿山需大量用水，包括矿区绿化、生态修复及植被灌溉等。这些水资源主要来自市政供水及可回收处理的污水，如矿井水（含疏干水）、生产废水、生活污水及收集的雨水。

通过科学规划与管理水资源，矿山企业不仅能确保水资源的稳定供应，有效避免水资源短缺问题，还能合理调配剩余水资源，选择适当的排放或储存方式，从而最大限度地降低对环境的影响，并减少企业的水处理成本。实现水平衡对于推动矿山企业的绿色可持续发展具有重要意义。

构建矿山企业的水资源循环利用平衡体系，需扎实开展水平衡测试工作，精准把握企业实际用水需求。在此基础上，实施分质用水策略，高效利用每一滴水，实现节水和降低运营成本的目标。通过这一系列举措，将"水"这一传统意义上的制约绿色矿山建设的关键因素，转化为推动矿业向绿色、可持续发展转型的重要驱动力。

4.5.2 相关概念及输入输出关系

1. 水平衡相关概念

水平衡的关键因素主要包括矿井水、生产废水、水质标准，以及非采暖季与采暖季用水等。

（1）矿井水

矿井水的水质特征受到地质构造、矿物组成和降水量等多种因素的影响，根据水质特征，矿井水可分为洁净矿井水、含悬浮物矿井水、高矿化度矿井水、酸性矿井水以及含特殊污染物矿井水。

（2）生产废水

生产废水主要来源于矿物加工工艺流程，包括以下几种：

1）碎矿过程中湿法除尘的排水，碎矿及筛分车间、输送带走廊和矿石转运站的地面冲洗水：这类水主要含有原矿粉末状的悬浮物，一般经沉淀后即可排放，沉淀物可进入选矿系统回收其中的有用矿物。

2）洗矿废水：此类水含有大量悬浮物，通常经沉淀后澄清回用于洗矿，沉淀物根据其成分进入选矿系统后排入尾矿系统；有时洗矿废水呈酸性并含有重金属离子，此时需进一步处理，其废水性质与矿山酸性废水相似，因而处理方法也相同。

3）冷却水：碎、磨矿设备冷却器的冷却水和真空泵排水，此类废水仅水温较高，可直接外排或直接回用于选矿。

4）石灰乳及药剂制备车间冲洗地面和设备的废水：此类废水主要含有石灰或选矿药剂，应首先考虑回用于石灰乳或药剂制备，或进入尾矿系统与尾矿水一并处理。

5）选矿废水：包括选矿厂排出的尾矿液、精矿浓密机溢流水、精矿脱水车间过滤机的滤液、主厂房冲洗地面和设备的废水，有时还有中矿浓密溢流水和选矿过程中脱药排水等，其有害成分基本相同，此外尾矿液还含有大量的悬浮物。

（3）水质标准

根据矿井水、生活污水处理后的用途，水质标准分为三类，即一类水、二类水和三类水。

一类水是最高水质标准，适用于国家级自然保护区、重要水源地和直接供人饮用的水源地。一类水要求水质清洁、无异味、无色、无有害物质和病原体，能直接供人饮用，并且适用于水产养殖和游泳等。

二类水是次高水质标准，适用于一般农田灌溉、工业用水、城市景观用水等。二类水要求水质清洁，能满足一定的农田、工业和城市用水需求，但不适宜直接供人饮用。

三类水是较低水质标准，适用于农业和工业生产、景观水体、渔业养殖等。三类水允许一定程度的水质污染，但不能对生态环境和人体健康造成重大危害。

（4）非采暖季与采暖季用水

非采暖季与采暖季相比气温较高、雨水较多，绿化种植、生态修复所需的水也较多，同时蒸发的水量和进入尾矿库的雨水也较多，因此两个季节的用水情况有所不同。

2. 水平衡输入输出关系

水平衡由输入端、输出端以及中间端组成。输入端表示矿山水的供应，即市政供水、矿井水、生产废水、生活污水、雨水等；输出端代表水的使用情况，即生产生活用水、绿化种植用水、生态修复用水、外供外排水、损失水等；中间端主要体现蓄水、雨污分流、水处理、监测过程。水平衡输入输出关系如图 4-14 所示。

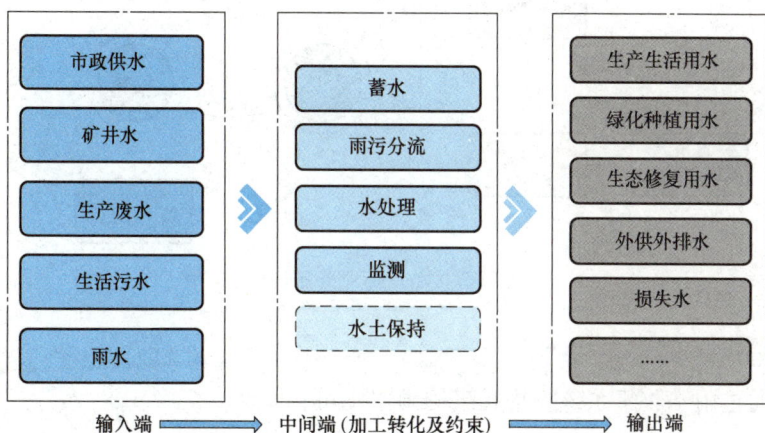

图 4-14　水平衡输入输出关系

4.5.3　关系模型

1. 水平衡业务流向图

根据矿山生产过程中各取水、生产生活用水、处理、监测环节，建立了水平衡业务流向图，如图 4-15 所示。

2. 水平衡计算公式

根据图 4-15，可建立水平衡的计算公式。

1）输入端总量公式如下：

$$T_1 = I_{供水} + I_{雨水} + I_{污水} + I_{矿井水} + I_{生产废水} \tag{4-23}$$

2）输出端总量公式如下：

$$T_2 = O_{生活} + O_{矿井生产} + O_{加工生产} + O_{绿化种植} + O_{生态修复} + O_{外供} + O_{外排} + O_{损失} \tag{4-24}$$

3）$T - T_2 = R$，可以得出

$$R = I_{供水} + I_{雨水} + I_{污水} + I_{矿井水} + I_{生产废水} - O_{生活} - O_{矿井生产} - O_{加工生产} - O_{绿化种植} - O_{生态修复} - O_{外供} - O_{外排} - O_{损失}$$

$$\tag{4-25}$$

式中　T_1——输入水总量；

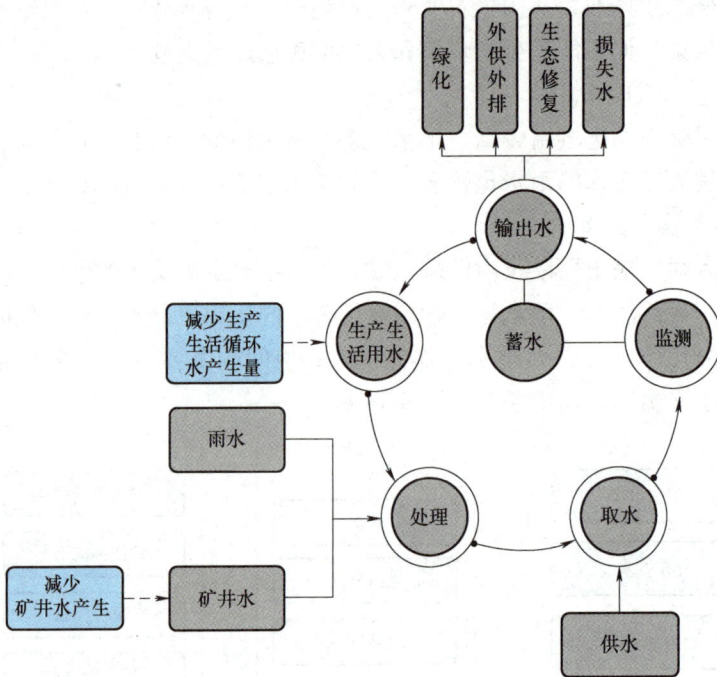

图 4-15　水平衡业务流向图

$I_{供水}$——市政供水；

$I_{雨水}$——通过雨水收集系统收集起来的雨水水量；

$I_{污水}$——矿区日常生活中排出的污水水量；

$I_{矿井水}$——流入露天矿坑和井下巷道中的各种水的水量；

$I_{生产废水}$——矿物加工过程中产生的废水（循环水除外）量；

T_2——输出水总量；

$O_{生活}$——矿区日常生活所需用的水量；

$O_{矿井生产}$——矿区在生产过程中所耗用的水量；

$O_{加工生产}$——矿物加工过程中所耗用的水量；

$O_{绿化种植}$——矿区绿地、种植区所需要用的水量；

$O_{生态修复}$——生态修复区所需要用的水量；

$O_{外供}$——提供给外单位的水量；

$O_{外排}$——排到环境中的水量；

$O_{损失}$——在用水过程中损失的水量；

R——蓄水量。

4.5.4　技术路径

研究水平衡的目的是在矿山企业生产过程中，动态调整供水与用水之间的关系，实现节约用水、减少排放、降低成本之间的动态平衡，提高企业效益，保护生态环境。

1. 水平衡图和水平衡表

水平衡图表示矿山企业的各类供水量、用水量和排水量综合平衡关系图。某矿山水平衡图如图 4-16 所示。

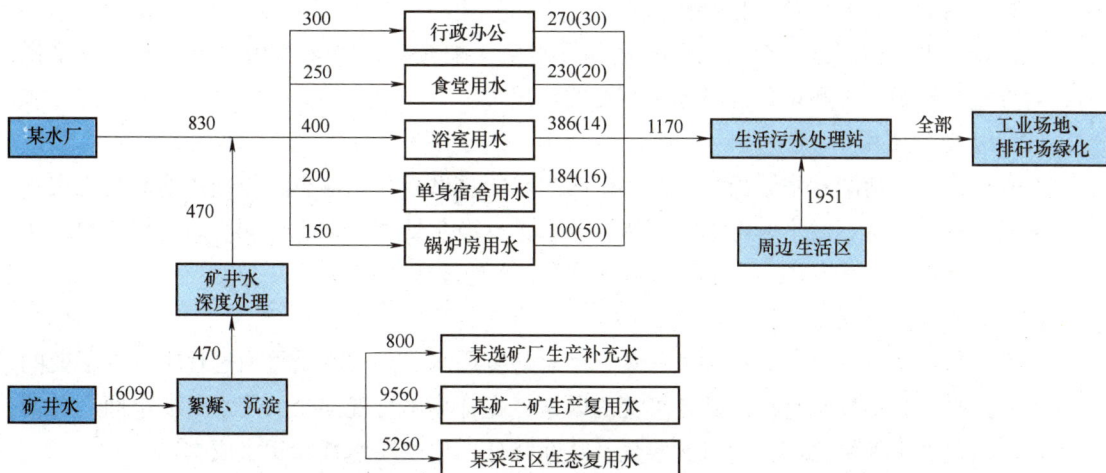

图 4-16 某矿山水平衡图（单位：t）

水平衡表是由矿山各环节所有取水和用水量组成的二维表。矿山企业应定期（每年、每半年、每季、每月）填写，并分析指标之间平衡关系，对标行业先进指标，找出差距，制定改进计划；也可以建立计算机软件系统，形成分析报告，为企业水平衡提供决策。水平衡表见表 4-5。

表 4-5 水平衡表

月份	1. 输入水/t						2. 蓄水/t
	小计	市政供水	矿井水	生活循环水	生产循环水	雨水	
10							
11							
12							

月份	3. 输出水/t							
	小计	生产用水	生活用水	绿化种植用水	生态修复用水	外供外排水	损失水	其他
10								
11								
12								

2. 水平衡优化措施

通过以下几种方式可调整水平衡关系，从而实现对矿井水、生产废水、雨水资源利用最大化，环境污染最小化。

（1）做好水平衡测试工作

通过水平衡测试能够全面了解矿山企业管网状况，各部位（单元）用水现状，画出水平衡图，依据测定的水量数据，找出水量平衡关系和合理用水程度，采取相应措施，挖掘用水潜力，达到加强用水管理、提高合理用水水平的目的。水平衡的测试工作还可找出单位用水管网和设施的泄漏点，并采取修复措施，解决跑、冒、滴、漏等问题，同时还可较准确地把用水指标层层分解下达到各用水单元，把计划用水纳入各级承包责任制或目标管理计划，定期考核，调动各方面的节水积极性。

通过企业水平衡测试，企业的取水量和排水量大幅减少，重复利用率得到很大幅度提高，对促进水资源保护和循环经济起到重要的作用。

（2）实现分质用水

绘制矿山水平衡图和水平衡表，明确矿区用水的总供应和总输出，根据用途制定三类水的需求量，对矿井水、污水、雨水按照水质要求进行净化处理，动态监测水质达标情况，实现"分质用水、一水多用"，实现保护环境和降低水处理成本的目的。

（3）由输出变化因素调整供给变化因素

生产用水、生活用水、绿化种植用水、生态修复用水、外供水是输出过程中基本不变的要素，而外排水和损失水是输出部分可变的因素。先计算出可变部分的用水可变空间，再调节雨水、市政供水等供给部分中可变水量，从而降低单位产品水耗和用水成本。

利用矿区地形修建蓄水坑，建设矿区蓄水工程，利用蓄水池汇集集水区的地表径流是水平衡的重要手段，由于通过蓄水工程收集的自然径流雨水只需沉淀即可，因此其不但成本低，还可重复利用；通过调节水资源平衡，把原来平衡关系中可变因素转变为固定因素，从而实现水资源的稳定平衡。

（4）采用节水技术减少水的使用量

广泛推广和使用节水新工艺、新技术、新设备，开展节水技术改革，提高工业用水的重复利用率，减少污水排放，具体包含以下几点：

1）生产工艺改进：改进生产工艺，使用封闭式生产系统，减少水的使用量，优化生产过程，减少或避免产生废水。

2）循环水利用：通过建设废水回收系统、循环冷却水系统等废水处理系统，将废水经过处理后再次用于生产过程中，减少对新鲜水的需求。

3）治理污染源：安装污染物收集器、油水分离器等设备控制和治理污染源，对废水进行预处理，减少废水中的污染物排放。

4）节约用水：通过优化生产过程中的水使用方式等提高用水效率，减少水的浪费和损耗，降低废水排放。

5）绿色技术应用：采用环保型技术和设备，使用低污染原材料，引入清洁生产技术，提高废水处理效果，减少废水排放。

（5）做好水土保持工作

在综合管理和优化矿区水土资源的过程中，不仅要高效利用水资源，还需采取一系列综合措施来保护和改良水土环境。这包括减少坡面径流量、降低径流速度，以增强土壤的吸水能力和坡面的抗冲刷能力；同时，通过抬高侵蚀基准面等手段，有效防止水土流失。这些策略的综合实施，旨在维护矿区生态系统的平衡，促进水土资源的可持续利用与发展。

（6）水的综合利用

为了更高效地利用水资源，需根据水的处理程度和净化级别，将其精准匹配到不同需求的场合，并且依据水的用途和质量标准，将其细分为不同等级或类别加以利用。在此过程中，强化对各类水质的监测工作显得尤为关键，这是确保水资源实现科学分级、合理分质利用的重要保障。通过持续的监测，能够准确掌握水质状况，及时调整利用策略，从而最大化地发挥每一滴水的价值，促进水资源的可持续管理和利用。

（7）提高经济效益

传统矿山在构建水平衡体系时，考量的因素较为有限。然而，在绿色矿山的建设中，虽然增加了可用水资源的总量，但必须对受损土地和生态系统进行全面治理与修复，这相应地加大了水资源的消耗。为应对这一挑战，需引入蓄水和节水技术，以有效抵消因绿色矿山建设所带来的额外用水量。不过，这一过程中增设的蓄水和节水设施，虽然对环境保护和资源高效利用至关重要，但也相应地增加了矿山企业的运营成本。因此，在推进绿色矿山建设的同时，需综合考虑经济效益与环保需求，寻求可持续发展的最佳路径。

4.5.5 矿井水综合利用案例

1. 案例一

国能神东煤炭乌兰木伦煤矿是国能神东煤炭集团所属的特大型现代化高产高效矿井之一，其矿井水日产生量约为 1.8 万 m^3。该矿山认真践行了集团提出的矿井水"三级处理、三类循环、三种利用"的废水处理与利用模式，积极开展水处理设施建设及提标改造，实施矿井水除氟治理、沉陷区灌溉等工程，实现矿井水 100% 达标处理及综合利用。

乌兰木伦煤矿水资源管理

矿山把矿井水（疏干水）作为生产、生活水源。矿井涌水经采空区净化后，部分用于生产，部分经净水车间处理后供厂区及周边居民生活杂用，剩余矿井水进入自建除氟系统处理达标后优先供入地方净水厂作为水源，进一步处理后供矿区周边企业及居民用水，富余的矿井水用于沉陷区生态灌溉、苗圃灌溉等。通过矿井水的分级利用，降低了矿井水的处理成本，提高了矿井水的利用效率和利用水平。

该集团提出的矿井水"三级处理、三类循环、三种利用"是指：

1）三级处理：沉淀过滤预处理系统、专项除氟处理系统、膜浓缩结晶处理系统。

2）三类循环：井下采空区净化利用循环、选煤厂煤泥水闭路循环、地面采空区生态利用循环。

3）三种利用：生产利用、生活利用、生态利用。

2. 案例二

陕西华电榆横煤电有限责任公司小纪汗煤矿位于榆林市榆阳区小纪汗镇井克梁村，是榆横矿区建成的第一个千万吨级矿井。煤炭资源地质储量为 27.64 亿 t，生产能力为 1200 万 t/年。

为了提高矿井水的综合利用率，降低对生态环境的影响，推动煤炭企业的绿色、低碳和可持续发展，陕西华电榆横煤电有限责任公司针对小纪汗煤矿含有高悬浮物、高硬度及高硫酸根的高矿化度矿井水进行了系统性的综合处理及利用，处理能力为 1900m³/h，主要采用矿井水预处理软化、膜系统浓缩减量和高盐浓水蒸发结晶三段处理工艺，主要包含高密度澄清池（药剂软化）+超滤（UF）+反渗透（RO）+浓水池+高密度澄清池（药剂软化）+变孔隙滤池+超滤（UF）+多介质过滤器+脱碳器+纳滤（NF）+碟管式反渗透（DTRO）+混凝沉淀+微滤（MF）+AOP 氧化+MVR 强制蒸发结晶工艺。处理后的矿井水优于《地表水环境质量标准》（GB 3838—2022）的Ⅲ类标准，供煤矿生产生活及下游各煤化工企业使用；高盐浓水经蒸发结晶全部转化为符合《工业无水硫酸钠》（GB/T 6009—2014）的Ⅱ类合格品工业硫酸钠产品盐，完全实现了矿井水的深度处理和零排放目标，有效解决了矿区周边及下游城市水污染的问题，改善了区域生态环境，达到了生态环保及非常规水资源综合利用的目的。

4.6 固体废弃物处置与资源化平衡

4.6.1 概念

固体废弃物平衡，即固体废弃物处置与资源化平衡，是指在遵循特定产业政策的前提下，依据堆放场地的实际条件，确保固体废弃物产生、综合利用及安全处置总量之间达到一种动态均衡状态。这一平衡不仅反映了资源开发过程中固体废弃物的产生与有效管理之间的协调关系，也深刻体现了资源开发利用与生态环境保护之间的和谐共生。通过系统性地优化固体废弃物的源头减量、过程管控及末端处理环节，在确保生态环境功能极限值不降低的基础上，能够显著提升企业的综合效益，促进矿业向更加绿色、可持续的方向发展。

在矿山开采及矿石洗选流程中，会产生诸如废石、尾矿、煤矸石等大量固体废弃物，这些废弃物具有分布广泛、产量巨大、成分复杂及难以即时利用等特点。若未能得到及时且妥善的处理，将引发一系列社会、经济及环境问题。具体来说，堆积如山的固体废弃物会大量占用土地资源，若管理不善，还可能随雨水及地下水流动而渗入土壤，甚至流入河流，对周边的生态环境造成严重影响。更为严重的是，部分含有放射性物质或具有挥发性的工业固体废弃物会对周边居民及工作人员的身体健康构成直接威胁。同时，含有可燃有机质的固体废弃物在自燃过程中会释放大量 CO_2、CO、H_2S 等有毒有害气体，严重污染大气环境，对人们的身体健康造成不可忽视的危害。

为了构建高效的固体废弃物平衡体系，必须从源头着手，严格控制并减少固体废弃物的产生。同时，应充分利用采空区作为废弃物处置的有效途径，并结合地域特色，实施有针对性的资源化利用策略，使固体废弃物的价值最大化。通过这一系列举措，不仅能有效减轻废弃物对环境的污染与破坏，还能显著节省土地资源。更为重要的是，这将原本制约绿色矿山建设的关键因素成功转化为推动矿业向绿色、可持续方向发展的强劲驱动力。

4.6.2 固体废弃物处置及输入输出关系

1. 固体废弃物的处置方法

消纳固体废弃物主要包括固体废弃物回填填充、固体废弃物资源化利用、固体废弃物的处置等。本节主要介绍固体废弃物的处置方法。对矿山或冶炼厂生产过程中产生的固体废弃物进行有效处置以减少对环境的污染，主要有以下几种方法：

（1）堆积法

将尾矿堆积在指定的区域内，通过堆积的方式将尾矿固化，并降低其对环境的影响。在堆积过程中，需要采取一些措施来防止尾矿的渗漏，如使用防渗材料进行封闭，或者在堆积区域周围设置排水系统，以便及时排除渗漏的尾矿水。

（2）浸出法

浸出法是指将尾矿浸泡在溶液中，通过化学反应将有害物质溶解出来，以达到处理的目的。浸出法常用于处理含有重金属、酸性物质等有害成分的尾矿。

（3）填埋法

填埋法是通过将尾矿掩埋在地下或者特定的填埋场中，以减少对环境的影响。在填埋过程中，需要采取措施来防止尾矿渗漏和扩散，通常会使用防渗膜来封闭填埋区域，以防止尾矿中有害物质渗入地下水。

2. 固体废弃物平衡输入输出关系

固体废弃物平衡系统由输入、中间处理及输出三大核心部分构成。输入端主要反映矿山固体废弃物的增量与存量；输出端详细展示了固体废弃物的处置与利用状况，包括对外排放量、综合回收利用量及堆放处置量等方式。在中间处理端，涵盖了固体废弃物的分类处理、资源化利用、安全堆放、高效转运、妥善存储、定期监测及规范移交等一系列技术流程。这些技术过程均需在严格遵守土地利用规划、水土保持要求及环境影响评价等法规约束下进行，以确保固体废弃物的科学管理与环境保护。固体废弃物平衡输入输出关系如图 4-17 所示。

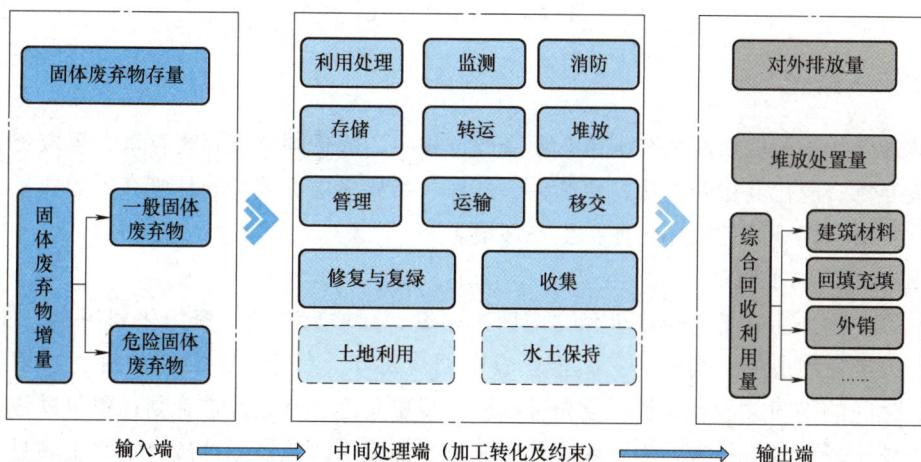

图 4-17　固体废弃物平衡输入输出关系

4.6.3　关系模型

1. 固体废弃物平衡业务流向图

根据矿山生产过程中固体废弃物产生、处理、利用之间的关系，建立了固体废弃物平衡业务流向图，如图 4-18 所示。

2. 固体废弃物平衡计算公式

根据图 4-18，可建立固体废弃物平衡的计算公式。

固体废弃物总量包含增量和存量两部分，公式如下：

$$T_1 = A + E \qquad (4\text{-}26)$$

式中　T_1——固体废弃物总量；

　　　A——固体废弃物增量；

　　　E——固体废弃物存量。

一般固体废弃物处置利用量主要包含回填充填量、资源化利用量、堆放量、外销量、外排量，可形成如下公式：

$$T_2 = F + U + P + S + C \qquad (4\text{-}27)$$

式中　T_2——固体废弃物处置、利用总量；

　　　F——固体废弃物回填充填量；

　　　U——固体废弃物资源化利用量；

　　　P——固体废弃物堆放量；

　　　S——固体废弃物外销量；

　　　C——固体废弃物外排量。

由 $T_1 = T_2$，可以得出

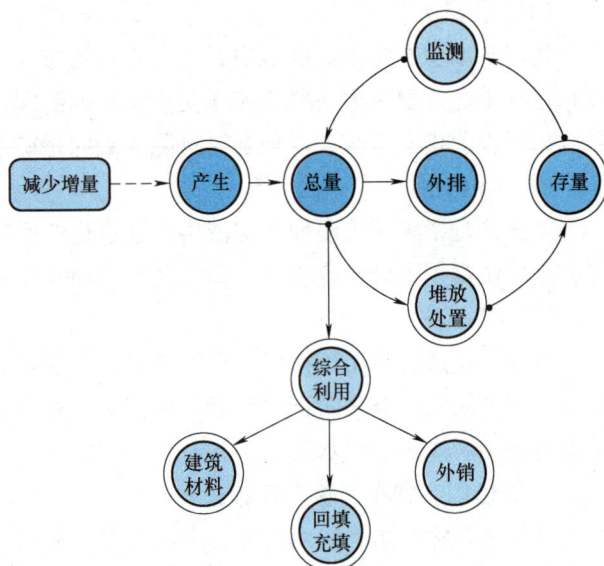

图 4-18　固体废弃物平衡业务流向图

$$A + E = F + U + P + S + C \qquad (4\text{-}28)$$

4.6.4　技术路径

固体废弃物平衡的目的是在矿山企业生产过程中，降低固体废弃物存量，采取资源绿色开发和废弃物资源化利用的方法，从源头、过程、结果多层次减少固体废弃物的数量，节约用地，减少对自然环境的破坏，保护生态环境。

1. 固体废弃物平衡表

固体废弃物平衡表是由固体废弃物增量、存量、回填充填量、资源化利用量、堆放量、外销量、外排量组成的二维表。矿山企业应定期（每年、每半年、每季、每月）填写，并分析指标之间的平衡关系，对标行业先进指标，找出差距，制定改进计划；也可以建立计算机软件系统，形成分析报告，为企业固体废弃物平衡提供决策。固体废弃物平衡表见表 4-6。

表 4-6　固体废弃物平衡表

月份	输入量/t			输出量/t					
	小计	增量	存量	小计	回填充填量	资源化利用量	堆放量	外销量	外排量
10									
11									
12									

2. 固体废弃物平衡优化措施

通过下面几种方式可以调整固体废弃物平衡关系，从而实现资源利用最大化，环境污染最小化。

（1）从源头上减少固体废弃物的产生

从源头上减少新增固体废弃物量，即减少固体废弃物增量 A，就必须控制开采贫化量，可以采取以下措施：

1）加强地质探矿工作，严格要求原始地质编录[⊖]和综合地质编录，针对采场矿体的赋存条件，采用合理的探矿网度[⊜]，提高矿山地质基础资料的精度，尤其要重视探采结合、二次圈矿[⊜]等工作，将地质工作与采矿工作紧密结合起来。探矿设计尽量考虑能为采矿所用，在矿体形态变化[⊗]大或矿体尖灭处[⊕]，探矿网度需要适当加密，同时加强矿体开采过程中的地质、取样工作。

2）采场单体设计是降低损失贫化的关键之一。收到地质资料后，采矿设计人员必须到现场核实，在设计过程中应进行多方案比较，综合各个方案的优点，实行优化设计，规定损失、贫化率指标。采场结构和回采工艺设计应有利于实现强采强出，避免顶板来压冒落造成矿石的损失贫化。设计必须按程序进行审批，在审批中严把设计的损失贫化关，设计经审批后，对施工单位进行详细的技术交底，然后投入施工。采矿技术人员需要根据地质条件和开采技术条件的变化，适时调整采矿方法和回采工艺。

3）严格的现场生产和技术跟踪管理是降低损失贫化最直接、有效的手段之一。首先，应加强采场采幅管理，地测技术人员按回采工作面及时进行地质编录，并根据编录结果用红漆划定矿体界线；采矿技术人员根据矿体厚度、岩石结构特征以及凿岩爆破方案划定允许采幅，做好记录，禁止超幅开采。定期对采场采幅进行验收，并进行损失、贫化计算。其次，对于小于采幅的薄矿体应坚持矿岩分采、分出、分运策略，同时应加强毛石管理。最后，不断优化改善凿岩爆破参数，避免超挖欠挖，避免矿石的过度破碎，以降低二次损失贫化。对回采完毕的采场验收应做到采场内不得有遗留的矿石。

4）合理配矿，积极利用贫矿。将品位不同的矿石按照一定的比例进行搭配、混匀，可以确保入选矿石的质量指标均衡稳定，低品位矿石得到应用从而减少了资源的浪费，降低了对高品位矿石的过度依赖。通过合理配矿，不但满足了选矿厂的生产需求，提高了矿产资源的综合利用率，也为矿业的可持续发展奠定了基础。

5）加强采场地压管理，对于局部顶板围岩欠稳固地段，可采用锚杆护顶和简易光面爆破等措施。重视采场地压管理落实情况，对顶板维护以及损失贫化率的控制会有

⊖ 原始地质编录是指地质人员到现场对各种探、采矿工程所揭露的矿体及各种地质现象进行仔细观察，并用图表和文字将矿体特征和各种地质现象如实素描和记录下来的整套工作。

⊜ 探矿网度（也称为勘探网度或勘探工程密度）是指勘探工程沿矿体走向［矿体层面与水平面交线（走向线）的延伸方向］和倾斜方向（矿体向深部延伸的方向）的距离间隔，通常以米为单位来表示。这一指标对地质勘探工作的速度、质量及勘探成本均有重大影响，是评估矿物品质和选择开采方式的重要依据。

⊜ 二次圈矿是在矿山开采前对矿体进行初次圈定的基础上，随着采矿活动的进行和地质资料的积累，对矿体边界、夹石等进行更精确的重新圈定。

⊗ 矿体形态变化是指矿体在地质空间中其形状、产状、规模和分布等特征发生的改变。

⊕ 矿体尖灭处是指矿体在地质空间展布上逐渐变薄直至消失的位置。

积极作用。

（2）重视固体废弃物的综合利用

调整资源化利用量 U、固体废弃物回填充填量 F、固体废弃物外销量 S，即提高回填充填、资源化利用或外销水平，是解决固体废弃物存量的重点方向，加强对矿山固体废弃物的资源化综合利用是发挥资源最大效能的关键。

（3）及时修复固体废弃物压占场地

固体废弃物的储存场环境治理与修复技术是保护环境、维护生态平衡的重要环节。及时治理和修复固体废弃物储存场所不但保护了环境，而且对及时恢复土地生态功能也非常重要。

（4）规范管理固体废弃物的堆放场所

按照国家标准规定建设固体废弃物堆放场所并进行管理，加强固体废弃物堆放场所的动态监测工作，严禁随处乱排乱堆，确保固体废弃物对周边环境不造成破坏。

（5）提高经济效益

企业重视对固体废弃物的分类工作，识别出可回收、可再利用或可转化的成分，选用自动化分拣系统提高分类效率，并将固体废弃物转化为有价值的材料或能源，提高经济效益。

4.6.5　煤矸石资源化利用案例

国能神东煤炭集团大柳塔煤矿地处陕西省神木市大柳塔镇乌兰木伦河畔，由大柳塔井和活鸡兔井组成，核定产能为 3300 万 t/年，是国能神东煤炭集团所属的特大型现代化高产高效矿井之一，是世界上最大的井工煤矿，先后荣获中华环境奖、中国最美矿山、国家级绿色矿山试点单位、陕西省省级环境友好企业等多项荣誉。

大柳塔煤矿在开采过程中，积极探索煤矸石资源综合利用方式，实现源头减量化与末端资源化。一是应用无轨胶轮车和无岩巷布置技术，在提升生产效率的同时，减少煤矸石的产生，避免过多压占土地资源。二是建设 100 万 t/年矸石膏体充填系统，减轻采空区上覆岩层的沉降，实现煤矸石无害化处置与采空区地质灾害防治。三是通过烧结空心砖、制备工程砂的方式进行资源化利用，生产的绿色建材可用于井下密闭墙砌筑、路面铺设，有效地节约了黏土资源和天然石材，实现物尽其用。

4.7　土地损毁与复垦平衡

4.7.1　概念

土地损毁与复垦平衡又称为土地平衡，是指在矿产资源开发利用的全过程中，针对因开采活动而遭受破坏的矿区废弃地[⊖]，采取及时且有效的环境治理与土地复垦措施，以确保土

⊖　矿区废弃地又称为工矿废弃地，是指矿业开采过程中形成的挖损区、塌陷区、压占区和加工作业区，以及受开采废弃物污染而需要修复治理的场地。

地损毁与复垦之间达到一种动态的平衡状态。这一平衡不仅涉及土地的物理恢复，还注重其生态功能的重建，旨在通过一系列科学的管理与实践活动，促进受损土地的循环利用，实现矿产开发与生态环境保护的双赢局面。

　　土地作为绿色矿山建设的载体，其开发利用与资源开采、经济发展紧密相连，但这一过程往往伴随着土地的占用与破坏。为了及时恢复受损土地的生态服务功能，维护土地的持续承载能力，并将土地这一原本制约绿色矿山建设的核心因素转化为推动其发展的积极力量，必须确立并实施土地平衡机制，确保高质量的土地复垦工作得到及时有效的开展。

4.7.2　相关概念及输入输出关系

　　（1）土地的主要功能

　　1）承载的功能：土地由于其物理特性，因而成为人类进行一切生活和生产活动的场所和空间。

　　2）养育（生产）的功能：该功能充分体现于第一性生产力$^{\ominus}$和第二性生产力$^{\ominus}$之中，为人类生存提供必需的农畜产品。

　　3）仓储（资源）的功能：土地蕴藏着丰富的金、银、铜、铁等矿产资源，石油、煤、水力、天然气等能源资源，沙、石、土等建材资源，为人类从事生产、发展经济提供了必不可少的物质条件。

　　4）提供景观的功能：景观是地面上生态系统的镶嵌，是自然和文化生态系统的载体。

　　5）储蓄和增值（再生产）的功能：土地作为资产，随着人们对土地需要的不断扩大，其价格呈上升趋势，因此，投资土地，能获得储蓄和增值的功效。

　　（2）土地平衡输入输出关系

　　土地平衡系统由输入端、中间处理实施端及输出端三大关键环节组成。输入端包括新增破坏的土地面积与既有的破坏土地存量；输出端展现了经过一系列工程措施与约束管理后的场地状态，具体分为已达到修复标准的场地、尚未达到修复标准的场地，以及尚未开展修复工作的场地。在中间处理实施端，核心活动涵盖地质环境的综合治理、土地复垦工程的实施，同时这些工程需严格遵循水土保持方案与监测评估的约束要求，以确保土地资源的有效恢复与可持续利用。土地平衡输入输出关系如图 4-19 所示。

4.7.3　关系模型

1. 土地平衡业务流向图

　　根据矿山生产过程中固体废弃物产生、处理、利用之间的关系，建立了土地平衡业务流向图，如图 4-20 所示。

　　$\ominus$　第一性生产力：也称为第一性生产量，是绿色植物在单位面积和单位时间内通过光合作用所固定的能量或生产的有机物质的数量。

　　$\ominus$　第二性生产力：消费者将食物中的化学能转化为自身组织中的化学能的过程称为次级生产过程。在此过程中，消费者转化能量合成有机物质的能力为次级生产力，即第二性生产力。

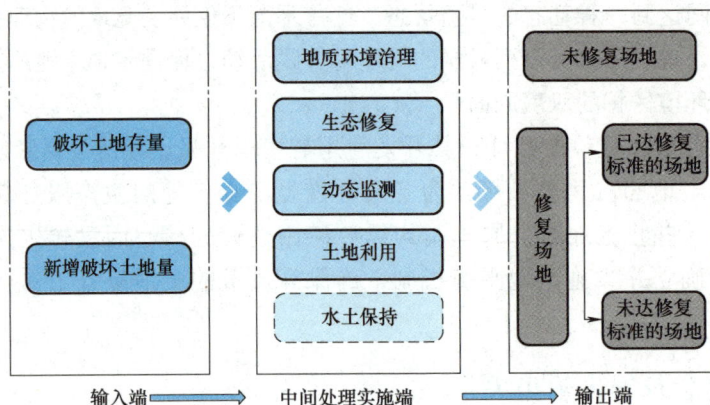

图 4-19　土地平衡输入输出关系

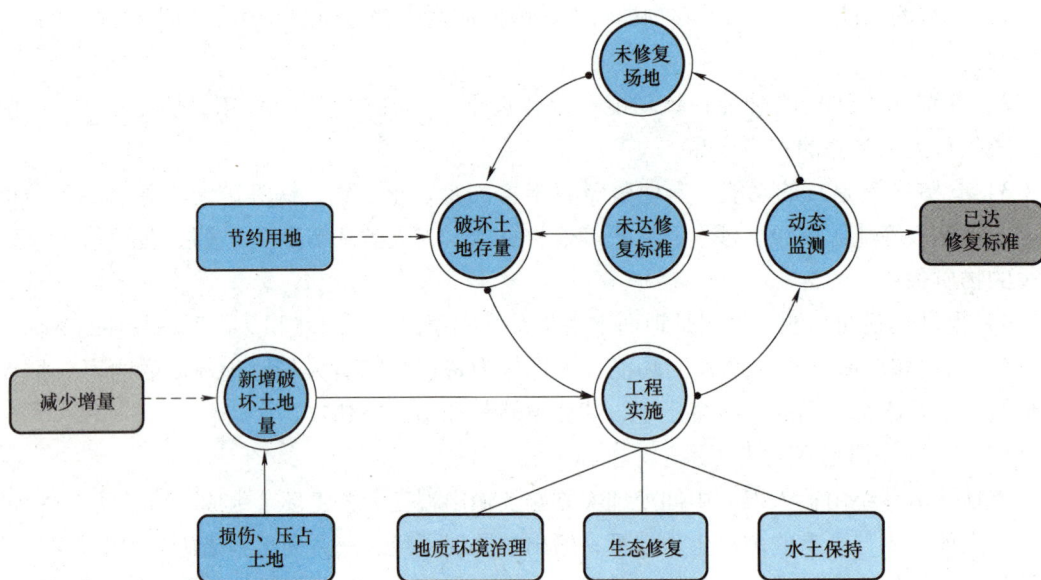

图 4-20　土地平衡业务流向图

2. 土地平衡计算公式

根据图 4-20，可建立土地平衡的计算公式：

$$N+S=F+U+P \qquad (4-29)$$

式中　N——新增破坏土地量；

S——破坏土地存量；

F——已达修复标准的场地总量；

U——未修复场地总量；

P——未达修复标准的场地总量。

4.7.4　技术路径

研究土地平衡的目的是在资源开发过程中，及时恢复损毁的土地，减少对土地的污染和生态的破坏，保证土地的消纳能力[⊖]。

1. 土地平衡表

土地平衡表由新增破坏土地量、破坏土地存量、已达修复标准总量、未修复土地总量、未达修复标准总量组成。矿山企业应定期分析平衡关系，对标行业先进指标，进行改进；也可以建立计算机软件系统，形成分析报告，为企业资源开发利用提供决策。土地平衡表见表 4-7。

表 4-7　土地平衡表

月份	输入量/hm²			输出量/hm²			
	小计	破坏存量	新增破坏	小计	已达修复标准	未修复	未达修复标准
10							
11							
12							

2. 土地平衡优化措施

（1）减少破坏土地总量

为减少破坏土地总量，可以从减少新增破坏土地量和及时消纳破坏土地存量两个方面采取措施：

1）采取多种有效的手段减少新增破坏土地量 N。可以通过采取充填开采、不用或少用炸药的采矿法等，减少对周边环境的损害；制定详细的开采计划，充分考虑采矿过程中地下水的污染情况、山体的稳定性变化和采矿后的土地复垦等问题，减少在采矿过程中地表和地下环境受到的影响；在采矿过程中采用无害化处理等环保技术减少对矿山周边环境造成的污染；加强监测，及时洞察地压变化，减少地质灾害的发生。

2）及时消纳破坏土地存量 S。按照《矿山地质环境保护与土地复垦方案编制指南》的要求和地质环境治理计划，对已破坏的土地进行及时复垦。

3）及时开展地质环境治理与土地复垦。

（2）减少对生态环境的破坏

在破坏土地总量不变的情况下，可以采用以下几个措施减少对生态环境的破坏：

1）根据土地复垦原则和复垦后土地性质的相关要求开展地质环境治理和土地复垦工作。

2）开采前和开采中应根据矿区土地利用状况、工业建设和区域生态环境状况，采用踏勘、采样测试相结合的综合方法进行详细的土地状况调查，确定土地损毁类型和数量，查明损毁土地的质量特征。充分分析治理场地污染、破坏、退化的原因，制定防止污染、破坏、退化的措施方案，因地制宜地进行生态环境保护与土地恢复治理。

3）就复垦区土壤修复与改良而言，可以采用微生物接种技术[⊖]，提高土地生产力；必

⊖　土地的消纳能力是指土地对污染物的吸收、转化、降解和固定能力。
⊖　微生物接种技术是一种利用活体微生物来改变或影响其宿主环境以达到某种特定目的的方法。它是基于微生物的生长繁殖特性，通过无菌操作将微生物接种到适宜其生长的培养基上，使其能够大量繁殖并形成可见的菌落或菌苔。这一过程需要严格的无菌条件，以防止其他微生物的污染。

要时也可引入一些有益的土壤动物，帮助分解枯枝落叶层，改良土壤结构，增加土壤肥力。

4）研究土地复垦工程难点，充分利用土地复垦费用，做好年度土地复垦计划，及时实施复垦工程，减少未达标的工程量。

5）做好地质环境保护与土地复垦的预警、监测以及水土保持工作。

（3）土地利用优化

土地利用优化是指通过调整各类型用地的数量比例，达到合理利用土地的目的。土地利用优化包括对土地资源进行合理规划和有效利用，通过提高土地资源利用效率和提升生态环境友好程度，实现各种资源利用的协调与平衡以及土地资源的更高效和合理配置。矿山的土地复垦需要根据土地利用方向，因地制宜地开展修复工作，实现修复效果与投入比最大化。

（4）节约集约利用土地

加强土地利用规划，合理调整用地结构，优化建（构）筑物布局和设计，减小运输距离，减少土地总体的使用面积，实现土地利用的效率和效益最大化。

（5）加强对土地生态功能监测

对生态系统内部各要素及其相互关系、生态系统结构和功能在时间和空间上的变化进行持续、系统的监视与探测，及时了解生态系统的健康状况，预测生态变化趋势，评估生态修复效果。

1）实时掌握生态系统的基本状况，包括生物多样性、物种组成、群落结构、生态系统服务。

2）分析生态系统的变化趋势，预测未来可能发生的生态问题。

3）评估修复措施的效果，及时调整修复方案，确保生态修复目标的实现。

（6）提高经济效益

土地平衡是资源开发和环境保护平衡体系的重要因素，须对其复垦后的类型进行缜密规划，寻求经济效益的最大化，并积极推进土地交易，获得最大的利益，如直接出售、长期租赁、商业与住宅开发、旅游开发、获得耕地占补平衡[⊖]指标、寻求政府的补贴与政策支持、开发碳汇林等。

4.7.5　土地利用案例

1. 案例一

山西煤炭进出口集团河曲旧县露天煤业有限公司开采的矿山是一个整合后的矿山，为避免办公区和工业广场压占煤炭资源，造成资源浪费，该公司实施提前开采矿区永久场地策略。首先开采原整合的范家梁煤矿工业广场区域压占资源约 10 万 t 煤炭，然后在此基础上建设新的工业场区，减少 5.4hm² 土地资源浪费，实现了煤炭资源高效利用和土地最大价值利用。

在新的工业场区内，实施了 185 余亩景观绿化项目，并采用乔灌

**旧县露天煤业矿山
土地利用项目**

⊖　耕地占补平衡是一项耕地保护制度，此制度要求占用耕地从事建设活动的单位或组织，通过自行开垦或缴纳耕地开垦费的方式获得数量、质量相当的耕地，以补偿所占用的耕地资源。

混种模式，有效恢复了场区周边 245 余亩坡面，使整个厂区绿化率提升至 95%。矿山对矿界区域进行了全面土地复垦工作，已完成 5852.8 亩废弃地的土地复垦任务且已验收，并已顺利移交当地村民进行耕种。

2. 案例二

江西亚东水泥有限公司瑞昌制造厂下张水泥用灰岩矿为山坡露天矿，其东北侧为村民集镇，矿山建设初期向外扩征 300m 作为爆破安全距离，同时作为建设机械制作安装的工业场地。矿山建成后，该工业场地被弃用，现场遗留下的建筑垃圾堆积如山，四周则杂草丛生，不仅影响矿区环境，更对有限的土地资源造成极大浪费。

为改善矿区环境，提高土地资源利用，2017 年该公司对废弃的工业场地进行了绿色矿山建设规划并进行了以下改造：

1）对原废弃的机械制作场地进行复垦，改造为生态农业园，种植无公害蔬菜瓜果，提供给公司伙食团使用，为员工提供放心食品。

2）对机修厂、矿山办公室周边的旧工业场地建设矿山公园，为职工和周边群众提供了休闲场地，提高了员工工作的幸福感，也提升了与周边居民的关系。

4.8　经济效益与生态效益协调

建设绿色矿山的目的是实现经济效益与生态效益的协调统一，获得较高的综合收益。

4.8.1　综合收益的基本要素

成本、能耗、资源量/储量，以及废弃物资源化[⊖]而形成的循环经济产品是绿色矿山建设中综合收益的基本要素。

1. 成本

企业成本是指企业为了达到特定经济目的所应支付或承担的代价，这些代价可以以货币或其他形式来衡量。它涵盖了企业在生产、经营、销售等各个环节中所发生的各种费用支出，如材料成本、人工成本、设备折旧[⊖]、管理费用、销售费用等。

绿色矿山的建设以及新技术的引入，虽然会在初期显著增加企业进行资源开发的固定成本[⊜]，如投资于先进的采选技术与设备、实施智能化与自动化系统的升级改造、建设污水处理和废气处理设施、增设固体废弃物处理系统、开展土地复垦与绿化工作、加强水土保持措施及进行持续的环境监测等。然而，从长远视角来看，这些投入通过促进工艺与技术的全面

⊖ 废弃物资源化是指通过科学技术手段将废弃物转化为具有价值的产品或能源的过程。

⊖ 设备折旧是指固定资本按磨损程度进行价值补偿的一种方式。机器设备、厂房等固定资产在物质形态上可以长期使用，其价值按照磨损程度逐渐转移到新产品中，并从销售收入中及时提取并积累起来，以备将来更新和恢复固定资本。

⊜ 固定成本是指总成本中不取决于当前的产出水平，无论厂商是否进行生产都必须支付的成本。它包括管理人员的薪金费用、厂商自身投资的利息、机器设备的折旧费用、维修保养费用、保险费用及其他一些契约性的支付等。固定成本分为总固定成本和平均固定成本。固定成本是就短期而言的，从长期看，不存在固定成本与可变成本之分。

优化，能够显著降低生产过程中的可变成本[⊖]。对于砂石等低附加值大宗矿产品的开发与生产运营而言，这种成本结构的优化尤为重要，它不仅提升了资源利用效率，还增强了企业的市场竞争力与可持续发展能力。

2. 能耗

能耗，即能源消耗量，是指规定的耗能体系在一段时间内实际消耗的各种能源实物量，它反映了在特定时间内某种体系或设备所消耗的能源总量。

在绿色矿山建设中，能耗管理是一个重要环节，直接关系到矿山的环保性能和经济效益。绿色矿山建设可以通过采用高效节能设备、优化生产流程、加强能源管理、推广清洁能源等措施降低能耗，减少对环境的压力，提高资源的利用效率，从而实现可持续发展。

3. 资源量/储量

资源量/储量是矿山企业的核心要素，是矿山生产的基础，没有充足的资源量/储量，矿山就无法进行持续的生产运营，因此它对于矿山的生产运营和可持续发展具有重要意义。

在绿色矿山建设中，需要加强对矿产资源的勘探与保护。通过科学的勘探方法和技术手段，可以准确地掌握矿产资源的分布和储量情况，为合理开发和利用资源提供依据。同时，还需要加强对矿产资源的保护，防止过度开采和破坏。

绿色矿山强调资源的节约与高效利用。通过采用先进的开采技术和设备，可以提高资源的回收率和利用率，减少资源浪费。

4. 循环经济产品

通过回收、处理、再加工等途径，将原本被视为废弃物的物质转化为具有再利用价值的资源或产品，该资源或产品称为循环经济产品，矿山的循环经济产品主要有固体废弃物综合利用的产品、废水（污水）处理后水资源及修复的废弃土地。

循环经济产品的开发不仅具有减少污染、节约资源、提高资源利用率、减少资源消耗的意义，还可以创造经济价值，增加就业机会，促进技术创新和产业发展。

4.8.2 边际成本与边际效应

1. 机会成本

机会成本（Opportunity Cost）是指企业为从事某项经营活动而放弃另一项可能带来收益的经营活动的机会，或利用有限资源选择一种用途时所放弃的其他可能用途中的最佳收益，反映了在资源有限条件下，做出选择时所放弃的最佳替代机会的价值。假定一个矿山的流动资源可用于生产性投入和生态治理投入，那么生产性投入的机会成本就是选择生产性投入所放弃的生态治理可能带来的收益，而生态治理投入的机会成本则是选择生态治理所放弃的生产性投入可能取得的经济收益。

生产可能性曲线（Production Possibility Curve，PPC）是一个模型，用于显示在两种商品或投资之间分配资源所涉及的权衡。它表示在一定资源和技术条件下，一个经济体所能生

⊖ 可变成本是指总成本中随着当前的产出水平变化而变化的那部分成本。它包括了生产工人的工资费用、原材料和动力的支出等，分为总可变成本、平均可变成本和边际可变成本。可变成本对于厂商在短期内决定是否继续生产有着十分重要的意义：当厂商的平均收益低于平均可变成本时，厂商必须停止营业。

产的两种商品（投资）的最大可能数量组合。生产可能性曲线通常是一条向右下方倾斜的曲线，斜率为负，意味着在资源总量既定的条件下，增加一种产品的产量就必然导致另一种产品的产量减少。曲线的形状（凹向原点或凸向原点）反映了边际转换率（即为了增加一单位某种产品而必须放弃的另一种产品的数量）的变化情况。

生产可能性曲线上的每一点都代表一种商品生产的机会成本，不同点代表了不同的生产组合和相应的机会成本；生产可能性曲线外的点代表在现有的资源和技术条件下无法实现的生产组合；生产可能性曲线内的点代表在现有的资源和技术条件下可以实现，但尚未达到最大生产效率的生产组合。图 4-21 表示生态保护与生产运营的资源分配生产可能性曲线。

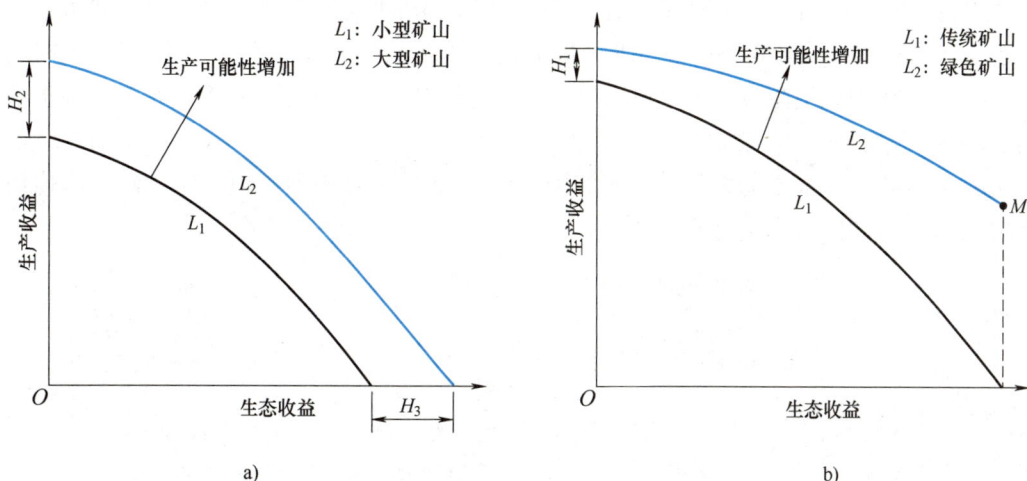

图 4-21　生态保护与生产运营的资源分配生产可能性曲线

a）大型、小型矿山的生产可能性曲线　b）传统矿山与绿色矿山的生产可能性曲线

H_1—绿色矿山生产运行优于传统矿山所带来的生产收益增量　H_2—大型矿山与小型矿山的生产收益变化量

H_3—大型矿山与小型矿山的生态收益变化量　M—生态收益最优时，绿色矿山生态收益和生产收益增量总和

图 4-21 所呈现的曲线向原点凹进。这一特征揭示了一个深刻的经济与生态互动关系，反映了经济增长与环境保护之间的权衡，即为了追求更高的经济效益，在增加某一生产要素投入的同时，必须做出牺牲，减少对生态环境要素的投入。该曲线还体现了生态环境要素在生产过程中的不可替代性和所投入的边际效益变化。随着生产要素的持续增加，为了维持或提升经济效益，所需牺牲的生态环境要素数量逐渐增多，这反映出生态环境要素对生产的贡献相对减少，即其边际效益递减。这种变化提示我们，在追求经济增长的同时，必须更加审慎地考虑生态环境要素的利用，寻求更加可持续的发展路径。

图 4-21a 所示为大型、小型矿山的生产可能性曲线。相较于小型矿山，大型矿山的生产可能性边界更为宽广，投资能力显著增强，这使得大型矿山在生产要素和环境保护要素方面都能投入更多资源，对于推动绿色矿山建设具有举足轻重的作用。这正是大型矿山在绿色矿山建设方面相较于小型矿山能取得更高成就的关键因素。

图 4-21b 所示为传统矿山与绿色矿山的生产可能性曲线。相较于传统矿山，绿色矿山的生产可能性边界虽有所拓宽，但其生产要素和生态环境要素总投入量并未显著增长。不过，

通过仅在生态环境要素上做出微量增加投资，这些矿山就能够收获颇为可观的生态效益。这种做法不仅促进了生态环境可持续性，还巧妙地节省了资金，使之能被重新分配到绿色矿山的生产要素投入上。最终，这一策略在宏观层面上极大地提高了投资的整体回报率，这也是绿色矿山与一般矿山（即传统矿山）的根本区别。

2. 成本收益

边际成本（Marginal Cost，MC）是经济学和金融学中的一个核心概念，它指的是因每增加一单位产品生产（或投资）而导致的总成本的增加量。在矿山生产活动中，边际成本可以理解为为了获取一个额外单位的产品，在生产运营与生态环境保护方面所需承担的额外成本。这包括了因增产这一单位产品而直接增加的原材料费用、劳动力成本及其他相关资源的使用费用。

边际收益（Marginal Revenue，MR）是指企业销售额外一单位产品所带来的额外收入。在矿山生产活动中，边际收益可以更广泛地理解为每多生产一个单位产品所带来的经济效益和生态效益等综合收益的增加。

边际收益与边际成本的关系如图 4-22 所示。大型矿山与小型矿山、绿色矿山与传统矿山在边际收益、边际成本上有所区别。

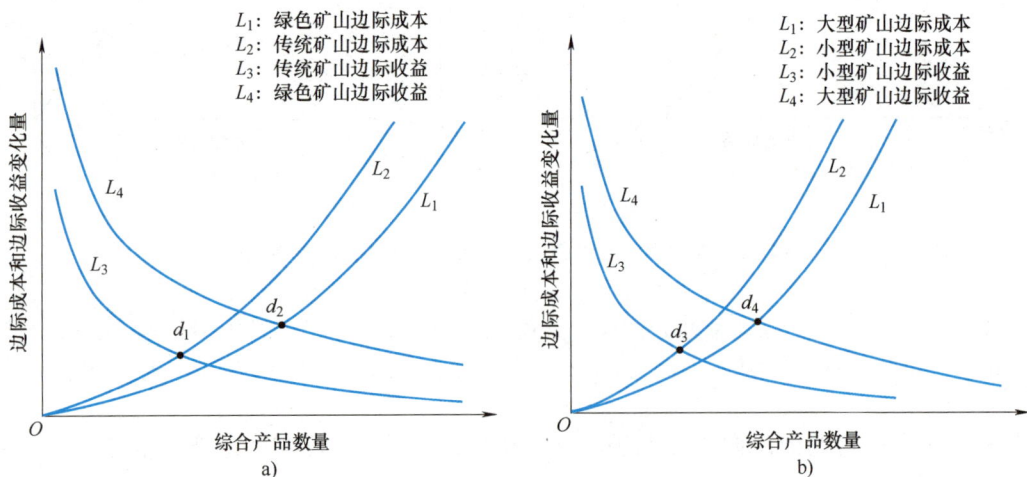

图 4-22　边际收益与边际成本的关系

a）绿色矿山与传统矿山边际收益、边际成本的关系　b）大型矿山与小型矿山边际收益、边际成本的关系
d_1—传统矿山利润最大值点　d_2—绿色矿山利润最大值点　d_3—小型矿山利润最大值点　d_4—大型矿山利润最大值点

图 4-22a 所示为绿色矿山与传统矿山边际收益、边际成本的关系。与传统矿山相比，绿色矿山在同等的投资能力下，由于在生产工艺过程、废弃物排放、生态环境治理等方面都达到了更高的环保标准，因此能够实现更低的单位产品成本（包括更低的原材料消耗、能源使用效率和环境治理成本等）和更高的单位产品综合收益（包括更高的市场价格、品牌溢价或政府补贴等）。在同等条件下，绿色矿山的利润最大值点[⊖]会相对靠右，这主要是因为

　⊖　利润最大值点是指边际成本与边际收益相交的点。

其长期的运行成本较低，特别是在生态环境治理和维护方面的成本较低，从而赋予了它更强的市场竞争能力。

图 4-22b 所示为大型矿山与小型矿山边际收益、边际成本的关系。大型矿山与小型矿山相比，由于设备更加先进、资本更为充足，具有更大的投入能力，通常能够实现更低的单位产品成本和更高的单位产品综合收益。在同等条件下，大型矿山的利润最大值点会相对靠右，这意味着它们能够在更高的产量水平上仍然保持盈利，从而展现出更强的盈利能力。这种优势不仅来源于规模经济带来的成本降低，还因为大型矿山往往有能力更好地整合资源、优化生产流程，并在市场上获得更有利的竞争地位。

3. 资源开发过程中的边际收益

在资源开发过程中，为了提升和改善生态环境质量，必须持续不断地在生态环境设施、设备及工程等方面进行投入。这些为增加一单位生态环境质量或实施额外保护措施所额外增加的成本，可以被视为边际成本。边际成本包含环保材料的采购、处理费用的支出、设备的购置与维护等直接成本，以及环保技术研发、培训人员、因停工或生产调整所带来的经济损失、环保税的缴纳，甚至可能包括环境污染潜在健康影响的相关费用等间接成本。而边际收益则是因生态环境质量改善或保护措施实施而带来的额外经济、社会或环境效益。边际收益除了可以直接用货币衡量的部分，如增加的林木资源价值、因环境改善而提高的矿产资源开采效率等，更多的是无形的、潜移默化中的改变，如空气质量的改善、水源质量的提升、人们舒适感的增强以及生态系统服务功能的增强等。

在生态环境投入中，实现边际成本与边际收益的平衡是至关重要的。这有助于确保环境保护活动的经济可行性，并促进生态环境的可持续发展，如图 4-22 所示：

1）当边际收益>边际成本时，增大对生态环境的投入是经济上合理的决策，因为这将实现净收益的增加。

2）当边际成本=边际收益时，企业实现利润最大化，企业的资源配置达到了最优状态，符合帕累托最优原则。当然，在这一点并不一定代表生态环境效益也达到最大，还需综合考量生态效益与经济效益的平衡。

3）当边际成本>边际收益时，企业应慎重考虑是否继续增加投入，以避免资源浪费或成本攀升。此时，有必要重新审视并调整环境保护与治理的策略和思路，细致分析存在的薄弱环节，并重新规划资金的有效投放方向。

4.8.3　系统间平衡对综合效益的影响

绿色矿山建设的投入应当遵循边际效益与边际成本的均衡原则，对项目及工程的目标与实施规模进行审慎评估与科学决策。在这一过程中，必须全面、综合地考量企业成本、能源消耗、资源或储量增长及循环经济产品的开发等多重因素，以精准定位利润最大值点，并准确把握综合边际收益的变化趋势。

在绿色矿山建设的复杂体系中，资源平衡、能源平衡、碳平衡、水平衡、固体废弃物平衡等资源开发与生态环境平衡，以及经济效益与生态效益的协调平衡，共同编织了一张紧密相连、相互制约、相互促进的协同网络，如图 4-23 所示。这张网络的核心纽带由多个关键要素构成，包括企业成本、能源消耗、资源或储量增长及循环经济产品的开发。

从经济效益与生态效益和谐共生的角度出发，我们可以深入剖析这些要素之间的相互作用。以选矿回收率为例，当其提升时，虽然能够带来更多的矿产资源回收，但也会引发一系列连锁反应。能源消耗量会随之增加，因为更高的回收率往往需要更多的能源投入；同时，碳排放量也会相应上升，对环境造成额外压力。此外，磨矿细度的提高意味着需要更多的水资源来维持矿浆的稳定性和流动性，以确保矿物颗粒的充分分散，这进一步推高了用水量。而固体废弃物资源化产品的利用方向也可能因此磨矿细度的增加而受到限制。这些变化增加了企业的生产成本，但也可能带来经济效益的提升。

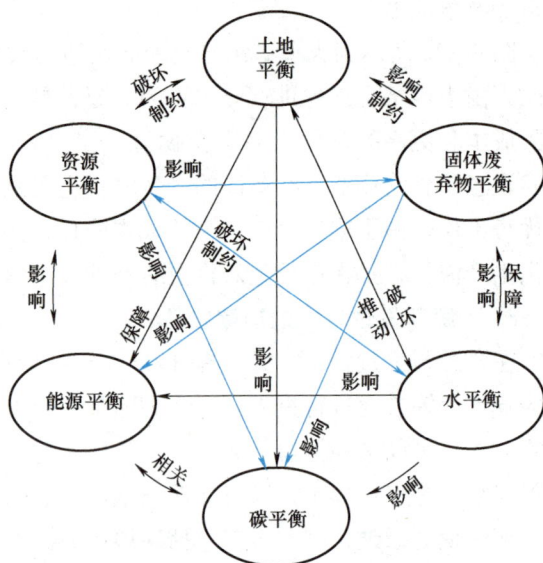

图 4-23　六个平衡的协调网络

图 4-24 揭示了六个平衡（资源平衡、能源平衡、碳平衡、水平衡、固体废弃物平衡、土地平衡）与矿山建设基本要素的关系。它表明，任一生产要素的微小变动，都会波及这六大平衡，进而对资源开发与生态环境之间的和谐共生状态构成挑战。因此，在推进绿色矿山建设中，我们必须秉持全局视角，细致权衡各要素与平衡间的相互作用，努力探寻既能促进经济增长又能守护绿水青山的最佳平衡点，以期实现经济效益与生态效益的和谐共赢。

总之，绿色矿山建设的复杂系统要求我们在追求经济效益的同时，必须充分考虑生态效益，通过优化各个生产要素和六个平衡之间的关系，构建一张既高效又可持续的协同网络。

（1）资源平衡对其他因素的影响

实现资源平衡可能会影响能源平衡、碳平衡、固体废弃物平衡、土地平衡的平衡水平。在确保生态环境标准不妥协的前提下，提高资源的"三率"及增加矿山资源量/储量等工作需细致评估给企业带来的固定成本的增加和可变成本的变化、能耗波动及废弃物产生总量等关键指标的变动，确保变化在可控范围内。

（2）能源平衡、碳平衡对其他因素的影响

实现能源平衡、碳平衡可能会影响资源平衡、土地平衡、水平衡的平衡水平。在不牺牲生态环境标准的前提下，降低能耗、推广清洁能源等需精心权衡生产成本变动的可接受性，确保在经济效益与环保目标之间找到最佳平衡点。

（3）水平衡对其他因素的影响

实现水平衡可能会影响能源平衡、碳平衡、资源平衡、固体废弃物平衡、土地平衡的平衡水平。在确保生态环境标准不降低的前提下，扩展水的资源化产品种类需全面考量成本与能耗等关键因素的变动是否处于可接受的范围内，以实现水资源循环高效利用与环境保护的双赢局面。

图 4-24 六个平衡与矿山建设基本要素的关系

（4）固体废弃物平衡对其他因素的影响

实现固体废弃物平衡可能会影响资源平衡、能源平衡、水平衡、土地平衡的平衡水平。在不降低生态环境标准的前提下，增加固体废弃物资源化产品的种类需深入评估成本、能耗、碳排放、土地占用等核心要素的变动情况，确保这些变化保持在经济可行且环境可承受的范围内，以推动固体废弃物的高效循环利用。

（5）土地平衡对其他因素的影响

实现土地平衡可能会影响资源平衡、能源平衡、碳平衡、水平衡、固体废弃物平衡的平衡水平。在确保生态环境标准不降低的基础上，提高土地复垦的质量水平需综合考量成本、能耗，以及资源/储量等因素的变动，确保这些变化处于经济合理且环境可持续的接受范围内，以实现土地资源的高效与可持续利用。

思 考 题

一、简答题

1. 资源量和储量的关系是什么？

2. 什么是碳达峰、碳中和？

3. 碳平衡是哪些因素之间的平衡？

4. 水平衡优化有哪些原则？

二、论述题

1. 论述环境污染与净化的关系。

2. 论述生态系统破坏与生态系统自修复的关系。

3. 如何优化能源平衡表？

4. 资源与环境平衡体系包含哪些内容？

绿色矿山建设规划以绿色矿山建设协调体系中核心工作为基础，通过优化工程计划，聚焦关键任务，明确工作目标，并确定规划任务的基本原则、具体要求和核心内容。该规划旨在推动绿色矿山资源与环境平衡体系向降低成本、提升环境质量、实现可持续发展方向不断演进。本章所阐述的规划任务，是矿山企业在基本建设阶段、升级改造阶段、矿山关闭前必须全面考虑并重点完成的关键工作，为矿山企业的绿色发展提供系统性指导和实践路径。

5.1 概述

5.1.1 企业战略规划与绿色矿山建设规划

企业战略规划是指依据企业外部环境和自身条件的状况及其变化来制定和实施战略，并根据对实施过程与结果的评价和反馈来调整、制定新战略的过程。企业战略规划是企业实现长期发展的重要保障，它有助于企业明确方向，提高资源配置效率，应对市场变化，激发员工积极性，以及促进企业成长。

绿色矿山建设规划是明确绿色矿山功能定位的顶层设计，在资源开发的早期将绿色理念融入绿色矿山建设中，是指导绿色矿山建设工程的重要依据，是未来整体性、长期性、基本性问题的思考和考量，是比较全面长远的绿色矿山建设计划。

企业战略规划和绿色矿山建设规划共同点如下：

（1）明确企业发展目标

绿色矿山建设规划是企业战略规划的重要组成部分。不论企业战略目标还是绿色矿山建设目标都会使企业愿景明确化，使企业使命、核心价值观和企业文化得到进一步阐释。

（2）建立企业统一行动纲领和指南

规划是一种从上而下的思维，是根据战略目标来阶段性规划某段时间内的任务，是企业统一思想的理论基础，企业要用发展规划来指导各项计划，尤其是年度各部门经营计划的节点安排和综合平衡。

（3）企业发展的关键

制定明确的规划是企业高质量发展、矿山绿色低碳发展的关键，规划的编制不仅要靠严密细致的理性方法，而且要依靠经验、想象、直觉等非理性的方法。

（4）规划必须是可执行的

企业战略规划和绿色矿山建设规划都需要明确的发展方向和资源配置策略，都必须根据企业自身的实际条件和外部环境来确定发展方向和配置资源，并根据实施过程与结果的评价和反馈来调整。

企业战略规划和绿色矿山建设规划有如下区别：

（1）对象不同

企业战略规划的对象是对企业发展全过程的管理，是对企业整体的全方位管理；绿色矿山建设规划是对绿色矿山建设全过程的管理，是对绿色矿山全生命周期的管理。

（2）目标不同

企业战略规划的目标是企业各项活动所要达到的总体效果。企业战略规划的目标按时间可分为当前目标（1年以内）、短期目标（1~3年）、中期目标（3~5年）、长期目标（5年以上）；按整体与局部可分为整体目标、部门目标；按职能可分为营销目标、销售目标、财务目标、生产目标、人力资源目标、研发目标等；按管理层级由低到高可分为基层作业目标、中层职能目标、高层战略目标。绿色矿山的目标则是实现在资源开发过程中最大限度地与环境协调统一，具体来说就是在资源开发的全生命周期内追求职工生活生产环境舒适、资源开发可持续、地质生态环境近自然恢复、污染物排放可控。

绿色矿山建设规划以系统性优化资源集约利用为核心导向，通过强化矿区节能降耗技术应用、构建碳减排与污染物协同治理体系、实施矿山全生命周期生态修复工程，全面提升资源开发效率与环境效益。在此基础上，结合矿区自然禀赋推动生态产业化发展，实现土地功能⊖再生与产业绿色转型的深度融合，形成"资源开发—生态保护—产业增值"的可持续发展闭环。

5.1.2 绿色矿山建设规划的原则

1）依法依规，规范管理。绿色矿山建设规划必须严格遵守国家法律法规和政策要求，确保矿山的开采活动合法合规。同时，加强矿山企业的规范管理，确保矿山开采活动有序进行。

2）坚持资源开发与环境保护动态平衡的原则，系统提升废水、固体废弃物、损毁的土地、废气设施等环境因素的资源属性的正影响，降低污染的负影响。

3）生态优先，绿色发展。在矿山建设规划过程中，应优先考虑生态保护和资源节约，坚持绿色发展理念，统筹山水林田湖草系统治理，推进矿山生态修复和复绿行动，实现矿业发展与生态环境保护的和谐共生。

4）可持续发展原则。绿色矿山建设规划应坚持可持续发展原则，确保矿山的开采活动

⊖ 土地功能是指土地满足人类生产、生活等方面需求时所体现的功能，包括生产功能、生活功能和生态功能。生产功能是指土地作为劳作对象而产出各种产品和服务的功能，是土地三大功能的核心；生活功能是指土地成为人类一切生产、生活活动的场所，如提供风景旅游科学研究和教育场所；生态功能是指土地系统维持人类生存的自然条件及其效用，包括水源涵养、气候调节、生物多样性维持等。

在满足当前需求的同时，不损害未来世代的发展权益。这要求矿山在规划过程中充分考虑资源的长期利用和生态系统的稳定性。

5）源头管控，协调发展。绿色矿山建设规划应强调源头管控，通过科学合理的规划布局，实现资源勘查开发利用与生态环境保护、矿业发展与地方经济发展的协调。

6）科技创新，转型升级。绿色矿山建设规划应积极推动科技创新和转型升级，引入先进的采矿技术、环保技术和管理理念，提高矿山的开采效率和资源利用率，降低环境污染和生态破坏。

7）社区和谐，共建共享。绿色矿山建设规划应注重与周边社区的和谐关系建设，通过加强沟通、合作和共建共享，实现矿山开采与社区发展的良性互动。这有助于增强矿山的社会责任感和公信力，提升矿山的整体形象。

5.1.3　绿色矿山建设规划的主要内容

绿色矿山建设规划是绿色矿山功能定位的顶层设计，是矿山开展绿色矿山建设的行动纲领，是顺利开展绿色矿山建设的重要保证，是指导和规范绿色矿山建设工程的重要依据。

根据绿色矿山建设规划的目标，绿色矿山建设规划包含矿区总体布局规划、资源开发规划、环境保护规划、生态修复规划、矿区生态产业规划、矿山关闭规划等方面的内容。本章绿色矿山建设规划的主要内容如图 5-1 所示。

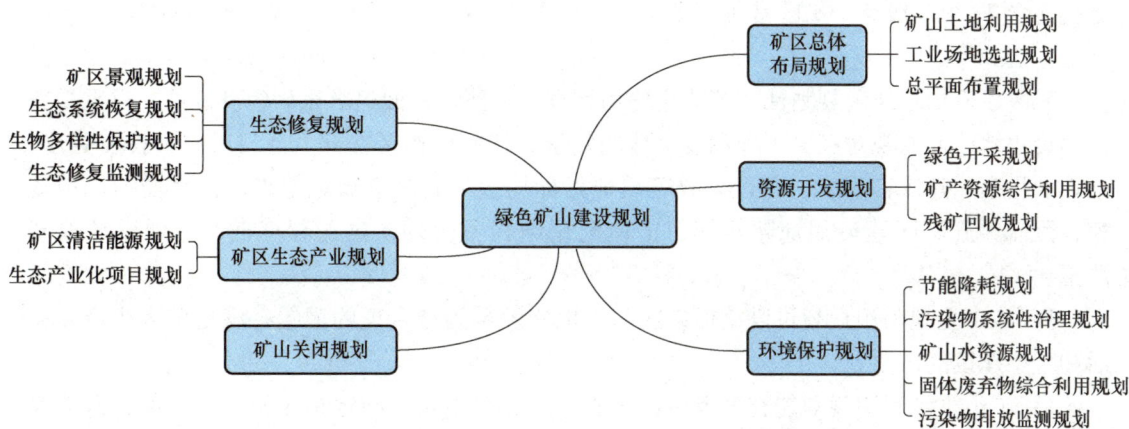

图 5-1　绿色矿山建设规划的主要内容

1）矿区总体布局规划：主要包括工业场地选址规划、总平面布置规划、矿山土地利用规划。

2）资源开发规划：主要包括绿色开采规划、矿产资源综合利用规划、残矿回收规划。

3）环境保护规划：主要包括节能降耗规划、污染物系统性治理规划、矿山水资源规划、固体废弃物综合利用规划、污染物排放监测规划。

4）生态修复规划：主要包括矿区景观规划、生态系统恢复规划、生物多样性保护规划、生态修复监测规划。

5）矿区生态产业规划：主要包括矿区清洁能源规划、生态产业化项目规划等。

6）矿山关闭规划：主要介绍即将关闭的矿山需要开展的工作和任务。

绿色矿山建设规划报告一般包含矿山现状，绿色矿山建设规划目标，绿色矿山建设远期，近期任务，重点工程，经费预算，保障措施等方面的内容。

5.2 矿区总体布局规划

矿区总体布局规划可以确定矿区合理的开发规模和开采方式，优化矿区的空间布局，充分考虑环境保护和生态修复，实现矿产资源的可持续利用，确保矿山生产的顺利进行，降低生产成本，提高经济效益，实现矿业发展与环境保护的和谐共生，推动矿业的绿色可持续发展；有助于加强与周边社区的联系，促进矿区与社区的协调发展，为矿区的社会稳定和可持续发展提供保障。矿区总体布局规划主要包括矿山土地利用规划、工业场地选址规划和总平面布置规划方面的内容。

5.2.1 矿山土地利用规划

土地利用是指人类通过一定的活动，利用土地的属性来满足自己需要的过程。土地利用类型分为耕地、园地、林地、草地、商服用地、工矿仓储用地、住宅用地、公共管理与公共服务用地、特殊用地、交通运输用地、水域及水利设施用地、其他用地共12个一级类，一级类包含72个二级类。矿区常用一级类土地有林地、耕地、草地、工矿仓储用地等。

1. 意义

矿区建设用地缺乏规划性，节约集约用地意识淡薄，片面追求采矿经济效益，只重视新增建设用地，而忽视对存量土地和废弃地的复垦，还有些矿区在开发建设时，其投资强度、土地利用率、建筑容积率、建设系数等用地指标均达不到国家规定要求，盲目增加用地规模，因而导致矿区建设用地超规模，土地利用结构不合理，集约程度低，土地资源浪费严重。

1）矿山土地利用规划可以确保矿区的土地资源得到最合理的配置，满足矿区生产、生活和生态建设的需要。

2）矿山土地利用规划能充分考虑矿区的生态环境现状，制定相应的保护措施，避免对生态环境造成破坏。

3）矿山土地利用规划可以优化土地利用结构，提高土地利用效率，可以降低生产成本，提高经济效益；合理安排矿区与居民区的距离，减少采矿活动对居民生活的影响。

4）特别是矿业废弃地，作为一类特殊工业用地，分布范围广、修复难度大、地质条件复杂、投入资金高，专门针对土地利用模式进行规划对于节约用地非常必要。

2. 原则

1）将节约集约用地思想贯穿矿区土地利用规划中，坚持布局合理、用地节约、布局优化的原则。

2）调查、评价、规划后再开发利用土地。在矿区土地利用前，需进行详细调查和评估，确保符合法律法规、标准和政策要求，充分了解土地特点及潜在问题，制定合理的利用规划并提交环境影响评价⊖报告，评估矿山开采对环境的影响，做出相应的环境保护措施和监测方案，并取得合法使用权。

3）将循环经济的理念运用到矿区土地的节约集约利用上，能强化土地的循环利用，提高土地资源的利用效率，以较少的资源消耗和最低限度的环境破坏来促进经济增长，并以最小的成本获得最大的经济效益和生态效益。

4）开发利用与合理保护相结合。在满足资源开发需求的同时，采取措施减少破坏，维护生态环境平衡。及时治理破坏的土地，恢复矿山生态平衡，实现土地再利用。

3. 要求

1）需要考虑不同阶段的发展需求、短期和长期的需求，在规划中预留足够的土地空间，以便根据发展情况进行调整，既满足矿产开发的需要，又能保障未来的城市建设、农田利用等需求，以确保资源的可持续开发和区域的可持续利用。

2）规划应以资源的合理开发和利用为出发点，优先保护和利用矿产资源，提高资源利用效率并减少浪费。深入了解矿区的资源分布、储量和开采条件，确保规划方案能够最大化地利用这些资源。

3）规划要充分考虑当地经济和社会的可持续发展需求，合理规划土地利用结构，推动矿业与其他产业的协调发展。综合考虑矿区的社会经济状况、人口分布、产业结构等因素，确保规划方案能够促进当地经济的持续增长和社会的和谐稳定。

4）规划应遵循生态优先、环境友好的理念，采取合理的环保措施，保护植被、水体和野生动物等生态系统的平衡和稳定。在规划过程中，需要对矿区的生态环境进行全面评估，预测和避免可能的生态破坏，并制定相应的生态修复和保护措施。

5）根据当地周围环境情况、土地的区域性和差异性、矿山及周边固体废弃物安全处置等具体条件确定其利用方向，因地制宜地进行土地复垦规划。

6）根据矿区生产功能，规划土地利用分区，集中进行矿产资源开采活动，合理规划开采区域，设立生态缓冲区，保护矿区周边生态环境，利用矿区废弃地和复垦土地，发展农业种植，依托矿区资源优势，发展相关产业，形成产业集群，促进地方经济发展，合理规划矿区居民区和公共服务设施，改善居民生活条件，提高矿区整体形象。

7）合理规划矿山的开发空间，充分利用有限的土地资源，减少地表占地，提高土地利用率。注重土地的多功能利用，还应考虑利用矿区的地貌、水域等资源进行农业、养殖等多种经营活动，提高土地的综合利用效益。此外，还可以引入旅游业、生态农业等新的产业形态，拓宽矿山土地的利用空间。

8）工业场地布置方面简化并规整建筑物外形，确保建筑物间距合理、建筑物布置紧凑；对厂房进行合理合并，并将合并厂房集中起来进行布置，提高总平面设计紧凑性；将厂房竖直多层布置，提高纵向空间利用率；合理选择连续运输、无轨运输方式等节地的运输方式，减小矿井场地用地面积；在有效改善和保护场地内生态环境的基础上控制好场地绿化率等。

⊖　环境影响评价是指对规划和建设项目实施后可能造成的环境影响进行分析、预测和评估，提出预防或者减轻不良环境影响的对策和措施，并进行跟踪监测的方法与制度。

9）要科学合理地布局绿化用地，确保绿化用地与建设用地、工业用地等相互协调，在保证生态环境质量的前提下，减少不必要的绿化面积，提高土地利用效率，避免浪费。

10）通过土地利用动态遥感监测技术进行监测、诊断、预测、规划、预警，能提高各项数据的准确度和真实性，及时发现和制止闲置、浪费土地的现象。

4. 内容

矿山土地利用规划的内容主要包括以下几个方面：

（1）法律法规的遵守

矿业用地管理应遵循《中华人民共和国土地管理法》《中华人民共和国矿产资源法》等相关法律法规的规定，确保矿业用地的合法性和合规性。

（2）矿业用地的分类和管理

矿业用地主要包括探矿用地、采矿用地及附属设施等用地。

（3）土地利用总体规划⊖与矿业开发的衔接

对大型矿山、重点矿山矿业用地要与区域国土空间规划充分衔接，列入国土空间规划建设用地范围，发挥国土空间规划的统筹作用，保障矿产资源开发用地的需求，缩短采矿取得土地的周期。

（4）土地复垦与生态修复

在编制生态修复规划时，应充分考虑历史遗留废弃矿山土地利用现状和开发潜力、土壤环境质量状况、水资源平衡状况、地质环境安全和生态保护修复适宜性等要素，并结合生态功能修复和后续资源开发利用、产业发展等用地需求。

（5）生态环境保护

在矿山开发过程中，必须注重生态环境保护，防止因粗放开发带来的生态环境破坏。

5.2.2 工业场地选址规划

1. 目标

矿区工业场地选址规划需要综合考虑地形地貌、交通运输条件、外部建设条件、水文地质条件等多种因素，旨在确保工业场地的建设符合政策要求、优化资源配置、保护环境、提高土地利用效率和综合效益，为矿区的可持续发展提供有力保障。

2. 重要性

矿区工业场地选址的重要性体现在多个方面，它既是矿区生产布局的基础，又关系到矿区土地节约集约利用、环境保护、经济效益的问题。

（1）工业场地选址是矿区生产布局的基础

合理的选址能够确保矿区生产生活活动的顺利进行，降低物料运输成本，提高生产效率。同时，合适的场地位置还能充分利用地形、地质等自然条件，优化生产流程，提高资源利用效率。

（2）工业场地选址对土地利用和环境保护具有重要影响

在选址过程中，需要综合考虑土地资源的利用效率和环境保护要求，选择既满足生产需

⊖ 土地利用总体规划是指对一定区域范围的土地资源的开发、利用、治理、保护所做的总体安排和综合部署。

求又符合环保标准的场地。这有助于实现土地资源的节约利用，减少对环境的破坏，推动矿区的绿色可持续发展。

（3）工业场地选址还关系到矿区的经济效益和社会效益

合理的选址能够降低投资成本，提高投资效益，为矿区创造更多的经济效益。同时，选址时需要考虑对周边社区的影响，确保工业场地的建设与运行不会给当地居民带来负面影响，实现矿区与周边社区的和谐共生。

3. 原则

（1）环境保护优先

工业场地的选址应充分考虑环境保护因素，避免对生态环境造成不可逆的损害。选址时应远离自然保护区、水源地等敏感区域，减小对环境的负面影响。

（2）资源利用最大化

工业场地的选址应有利于矿产资源的最大化利用。考虑到矿产资源的分布、储量和开采条件，选择能够高效、经济地获取资源的地点。

（3）社会影响考虑

工业场地的选址应充分考虑对周边社区的影响，包括噪声、粉尘、废气等污染物的排放对居民生活的影响。同时，应关注与当地社区的关系协调，促进企业与社区的和谐发展。注意环境保护，以人为本，减小对生态和环境的影响。

（4）统筹规划生产布局

应充分考虑地质条件、资源储量、开采技术等因素，使工业场地能够满足矿山的开采需要和生产布局的要求。

4. 要求

（1）多方案分析比选

通过对比地理位置、资源条件、环境影响、社会稳定等多个因素，对多个拟选厂址调查研究，进行科学分析和比选，最终确定最适合的厂址地理位置。

（2）地质条件稳定

在选址时，应尽量选择地势平坦、地质条件稳定的区域，考虑当地的气候和地理条件，预防地震、洪水等自然灾害风险发生的不利影响。

（3）地理位置

选址应位于交通便利的地方，以便原材料和成品的运输，节省运输费用。同时，还要考虑当地的地理条件，如地震、洪水等自然灾害发生的风险。

（4）必须有足够的场地面积

矿山总平面布置必须有足够的场地面积，以满足各项生产活动的需要。场地面积的大小应根据矿山的生产规模、工艺流程、设备配置等因素来确定。

（5）节约用地

厂址应优先考虑利用山坡地、荒地、贫瘠地，少占或不占农田和耕地，选址时应充分考虑地形、地势，避开高填深挖地带；厂址应选择规整的成片用地，避免选用三角形、不规则地块或不连续地块，以满足工程设施的布置，提高土地利用率。充分利用地形高差，实现生产物料的重力自流，缩短上下游工序厂房之间物料的转运输送距离，减小厂房布置间距。

（6）基础设施

工业项目的选址需要考虑当地的基础设施，如电力、水、通信等因素。这些设施的供应和价格都会影响项目的成本和可行性。

（7）地形地貌适应性

工业场地的选址应适应地形地貌特点，充分利用地形优势，减少土石方工程量。对于需要特殊地形条件的工业设施，如尾矿库等，应在符合要求的地点选址。

5. 内容

选址规划的主要内容是通过对气候情况调查、地形地貌、水文地质条件、资源分布评估、交通与运输、环境保护与生态修复、基础设施与配套设施、土地利用与空间布局情况、安全与风险评估等分析，最终确定厂址。

5.2.3 总平面布置规划

矿区总平面布置规划是指根据矿山生产规模、矿石加工运输要求、地形地质条件等因素，合理地在地面布置各种建筑物，形成一个有机整体的过程。这些建筑物和构筑物种类繁多，功能各异，主要包括生产用构筑物、生产辅助用建筑、动力用建筑、运输用建（构）筑物、储藏用建筑、卫生技术设备用构筑物，以及矿山生活、行政、教育用建筑物等。矿区总平面布置规划直接影响矿区生产安全环境保护和企业效益等方面。

1. 目标

矿区总平面布置规划的目标是在各种建筑物和构筑物的布局上做到经济合理、节约投资、少占土地，以达到建筑上的协调统一、规划上的紧凑完整和交通运输上的经济合理，实现矿区的科学、合理和高效利用，确保生产活动的顺利进行，同时注重环境保护、安全卫生和经济效益，为矿区的可持续发展提供有力保障。

2. 原则

（1）符合城乡规划要求的原则

矿区总平面布置规划必须满足当地城乡规划的要求。

（2）与周边区域环境相协调的原则

矿区总平面布置规划应与周边区域环境协调一致，包括颜色、形状（田字形、圆形、水湾状等）、高度等方面，使这个区域更加美观，不突兀，不破坏整体感观。

（3）近期与远期发展相结合

矿区总平面布置中必须充分考虑近期建设和远期发展的关系，在满足生产运行要求的同时，预留好发展用地。近期建设应满足当前生产需要进行的各项建设活动，而远期发展则是考虑矿山未来的发展方向和规模。在进行总平面布置规划时，应确保近期建设能够顺利进行，也要为远期发展留下足够的空间。

（4）经济性和节约投资

矿区总平面布置应尽可能经济合理，节约投资，在选址和布局时，要充分考虑地形地质条件、外部交通运输条件等因素，以降低建设成本。同时，通过合理的布局和规划，可以减少土地占用、降低运输成本、提高资源利用效率。

（5）环境保护和可持续发展

在矿区总平面布置规划中，应考虑环境保护和可持续发展的要求。通过合理规划和布局，可以减少对环境的影响，降低废水、废气、废渣等的排放。同时，应考虑资源的循环利用和节能减排等因素，推动矿山的绿色发展。

（6）安全和防火原则

矿区总平面布置规划应遵循安全第一的原则，确保矿井、矿山设施以及周边建筑物的防灾安全要求得到满足。特别是易燃易爆的仓库、润滑油库等，应与其他建筑物保持一定的安全距离。同时，对于有噪声干扰的厂房，也应考虑适当的隔声和防护措施。

3. 要求

1）矿区的总平面布置要充分利用地形、地势、工程地质及水文地质条件，布置建（构）筑物和有关设施，还要结合当地气象条件，使建筑物具有良好的朝向、采光和自然通风条件。

2）厂区内建筑物、构筑物的外形宜规整。矿区总平面布置还应考虑美观性，通过合理的布局，创造出宜人的工作环境和生活空间，提高职工的生活质量和满意度。

3）工业场地布局合理。矿区地面总布置宜集中紧凑，矿区场地、风井和选厂等场地宜联合布置；相同类型和性质的工程设施集中靠近布置，如全厂的仓库或大宗物料堆场等集中布置在仓储区，变电所与冷冻站合并为一个车间，或直接将它们融合到生产厂房内，减少厂房数量，缩短物料运输和管线距离，以便使用，减小安全间距，节省用地面积。

4）厂房布置尽可能满足生产特点的要求。厂房的布局应有利于生产工艺流程的顺畅进行，优化工艺流程和设备的布置方式，减小占地面积，缩短物料运输距离和减少转运次数，提高生产效率。厂房的规划应充分考虑设备的安装、运行和维护要求，确保设备能够正常、安全地运行。

5）所有工业场地、矿区内外交通要合理。各功能分区应根据出入各地的人流、物流路线合理设置场地出入口，划分主次道路、支路与人行道，控制道路宽度和数量，使运输车辆在特定区域通行，避免穿行整个厂区。矿区的道路系统应满足物流运输量、汽车通行频率、消防安全和应急救援等需求，还应与周边地区的交通网络相衔接，方便人员和物资的进出。在总平面布置中还应预留足够的停车场地和装卸货区，以满足生产过程中的运输需求。

6）地上地下工程管线根据相关技术规范确定水平和垂直方向上的安全间距，在防止相互干扰的前提下集中布置，考虑设置管廊或管沟，垂直方向布置，减少水平方向占地，规划好起点和终点，减少迂回。

4. 内容

矿区总平面布置规划的主要任务包括编写近期和远期发展计划，绘制绿色矿山规划图，进行功能分区规划、道路与交通规划、管线与设施布局、环保与安全规划、绿化与景观规划等方面内容。

5.3 资源开发规划

5.3.1 绿色开采规划

1. 目标

绿色开采规划的总体目标是实现矿产资源利用集约化、开采方式科学化、生产工艺环保化、企业管理规范化、矿山环境生态化，确保矿业经济与生态环境的和谐共生。绿色开采规划的意义在于减少采矿对生态环境的破坏，保护自然环境和生态系统，并能够最大限度地利用矿产资源，提高矿石的开采率，减少水资源的浪费，实现资源的可持续利用。

2. 原则

（1）生态优先原则

将生态保护放在首位，尊重自然规律，当矿产资源开发超出环境的承载能力或供给能力，出现与环境保护不可调和的冲突时，应当优先保护生态环境，降低资源开发强度。

（2）资源综合利用原则

合理规划矿产资源的开采和利用，积极开展共伴生资源的综合勘查、综合评价、综合开发，加强资源循环利用，推行清洁生产。

（3）环境保护与恢复原则

在规划过程中，应充分考虑矿区的生态承载能力，采取必要的环保措施，防止开采活动对环境的破坏。同时，加强对采矿区域的生态修复，恢复植被和生物多样性，确保矿山的生态环境得到保护和恢复。

（4）安全生产原则

规划应确保职工和周边居民的生命安全不受威胁，严格按照相关安全生产规定进行矿山建设。通过加强安全教育和培训，提高矿工的安全意识和技能水平，确保矿山生产的安全稳定。

3. 内容

绿色开采规划方案主要包括矿区边界的划定、矿山开采区域的划分、绿色开采技术选择、绿色工艺技术选择、运输方式选择、配套设施完善情况、开采对环境影响评估、环境保护与恢复措施选择等方面内容。

5.3.2 矿产资源综合利用规划

1. 目标

矿产资源综合利用规划的主要目标是减少矿产资源的浪费，降低对环境的破坏程度，提高资源利用效率；推动矿产资源产业向高端、智能化转型，提升产业竞争力；加强技术创新和科研推广，提高资源利用技术水平；将传统的线性经济模式转变为循环经济模式，实现资源的高效利用和循环利用。

2. 要求

（1）综合找矿

在普查找矿过程中不能只找一种矿种而对有关的其他矿种或元素置之不顾，避免各工业部门对口单线找矿。

（2）综合评价

对矿床内的主要元素和伴生元素或矿物进行综合分析，查明伴生元素的赋存状态和地质储量，同时结合矿物加工综合回收的试验分析，从技术和经济方面进行综合评价。

（3）综合开采

矿山在开采过程中，要将各种矿体和上、下盘的共生矿尽可能多地采出来，不能采富弃贫、采大弃小、采厚弃薄、采易弃难，也不能只采一种矿，而将与本矿无关的共生矿体弃之不管。对暂时不能开采、必须同时开采但不能利用的资源应当进行有效的保护规划，待以后技术发展完善后进行开采或利用。

（4）综合回收

在矿物加工过程中，根据矿产资源的物理化学性质做好综合利用规划，加快提高矿产资源的综合利用率和利用水平，对各种伴生元素最大限度地予以回收。

（5）综合利用

科学利用废石、尾矿等固体废弃物，循环利用矿井水、选矿废水等。

3. 内容

矿产资源综合利用规划需要确定矿山"三率"，对主矿产、共伴生矿产、不能开采的资源、必须同时开采但不能利用的资源、含有有用组分的尾矿等资源需统筹考虑，系统性回收。矿产资源综合利用规划内容包括勘查规划、采矿工艺规划、固体废弃物综合利用规划、共伴生矿产利用规划、暂时不能利用的共伴生矿产封存保护规划等。

5.3.3　残矿回收规划

残矿是指经设计回采之后，按照设计要求预留的矿柱（含保安矿柱、矿房间柱、采场矿柱、顶柱、底柱等）的那部分矿石，或者是处于矿体边角，因难以形成正常的矿房回采条件（如通风、动力，设备、矿石运搬等），或因矿石品质、技术和经济指标不合理，设计时未予考虑回采的部分矿石。

1. 目标

（1）资源最大化利用

通过制定全面的残矿回收规划，可以系统地识别、评估和回收矿山中剩余的矿石资源，从而最大化地利用这些原本可能被遗弃的资源，延长矿山的服务年限，提高矿山的整体经济效益。

（2）确保安全作业

规划过程中会充分考虑残矿回收的安全风险，制定相应的安全措施和操作规范，降低回收过程中的事故风险，保障作业人员的生命安全和身体健康。

（3）提高经济效益

通过合理的规划，可以优化残矿回收的流程和方法，降低回收成本，提高回收效率。同时，回收的矿石资源可以为企业带来额外的收入，从而进一步提高企业的经济效益。

（4）降低环境影响

规划中会考虑残矿回收对环境的潜在影响，并制定相应的环保措施，可减少回收过程中的废弃物排放和环境污染，实现资源的绿色利用。

（5）指导决策与操作

通过制定详细的规划，可以为企业的决策层提供有力的依据，指导他们在残矿回收方面的投资决策和操作策略。同时，规划还可以为作业人员提供明确的操作指导，确保回收工作的顺利进行。

2. 要求

1）明确残矿的范畴，确定残矿的资源量，包括设计回采后预留的矿柱、边角矿石等。对残矿进行评估，确定其回收价值和可行性。

2）加大对残矿回收技术的研发力度，提高回收效率和成本控制能力。探索新的回收方法和工艺，以适应不同类型和条件的残矿。

3）对因开采技术水平提高或由于矿物资源大幅升值而具备开采条件的矿石重新进行规划设计回收，主要包括挂壁矿、边角矿、预留的矿柱、因技术经济指标改善而能够开采的矿石。

4）建立残矿回收的体系，包括回收点设置、回收流程规范、回收人员培训等。确保回收工作有序进行，提高回收效率。

5）制定严格的安全生产措施，确保回收过程中的安全。同时要考虑环保要求，采取环保措施，防止回收过程对环境造成负面影响。

3. 内容

残矿回收规划的主要内容如下：

（1）技术方案选择

根据矿体赋存、空区分布等开采技术条件，选择合适的残矿回收技术方案，以保证地表及井下作业人员与设施的安全。

（2）充填系统与工艺研究

研究充填系统设计、充填工艺及束状中深孔回收残矿技术，以提高残矿回收率。

（3）空区处理方案

结合采空区的实际情况，采用封、崩、充、支相结合的方法进行空区处理，确保残矿回采的安全性和高效性。

（4）经济效益和社会效益分析

通过技术经济评价，分析残矿回收对矿山带来的经济效益和社会效益，确保回收方案的可行性和合理性。

（5）综合开发利用方案

在回收残矿的同时，充分消耗无回收价值的选矿尾砂、煤矸石及其他固体废弃物，提高资源的综合开发利用水平。

（6）项目实施与管理

制定详细的项目实施方案，组织精干力量进行现场调研，并制定相应的回收方案，确保项目的顺利实施。

5.4　环境保护规划

5.4.1　节能降耗规划

基于生产需求、能源压力、环保要求和政策导向等原因，矿山企业必须采取有效的节能降耗措施。矿山企业通过节能降耗规划可以优化生产流程，提高资源利用效率，减少不必要的能源浪费，从而降低成本，提升经济效益。同时，矿山企业节能降耗也是企业转变增长方式、增强核心竞争力的根本要求，有助于推动整个行业的可持续发展。

1. 目的

（1）环境保护

节能降耗有助于减少温室气体排放和减缓全球气候变暖，降低有害气体（如二氧化硫）的排放，从而减少酸雨的形成，保护环境。

（2）提高经济效益

节能降耗是提高经济效益和降低生产成本的重要措施。例如，降低煤耗可以大大降低发电成本。

（3）缓解能源运输压力

通过节约能源，可以减少对某些能源的依赖，从而缓解能源运输和分配系统的压力。

（4）实现经济可持续发展

节能降耗是实现经济可持续发展的重要保证，有助于构建资源节约型、环境友好型社会。

（5）增强企业竞争力

节能降耗有助于企业提高能源使用效率，降低成本，从而增强市场竞争力。

（6）应对气候变化

通过减少能源消耗和温室气体排放，节能降耗有助于应对全球气候变化挑战。

2. 要求

1）系统地考虑整个矿山各个环境的用能类型、能耗情况、节能措施。建设能源管理体系，加强能耗定额管理，制定主要设备、主要生产环节的用能定额指标；建立健全能耗测量管理体系，合理配备计量器具和仪表，完善计量考核；强化目标责任，将节能目标分解落实到各使用单位，并定期进行检查；优化产业结构，淘汰能耗大的亏损二级单位；完善管理制度，实现节约能源。

2）推广清洁能源。加强井下热能、太阳能、水能、势能等再生能源的开发利用，优化矿区能源结构等。在矿山厂区搭建太阳能发电设备，用清洁能源为厂区的设备供电，降低对传统能源的依赖。

3）改进工艺。在水源丰富的地区，采用水源热泵技术；在地形开阔的地区，采用地源热泵技术，替代中央空调机组制冷供暖，同时提供生活热水。利用中央空调机组余热回收技术，提供生活热水。改进工艺流程，实现一机多用，充分挖潜增效，提高能源的综合利用。

4）科学合理地设计固定设备用电模式，针对开采需求确定设备开机台数及频率，并合理调节运行参数；优化供配电系统，合理分布线路，选择最佳的变配电位置，并采用高压线路，减少损耗；在供电设计中选择高效低耗的新设备。

5）加装节能器。加装变频器，通过改变电动机的运转速度、软启动等技术手段，达到节电的目的，适合设备负荷经常变化、没有恒速要求的场合。加装节电器，通过降低电压、消除谐波、抑制浪涌、调节无功等技术手段，达到节电的目的。

6）推广先进设备。淘汰高耗能的设备，推广先进、高效、低耗的设备，提升用电设备的内部效率。

7）地面工业场地布置合理，保证材料、设备运输方便和顺畅，并充分利用地形地质条件，减少矿石的运输距离。

8）根据矿体开采技术条件，采用机械化水平高、成本低、生产能力大、能耗低的采矿方法，选用高效节能的采矿设备，选择适宜的开拓系统。

9）遵循"多碎少磨、能收早收、能抛早抛"的原则，合理确定矿物加工工艺流程，采用先进的矿物加工工艺和大型高效的矿物加工设备。

10）优化尾矿输送技术，节约输送成本。如采用调节尾矿浆输送浓度，减少泵站电耗，同时采用浓缩溢流水就地净化回用等措施。

11）错峰用电。合理调整用电时间，积极利用峰谷电价差，将部分或全部的高峰用电时间转移到低谷时段。

12）计算机远程监控。利用计算机远程监控技术，监控用能设备的用能时间、用能状况，分析判断用能设备的运行状况，合理地调度能源负荷，使用能设备长期处于最佳的用能状态，按"所需即所供"的原则科学用能，实现终端用能设备耗能的科学管理和有效利用。

13）加强设备维护。采用先进科学的维护设备和技术，减少用能设备损耗，降低用能设备的维护成本，从而有效地减少企业的能源消耗支出。

3. 内容

矿山节能降耗规划的内容主要包括能源管理与监测体系建设、能源结构优化、节能技术创新与设备优化、清洁能源的推广与应用工艺的改进与管理优化等方面。

5.4.2 污染物系统性治理规划

环境污染物是进入环境后使环境的正常组成和性质发生改变，直接或间接有害于人类与其他生物的物质。环境污染物按受污染物影响的环境要素可分为大气污染物、水体污染物、土壤污染物等。矿山污染物系统性治理规划是指对矿山开采和生产过程中产生的污染物进行全面管理和治理的计划。

1. 意义

通过系统性治理，可以全面、有效地控制和减少污染物的排放，降低环境污染程度，保障矿区的生态安全；可以恢复和改善矿区的生态环境，提高矿区的生态承载能力，为矿区的可持续发展提供有力支撑；可以推动矿区产业向低能耗、低排放、高附加值的方向发展，促进矿区产业的升级和转型，提高矿区的经济效益和社会效益；企业可以展示其积极履行社会责任、推动可持续发展的决心和行动，树立良好的企业形象。

2. 原则

（1）预防为主，防治结合

在矿山开发过程中，应优先采取预防措施，通过技术创新、产业升级和管理优化等手段，改进矿区的开采、加工和运输过程，减少污染物的产生和排放。对已产生的污染物，应制定有效的治理措施，确保污染物得到及时、有效的处理，实现防治结合，最大限度地降低矿山开发对环境的破坏。

（2）综合施策，分类治理

矿山污染物种类繁多，来源复杂，因此需要综合施策，采用多种手段进行治理。针对不同类型、不同来源的污染物，应制定分类治理方案，确保治理措施的科学性和有效性。

（3）实现资源最大化利用

在矿区污染物治理过程中，对尾矿、废水等影响环境的因素作为重要资源最大化利用，减少污染物排放量，提高经济效益。

（4）生态优先，绿色发展

在矿山污染物治理过程中，坚持生态优先，注重保护生态环境和恢复生态功能。

3. 要求

矿区环境污染物系统性治理涵盖矿区生产、加工、运输等各个环节。通过污染物源头减量、中间过程控制不排放、末端无害化处理的手段，减少矿区对环境的污染和破坏。

1）从源头上减少污染物的产生。首先，需要明确污染物源头减量化的总体目标；其次，对各类污染源进行全面调查，了解污染物的种类、排放量、排放方式等信息；最后，通过评估污染源的分布、规模和影响程度，确定重点控制区域和关键控制点。根据污染源调查与评估的结果，制定推广清洁生产技术、加强资源循环利用、减少资源开采的贫化率等源头减量化措施。

2）生产过程中，使用低污染、低能耗的清洁生产技术，合理设计生产流程，采用先进的生产设备和工艺，减少物料在传输、储存、加工等环节中的损耗和污染，提高生产效率，降低单位产品的污染物排放量。

3）对已经产生的各类污染物进行全面识别，分类管理，确定一般固体废弃物、危险废弃物、粉尘、噪声、废气、废水、危险化学品、放射性物质等各类污染物排放或处置标准；对污染物的成分、浓度、排放量等进行评估；明确处理重点和难点，根据污染物的种类和特性，选择适用的无害化处理技术，以及建设隔声墙、防风抑尘网、退水设施等。

4. 内容

矿区环境排放污染物系统性治理规划内容如下：

1）识别污染源，对产生的污染物进行分类，确定每类污染物的排放（处置）标准。

2）建立固体废弃物管理机制，制定固体废弃物、废气、废水管理制度。

3）规划固体废弃物和危险废弃物污染物利用和处置方案等。

4）规划矿山大气污染治理方案和粉尘防治工作。

5）规划矿山地下水、地表水污染治理工作。

6）规划集中供热热源或洁净能源供暖设施等。

7）规划废气处理系统和废气净化处理装置。

8）规划矿山雨污分流系统，以及矿井污水、废水处理系统。

5.4.3　矿山水资源规划

矿山水资源规划包括取水规划和用水规划。前者有助于缓解矿区供水不足，提高水资源的高效利用以及水资源可持续发展的问题；后者能够合理分配水资源，高效利用水资源。

矿山水资源规划有助于优化水资源的配置，确保矿山生产过程中的水资源供应，提高生产效率；水资源保护支持矿山生态功能修复，维护矿山生态系统平衡；避免因水资源问题导致生产中断而造成经济损失。

1. 原则

（1）节约用水原则

为矿区生产、生活及生态用水合理分配水资源，提高生产过程中的水资源利用效率，减少生产过程中的水资源消耗。优先使用再生水和雨水等非常规水源，减少对自然水资源的依赖。采用节水设备和技术，减少日常用水中的浪费现象。设立节水奖励制度等方式，激励矿工积极参与节约用水活动，形成节水长效机制。

（2）防治水体污染原则

加强对矿区水体污染的日常监测和检查，减少生产过程中的水资源消耗，提高水体污染防治的水平。

（3）综合利用原则

提高水资源的利用效率，满足矿区的生产、生活和生态用水需求，减少对外部水资源的依赖。

2. 要求

1）开展水资源开发利用和水质现状（水资源现状、水环境现状、工业废水处理现状、工业废水循环利用现状、污水集中处理现状、重点污染源排放现状）评估，合理进行水资源保护和开发利用。

2）对矿井水、生活污水综合处理，用于生产、绿化和浇灌。

3）协调各部门的工作，有效加强矿区废水的综合利用，解决缺水问题，同时可以减少地下水的过量使用。

4）从源头入手，采取科学、合理的水资源保护措施，减少水资源无效排放。

5）矿物加工废水100%循环利用。

6）矿区实现清污分流、雨污分流。

3. 污水（废水）综合处理后的用途

矿井水、生活污水处理后有如下用途：

1）处理达标后可用于矿区生产和生活，水质较好的矿井水可井下处理、就地复用，作为井下防尘、冷却、配制乳化液用水。

2）井上处理污水（废水）分质供水、梯级利用，常规处理后用于选矿厂、排土场、工业当地地面降尘，选煤厂、矸石山等地面降尘、煤炭洗选等。

3）矿井水深度处理后，可作为采选生产等行业的生产用水，火电、钢铁等行业的循环冷却水。

4）可将满足使用水质标准要求的矿井水输送至工业园区、企业或周边城镇，作为生产用水和市政杂用，还可利用矿井水建设水源热泵进行区域供热。

5）污水（废水）处理达标后还可用于生态和农业，如用于矿区绿化、牧区灌溉、流域生态用水、沉陷区修复治理、就近回补自然水体和河湖湿地等，提升矿区生态屏障效应。

4. 内容

矿区水资源规划主要包括矿区水资源调查、矿井水综合利用规划、雨水收集与利用规划、生产废水循环利用规划、生活污水处理与利用规划、水资源保护规划、节水利用规划等。

5.4.4 固体废弃物综合利用规划

固体废弃物综合利用主要是指将固体废弃物进行减量化、无害化和资源化处理的过程，使其成为有益于环境和人类健康的产品的过程。固体废弃物资源化利用，从源头解决了矿山废弃物所带来的资源浪费、环境污染以及安全等问题。

1. 目标

固体废弃物综合利用的主要目标是提高资源的利用水平，减少资源开发总量，降低固体废弃物对环境的污染程度。

2. 意义

1）固体废弃物的资源化处理可以有效减少环境污染的发生。

2）固体废物资源化可以最大限度地节约自然资源的消耗。资源回收再利用可以通过再生材料和再生能源的生产，减少对原材料的需求，延长资源的使用周期，最大限度地节约自然资源。

3）固体废物资源化对于推动经济发展具有重要意义。资源化处理不仅可以降低成本，提高资源的利用效率，还可以促进循环经济和绿色产业的发展。

4）固体废物资源化还可以改善人们的生活质量。资源回收再利用减少了废物的堆积和蔓延，减少了垃圾的产生和排放，使城市环境更加清洁美观。

3. 利用方向

矿山一般固体废弃物的利用方式主要有二次回收、回填利用、生产建材等，但受地域、季节、技术、运输半径等因素影响较大。废石综合利用方向（图 5-2）、煤矸石综合利用方向（图 5-3）、尾矿综合利用方向（图 5-4）存在着一定的差异。

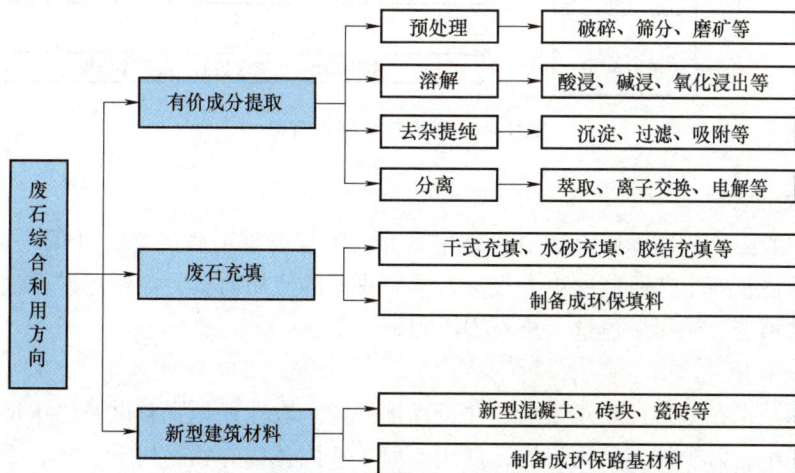

图 5-2 废石综合利用方向

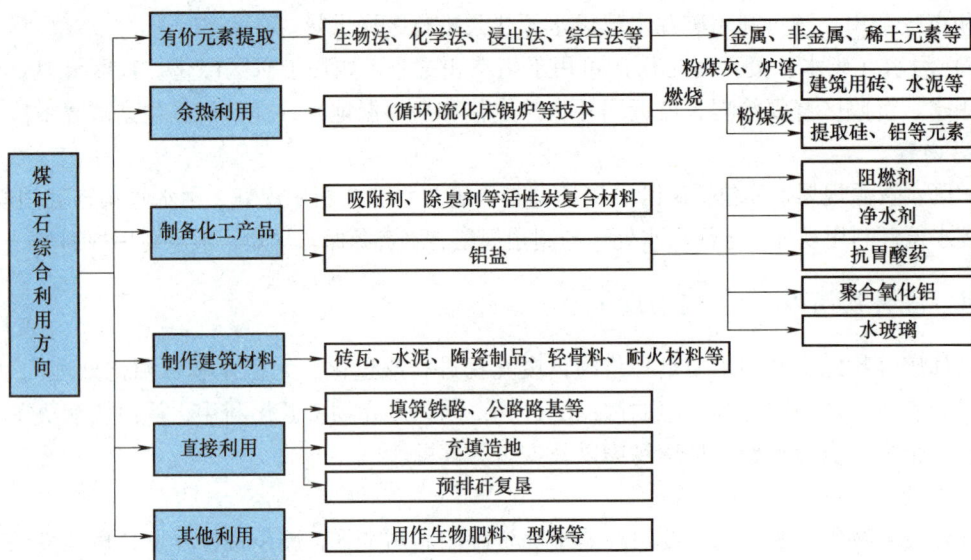

图 5-3　煤矸石综合利用方向

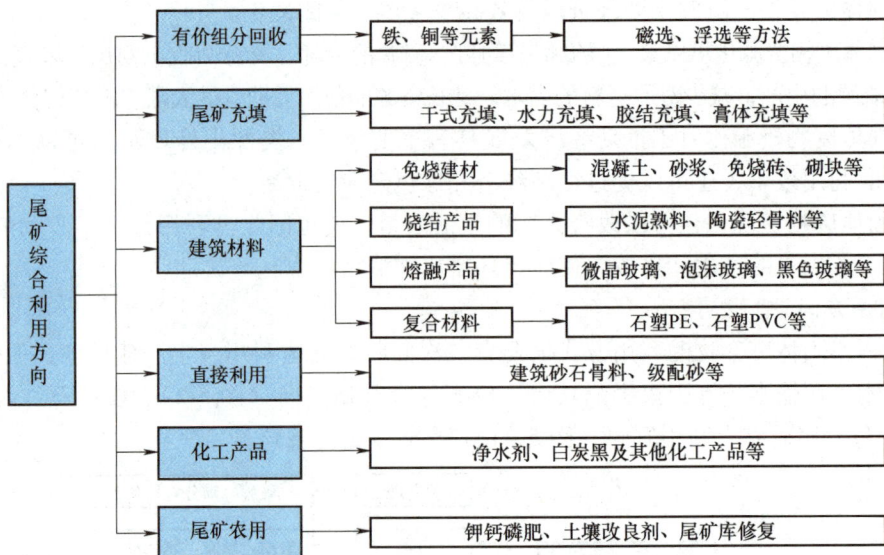

图 5-4　尾矿综合利用方向

（1）二次回收

回收利用矿山一般固体废弃物中的有用组分，不仅能够节省研磨、开采、运输等费用，还可以节省设备及新工艺研制的更大投资，具有良好的应用前景，如铁尾矿再选、铜尾矿再选、铅锌尾矿再选、钼尾矿再选、废石堆浸提取铜等。

（2）回填利用

回填利用是指在复垦、景观恢复、建设用地平整、农业用地平整以及防止地表塌陷的地貌保护等工程中，以土地复垦为目的，利用一般工业固体废弃物替代土、砂、石等生产材料填充地下采空空间、露天开采地表挖掘区、取土场、地下开采塌陷区以及天然坑洼区的活动。一般情况下，煤矸石、废石在煤炭开采矿井、矿坑等采空区中充填或回填；尾矿、废石等在原矿开采区的矿井、矿坑等采空区中充填或回填。

（3）生产建材

矿山固体废弃物中含有大量质地坚硬的脉石，是天然的砂石材料，具有广阔的利用空间。例如，固体废弃物中含有大量的铝、硅等元素，可以制作水泥或硅酸盐建材；硅酸盐矿含有大量的萤石、方解石、白云石，可以提取石英；花岗岩型的尾矿可以作为生产玻璃的原料和配料；矿山固体废弃物中含有花岗岩、白云岩、萤石等，可将其作为铸石的理想材料等。

（4）回收能源

热值很高且燃烧产物无害的固体废弃物，具有潜在的能量，可以充分利用。例如，热值高的固体废弃物通过焚烧供热、发电；利用餐厨垃圾、植物秸秆、人畜粪便、污泥等经过发酵可生成可燃性的沼气。

（5）其他用途

矿山固体废弃物除了上述用途外，根据其自身的物理化学性质，还存在其他用途。例如，制作肥料、改良土壤、制作涂料等。

4. 内容

矿山固体废弃物综合利用规划需要综合考虑资源、环境、经济等多方面因素，通过科学的规划和管理，对矿山的固体废弃物进行分类，确定综合利用的途径，建设固体废弃物利用工程，实现资源的最大化利用和环境的可持续发展。

5.4.5　污染物排放监测规划

矿区污染物排放监测规划是指在矿区范围内，对采矿作业过程中产生的各类污染物排放进行系统性、持续性的跟踪、测量和分析的过程。对污染物的排放实时监测能查明污染源和污染程度，及时采取相应的措施，降低采矿活动对大气、水体和土壤等环境要素的破坏。

1. 意义

矿区污染物排放监测是维护矿区生态平衡、促进可持续发展、保障人民健康和环境安全的重要手段。监测规划有助于提高矿区企业的环保意识和管理水平，企业需要按照监测规划的要求进行污染物排放的监测和报告，这将促使企业更加重视环境保护工作，加强内部管理，减少污染物的排放，提升企业形象和市场竞争力。

2. 原则

（1）全面性原则

监测应覆盖矿区的所有重要污染源和排放口，以及污染源的各个环节，包括但不限于原材料采购、生产过程、产品运输以及废弃物处理等。

（2）时效性原则

监测应根据矿区的生产情况和环境变化，及时调整和优化监测方案。

（3）动态调整原则

随着矿区生产活动的变化和环境保护要求的提高，监测规划应不断进行调整和完善。通过定期评估监测工作的效果和问题，及时改进和优化监测方案。

3. 要求

1）根据矿区的地理位置、生产活动特点和可能的污染源，确定监测的范围以及废水监测水质指标、污染物的种类和浓度、污染源的排放情况等。

2）根据矿区的生产工艺、原辅材料、中间产物以及可能产生的污染物种类，确定需要监测的大气污染物指标，如二氧化硫、氮氧化物、颗粒物等。

3）根据矿区的生产工艺、原辅材料以及可能产生的污染物种类，确定需要监测的水体污染物指标，如重金属、有机物、悬浮物、酸碱度等。同时，明确监测的范围，包括矿区内及周边的水体，如河流、湖泊、水库等。

4）根据矿区的生产工艺、原辅材料以及可能产生的污染物种类，确定需要监测的土壤污染物指标，如重金属、有机物、农药残留等。同时，明确监测的范围，包括矿区内及周边的土壤，特别是与采矿活动密切相关的区域。

4. 内容

污染物排放监测规划内容主要包括污染物源头监测、大气污染物监测、水体污染物监测、土壤污染物监测。

5.5 生态修复规划

5.5.1 矿区景观规划

矿山景观规划旨在通过科学合理的规划和设计，恢复和改善矿区的生态环境，提升景观价值，并促进区域可持续发展。通过矿区景观规划，可以推动旅游业、文化产业等相关产业的发展，提高当地居民的生活质量和幸福感，促进社会和谐稳定。

1. 原则

（1）整体优化原则

在进行景观规划时首先应从矿区的整体景观格局出发，进行统筹规划，达到整体最优化，以发挥出最大的经济、环境效益和能量效率。

（2）因地制宜原则

在景观规划设计及对破坏后景观的复垦利用过程中要因地制宜，集中体现当地景观特征，宜农则农、宜林则林、宜牧则牧、宜景则景，不能千篇一律搞单一模式。

（3）集约利用原则

在矿区景观规划过程中，要实现对土地的集约利用，严格控制建筑物等人工斑块的盲目扩张，保护现有农田斑块，将塌陷地等废弃景观斑块重新复垦开发为新的耕作景观斑块，重建森林植被斑块，增加矿区景观要素的多样性，恢复矿区景观体系的生态功能。

（4）景观异质性和多样性原则

景观异质性和多样性反映景观的复杂程度，表现为景观斑块的多样性、类型多样性和格局多样性，从而实现景观生态系统物流和能流的顺利迁移、转换和动态平衡。

（5）生态环境协调原则

景观规划要考虑人与环境、生物与环境、生物与生物、地区社会经济发展与资源以及景观开发利用的人为结构和自然结构之间的协调，把资源的开发和地方农业经济的发展建立在良好的生态环境基础之上，确保景观生态系统能完成能量、物质、信息等的转换功能，实现人与自然的和谐共生。

（6）可持续发展原则

景观作为一种持续的自然单元，在开发利用时应体现可持续思想，做到既能满足矿山企业资源开发的需要，又尽可能保持自然和地方特色，确保景观分布格局和土地总体利用方向能符合地方农业经济的特点和总体发展战略，最终实现矿区资源和土地资源利用的可持续发展。

2. 要求

1）在景观规划过程中，要注重生态保护和可持续发展，了解并尊重矿山自然环境的特点和规律，合理利用自然资源，避免对自然环境产生过大的影响。

2）矿区景观应根据矿区的自然环境特点进行规划，既要与自然环境相协调，又要满足人们的需求和审美。针对不同的气候条件，可以选择适应性强的植物，以及适合当地气候条件的建筑材料和结构形式，矿区景观规划应有利于保护和发展自然资源，提高生态系统的稳定性和韧性，促进物种多样性的保护。

3）矿区景观应根据所在地的文化特点、历史背景和社区需求进行规划，与周边的人文环境相协调。可以通过选择与当地风俗习惯、建筑风格相契合的元素和材料，以及融入地域文化特色的设计手法来实现，要充分考虑人们的活动需求和生活习惯，提供舒适、便利和安全的生活环境。

4）景观规划时应注重保护和增加生物多样性，选择适应当地环境的植物和栖息地，创造适宜的生态系统，为各类生物提供食物、栖息和繁衍的条件。

5）最大限度地利用原有地形、地貌，适地、适树，适当保留原有植物，植物配置应与环境相协调，并利用不同植物，进行合理搭配，丰富生物的多样性，最大限度地增加矿区的绿化率，保护生态环境，减少对环境的破坏，提升矿山形象。

3. 内容

矿区景观规划的主要内容是根据矿区周边的地质、地貌、植被、水文、气候等因素，以及矿山的历史、文化、社会等因素，进行矿山文化景观规划、生态产业景观规划、产业文化景观规划、生态休闲景观规划、特殊生态类型景观规划、旅游开发规划等。

5.5.2　生态系统恢复规划

生态系统恢复规划是指通过种植、引入或恢复本地植物种群等科学方法和技术手段，对受损的生态系统进行修复和重建，以恢复土地原有的生态功能。

1. 目标

矿区生态系统恢复规划的目标是从源头上减少对生态系统损伤和为生态修复创造条件，以自然修复为主，人工修复为辅，加快推进矿区生态系统的恢复，促进矿区生态修复与周边环境协调发展，实现人与自然的和谐共生。

2. 原则

（1）因地制宜，分类施策

充分考虑矿区的地理位置、气候特点、土壤条件等自然因素，结合矿区的具体污染状况和生态破坏程度，制定有针对性的生态恢复措施。充分考虑矿区的实际情况，采取符合当地自然规律和生态特点的恢复措施，针对不同类型和程度的生态破坏，采取不同的恢复策略和方法。

（2）保证安全，生态优先

生态恢复工作必须始终将安全放在首位，在恢复过程中确保人员安全以及不会对环境造成二次伤害。优先考虑生态系统的完整性和稳定性，确保生态功能的恢复和提升。

（3）系统性修复，整体性保护

注重生态系统的整体性和关联性，通过系统性的修复措施，促进生态系统的平衡和稳定。这包括恢复植被、改善土壤质量、修复水体等多个方面，以实现生态系统的整体提升。

（4）可持续发展，注重长远效益

坚持可持续发展的理念，充分考虑生态系统的自我修复能力，注重恢复工作的长远效益。

（5）修复后的土地生态容量不减少，有效维护生态系统的整体健康与稳定

所采用的生态修复技术措施应能够维持或进一步增强区域生态系统的承受能力，确保生态系统在面对人类活动及自然变化时，能够持续保持其结构与功能的完整性，从而为未来的可持续发展奠定坚实而稳固的基础。

3. 要求

1）修复后的土地生态容量不减少，维护生态系统的整体健康与稳定。生态修复的技术措施应能维持或增强区域生态系统的承受能力，确保生态系统在面对人类活动和自然变化时能够保持其结构与功能的完整性，为未来的可持续发展奠定坚实的基础。

2）全面考虑矿区生态系统中土壤、水体、植被、地形等多个方面因素，选择适合本地植被种类，以及选择直接播种、扦插、移植等植被恢复技术，确保恢复效果的最优化。

3）注重生态环境的长期保护和可持续发展，避免短期行为对生态环境造成新的破坏，确保植被的稳定生长和生态系统的健康发展。

4）从源头上减少对生态系统的损伤，为后期生态修复创造条件。在采矿活动开始前，应采取相应的技术和手段，严格控制资源开发对周边环境的扰动，为后期的地质环境治理和生态修复工作创造条件。

5）采用添加有机物质、改善土壤结构、调整土壤 pH 等土壤改良方法提高土壤的肥力和水分保持能力。

6）定期监测植被的生长情况、土壤质量、生物多样性等指标，及时采取措施进行调整和改进。

4. 内容

矿区生态系统恢复规划主要内容包括生态系统的构建与恢复、土地再利用方式、修复技术方法的选择、生态安全与地质灾害防治、生物多样性保护、景观设计与生态平衡、表土利用等。

5.5.3　生物多样性保护规划

生物多样性是指在一定范围内由多种多样活的有机体（动物、植物、微生物）有规律地结合所构成的稳定生态综合体，是生物圈内生物种类的丰富程度以及它们之间的相互作用。生物多样性是人类赖以生存的条件，是经济社会可持续发展的基础，是生态安全和粮食安全的保障。生物多样性保护是利用原生态的环境使被保护的生物能够更好地生存，能够保证动物和植物原有的特性。

健康的生态系统通常具有丰富的生物多样性，这有助于维持生态平衡、提供生态服务，并增强生态系统的稳定性和韧性。进行生物多样性保护，应保护为动物提供食物、栖息地和庇护所的植被；引入一些本地物种来加速破坏的生态系统的恢复；采取措施减少污染物的排放，以减少对生物多样性的影响。

1. 重要性

（1）维护生态平衡与稳定

生物多样性是生态系统稳定性的基础。在矿区，丰富的生物种类和种群能够相互依存、相互制约，形成复杂的生态网络，从而维持生态系统的平衡和稳定。当生物多样性受到破坏时，生态系统的稳定性会受到影响，可能导致一系列生态问题，如水土流失、水源污染等。

（2）保障生态服务功能

生物多样性提供了诸多重要的生态服务功能，如净化空气和水源、调节气候、保持土壤肥力等。在矿区，这些服务功能对于改善环境质量、提高居民生活质量具有重要意义。保护生物多样性有助于维持这些服务的持续供给，促进矿区的可持续发展。

（3）保护珍稀物种与遗传资源

矿区往往蕴藏着一些珍稀物种和独特的遗传资源。这些物种和遗传资源对于科学研究、生物多样性保护和可持续发展具有极高的价值。保护矿区生物多样性有助于保存这些宝贵的资源，为未来的产业发展提供基础。

（4）促进经济社会可持续发展

在矿区，保护生物多样性有助于提升环境质量，吸引投资，促进旅游业等绿色产业的发展。同时，通过合理利用生物资源，可以创造更多的就业机会，推动当地经济的繁荣。

（5）增强人类生存环境的适应性

面对全球气候变化等环境问题，保护生物多样性有助于增强生态系统的韧性和适应性，从而为人类提供更加稳定、安全的生存环境。在矿区，保护生物多样性可以减少因环境问题导致的灾害风险，保障人类生命财产安全。

2. 原则

（1）综合性原则

保护规划需要综合考虑矿区的生态环境、生物资源、社会经济等多方面因素，既要保证矿产资源的合理开发和利用，又要确保生物多样性的有效保护。这意味着在规划过程中，需要权衡经济利益和生态利益，寻求二者的协调发展。

（2）优先保护原则

针对矿区内具有重要生态价值或濒危的生物物种和生态系统，应实行优先保护。这要求识别并确定关键的保护对象，制定有针对性的保护措施，确保这些物种和生态系统的存续。

（3）可持续性原则

生物多样性保护规划应符合可持续发展的要求，既要满足当前经济社会发展的需要，又要考虑未来世代的需求。在矿产资源开发过程中，应采取可持续的开采方式和环境保护措施，减少对生物多样性的负面影响。

（4）预防为主、防治结合原则

在规划实施过程中，应强调预防的重要性，通过优化开采工艺、加强环境管理等方式，预防对生物多样性的破坏。同时，对于已经造成的破坏，应及时采取治理措施，恢复生态系统的功能。

（5）科技支撑原则

借助现代科技手段，提高生物多样性保护的效率和效果。例如，利用遥感技术、地理信息系统等手段对矿区生态环境进行动态监测，运用生物技术和生态修复技术来恢复受损的生态系统等。

3. 实施

（1）开展生物多样性调查和评估

在矿区开展全面的生物多样性调查和评估是首要任务。这包括了解矿区内的生物种类、数量、分布及其与生态环境的关系。通过调查和评估，可以确定哪些物种和生态系统受到最大的威胁，从而制定有针对性的保护策略。

（2）制定保护措施

基于调查和评估结果，制定具体的保护措施。这些措施可能包括设立自然保护区或生态走廊，限制开采活动的影响范围，采取生态恢复和修复措施等。

（3）推动生态恢复和修复工作

针对矿区受损的生态系统，积极推动生态恢复和修复工作。这包括植被恢复、土壤改良、水体净化等措施，以重建受损生态系统的结构和功能。

（4）加强监测

生物多样性监测可以通过直接观测和间接监测来实现。通过加强矿区生物多样性监测，可以更加准确地了解生态系统的演变趋势，预测生态系统的状况及其变化趋势，帮助制定适当的保护和管理计划。

4. 内容

生物多样性保护规划主要内容包括对矿区生物多样性全面的调查和评估，确定保护的目标和优先保护的物种或生态系统，制定保护措施和行动计划，矿区生态监测和评估体系的建设等。生物多样性保护可以考虑建立自然保护区、实施迁地保护、构建基因库、建设保护廊道等来实现。

5.5.4　生态修复监测规划

1. 意义

生态修复规划是通过系统的监测工作和生态修复措施来保护和恢复生态环境，不仅有助于预防和减轻地质灾害所带来的损失，还可以保护和恢复生态环境，提高土地利用效率。

2. 原则

（1）系统性原则

生态修复监测需要从多个角度和层次进行，包含监测内容的系统性、监测方法的系统性以及监测数据的系统性。

（2）重点区域重点监测、先行监测原则

优先对矿产集中开采区或群采点进行监测，确保监测工作的有序开展，集中技术与资金实力，对矿区的重点监测对象优先进行监测。

（3）常规与应急监测相结合原则

对重点区域和重点监测对象还应具备应急监测的能力，确保在紧急情况下能够迅速获取矿区地质环境数据。

（4）多种监测手段与方法并重原则

提高监测手段的多样性和互补性，可以提高监测的准确性和效率。

（5）时效性原则

监测工作要定期进行，及时发现地质环境的变化情况，为决策提供及时、准确的信息，对于突发性地质事件，监测工作要能够迅速响应，提供应急监测服务。

3. 要求

1）在采矿活动前期，对矿区地质环境进行详细调查和评估，识别潜在的地质灾害隐患，确立监测范围和监测点位，为采矿活动的规划和实施提供科学依据。

2）采矿活动进行期间，对矿山开采活动频繁、地质条件复杂、地质环境敏感的地方进行实时监测，主要场所有采矿作业区、尾矿库、运输道路及周边、地下巷道和采空区、矿区边界及外围区域等。通过实时收集和分析监测数据，可以及时发现和处理地质灾害隐患，避免或减少地质灾害的发生。

3）采矿活动结束后，考虑采矿活动对地质环境的影响可能具有滞后性，监测仍应继续进行一段时间，有助于及时发现和处理这些潜在的地质灾害风险。采矿活动结束后对地质环境造成的影响进行定量分析和评估，为后续的环境保护工作提供科学依据。

4）极端天气或地质环境变化时（如暴雨、地震等），地质灾害的发生概率和危害性可能增加，需加强地质灾害监测工作。

5）根据矿区的地质构造、水文地质条件以及采矿活动的影响范围，确定监测区域。通过监测地下水位、水质和水文地质参数，及时发现地下水资源的变化情况，合理调控和利用地下水资源，避免过度开采和污染，保护地表水生态系统的平衡。

6）对矿区土壤的理化性质、营养元素含量、有机质含量等进行监测和分析，评估土壤的肥力状况和污染程度，为农业生产和土地利用提供科学依据。对土地质量进行评估，确保土地利用的可行性，并制定相应的保护和恢复措施。

4. 内容

矿区生态修复监测规划的内容主要包括地质灾害监测、土壤质量监测、地下水监测等方面。

5.6 矿区生态产业规划

5.6.1 矿区清洁能源规划

清洁能源是指在使用过程中不会产生或仅产生少量有害物质的能源，包括太阳能、风能、水能、生物质能等。

1. 意义

矿区清洁能源应用可以减少化石能源的使用量，减少能源消耗和环境污染，降低对传统能源的依赖，从而保障能源安全，促进经济发展，创造新的产业和就业机会，促进技术进步和创新，推动能源转型。

2. 利用方向

（1）余热利用

矿山的余热主要有空压机余热、矿井水余热、矿井回风余热、洗澡水余热，通过预热空气、生产蒸汽、生产热水、发电、制冷制热对其进行有效利用，可减少一次能源的消耗，提高能源利用效率。

（2）太阳能利用

矿区太阳能利用技术是指在采煤沉陷区、工业广场、排土场和矸石场等地建设光伏发电系统，利用半导体界面的光伏效应将太阳能直接转化为电能的技术。它具有就近发电、就近使用、提高土地利用率等优点。此外，太阳能还可以用于矿区的水处理，如太阳能热水器可以提供热水，用于矿井中的洗浴、洗涤等环节。

（3）风能利用

矿山及周边的开放、开阔的空地可能具有适宜的风能资源，建设风力发电场来实现风力发电。风电具有资源丰富、产业基础好、经济竞争力较强、环境影响微小等优势。此外，风能还可以通过风能泵将地下水提上来，为矿井供水。

（4）地热利用

矿山地热资源是一种稳定可靠、可再生的能源形式，是矿山开发过程中的二次能源，开发利用地热资源不仅有助于井下矿物采选，还可用于矿区生产和生活。利用热泵技术将低品位热源转换为一种高品位热源用来采暖和制冷。

（5）势能利用

矿山势能是指在矿山开采矿料的选用和加工时，物料在自上而下的输送过程中，由于高差产生的能量。将矿山生产过程中产生的势能加以利用，如发电等，也是实现矿山清洁能源利用的有效形式。

（6）生物质能利用

在矿业中，生物质能可以用作燃料，替代传统的矿井燃煤设备。同时，生物质能可以通过生物质发电厂转化为电能，满足矿区的电力需求。

3. 内容

矿区清洁能源规划的主要内容是减少对传统能源的依赖，提高清洁能源的使用比例，应注重优化能源结构，提高清洁能源在总体能源结构中的比重，加大对矿区清洁能源利用的支持力度，并制定相应的政策措施。矿区清洁能源利用规划可以建设太阳能发电、风能发电、余热回收利用等项目。

5.6.2 生态产业化项目规划

矿区的生态产业化项目规划是指在矿山开采和利用过程中，通过采用资源节约型、环境友好型技术和策略，将矿山生态环境保护与经济发展有机结合，实现资源的高效利用和生态环境的可持续发展。

1. 目标

矿区生态产业化项目规划是矿业绿色发展和转型升级的重要途径。

2. 利用方向

（1）现代化农业

利用矿山废弃地探索新的农业复垦模式，发展假日农业、休闲农业、观光农业、旅游农业、参与式农业等新型农业形态。现代新型农业具有生活休闲、生态保护、旅游度假、文明传承、教育等功能，综合收益高，经济收入高等特点，这些将极大地提高地方政府和矿山企业的农地复垦积极性。现代新型农业的兴起为矿山生态产业化提供了一个可选的方向。

（2）光伏项目

在开展矿区环境保护和生态修复的基础上，将光伏与修复重建的农业、林业、牧业等相结合，探索矿区生态光伏融合模式⊖。利用矿区当地气候、人文、产业、生态特色来打造具有地方特色的生态产业模式，如光伏+建筑、光伏+农业种植、光伏+畜禽养殖、光伏+林业+治沙、光伏+景观与旅游等其衍生或复合模式，打造矿区清洁能源产业链。

（3）碳汇林

碳汇林是指以充分发挥森林的碳汇功能，降低大气中二氧化碳的浓度，减缓气候变暖为主要目的的林业活动。碳汇林结合矿区生态建设，以增加碳汇为原则，按照山水林田湖草沙是生命共同体的系统工程理念，大力推进自然碳汇，合理种植、养护和补植，混栽不同树龄、不同品种的树木，保持植物碳汇的稳定性。

（4）湖泊水库

利用矿区原有的天然洼地和开采塌陷形成的大面积积水区建设具有综合利用功能的水库，发挥湖泊蓄滞洪涝水、调蓄水资源的作用，提高区域防洪、除涝和水资源保障的能力，改善区域生态环境，最大限度地减少地表塌陷的不利影响，促进矿区经济社会的可持续发展。

（5）林下经济⊖

对矿区林地资源进行开发利用，林地资源的开发模式主要有林禽、林菌、林草、林药等

⊖ 生态光伏融合模式是将光伏发电系统与生态环境保护、修复及可持续发展理念相结合的一种新型能源利用方式。它强调在光伏发电的同时，注重对生态环境的保护和修复，实现经济效益与生态效益的双赢。

⊖ 林下经济是以林地资源和森林环境为依托，以科学技术为支撑，充分利用林地资源和林阴空间，在不打破稳定良性的生态系统前提下，为提高林地附加值而开展的各类经济活动。

模式。应根据矿区所处地理环境，因地制宜地形成具有相当规模和地方特色的林下经济作物，发展矿区林下经济产业，助力矿山生态修复与乡村振兴产业的高效融合。

（6）旅游景区

在城镇附近、自然生态景观良好或拥有悠久矿业开发历史和丰富矿业文化底蕴的矿区，利用积水采煤塌陷区建设生态景观公园等方式，发展特色休闲旅游，打造城市旅游品牌，满足人民群众对于美好生态环境的需求，促进矿山经济转型，推动矿山经济的可持续发展。

（7）矿地和谐公益设施或工程

在矿区或矿山周边建设一系列的设施和工程，如在矿区或矿山周边建设学校、图书馆、教育培训中心等教育设施，建设医院、诊所、卫生站等医疗卫生设施，建设供水工程、排水工程等水利设施，修建道路、桥梁、隧道等交通设施等。这些矿地和谐公益设施或工程的建设可推动矿区可持续发展，改善当地居民的生活条件，促进社区和谐发展，实现矿区的经济效益、社会效益和环境效益的协同增长。

（8）乡村振兴项目

推进矿区的乡村振兴项目，如乡村治理、乡村旅游、乡村文化、产业兴农、城乡融合等乡村振兴项目，有利于更高质量地推动乡村建设，优化乡村人居环境空间，提高村民生活品质，探索出符合规律、契合实际的乡村振兴路径。

3. 内容

通过对矿区周边的生态环境、地形地貌、气候条件等进行详细调查，以确定矿区生态产业的发展方向和定位。通过产业链上下游的协同合作，实现资源的共享、互补和优化配置，提高整体经济效益和环境效益。矿山生态产业化可以规划建设现代化农业、光伏项目、碳汇林、湖泊水库、林下经济、旅游景区、矿地和谐公益、乡村振兴等项目或工程等。

5.7 矿山关闭规划

矿山关闭是指在设计开采完毕后或因意外原因终止开采的矿山状态。当矿山无法继续开采时，若缺乏恰当的关闭处理，将会对环境造成严重的污染和破坏。具体来说，矿山废弃物的堆积和排放容易引发一系列环境问题，如土地沙化、水源污染、气候变化等，进而对周边生物多样性和人类健康构成威胁。

国际矿业和金属理事会主任艾玛·加根（Emma Gagen）博士强调，关闭阶段是矿山开采或金属冶炼的关键阶段，它不仅为提升环境、社会和经济韧性提供了契机，而且其影响将远超矿山本身的生命周期。为实现这些积极成果，关键在于制定早期规划和循序渐进的关闭方案。特别是对于尾矿库而言，即使运营停止后，其风险仍可能长期存在。

总之，矿山关闭规划是预防环境灾难、保护生态环境的必要手段，是保护环境和实现可持续发展的重要举措。

1. 目标

矿山关闭规划的目标是将被破坏的矿区土地重整成可为当地社区公众和管理机关所接受

的既稳定又具有生产能力的土地，有效减少矿山关闭对生态环境和社会经济的影响，实现矿山关闭区域的可持续发展，以确保关闭后的区域能够逐步恢复到良好的生态环境，并促进当地经济的持续发展。

2. 要求

1）规划应遵循"安全第一、预防为主、综合施策、依法治矿"的方针，加强关闭工作过程中的风险评估和控制，确保矿工人员的生命财产安全。

2）矿山关闭规划应遵循科学规划、安全可靠、合理经济、环保节能的原则，依法保障矿工的合法权益，保障矿山环境的安全和整洁。

3）矿山关闭规划应详细制定关闭工作的计划和实施方案，并明确关闭工作的总体目标和具体要求。

4）在关闭前，需要对矿井进行全面的风险评估，并确定可能存在的安全风险和应对措施。同时，需要制定详细的环境保护措施，包括对矿井周边环境的监测和评估，合理安排排污和废物处理，以减少对环境的影响。关闭后，应进行生态修复工作，恢复矿山区域的生态环境。

5）通过科学合理的资源利用规划，实现关闭区域资源的综合开发和利用，推动当地产业的发展和经济的增长。

6）矿山关闭规划应关注社会影响，确保关闭过程对当地社区的影响最小化，并积极推动社会共享，实现矿山资源的可持续利用。

3. 内容

矿山关闭规划的内容主要包括以下几个方面：

1）环境保护：确保矿山关闭和复垦过程符合环境保护要求，防止环境污染和生态破坏。

2）土地复垦利用：制定土地复垦和综合利用规划，确保关闭后土地能够得到有效利用。

3）安全隐患处理：在关闭前进行全面的安全评估，识别并消除潜在的安全隐患，确保矿山关闭过程中的安全。

4）水土保持：采取措施防止水土流失，确保关闭后的环境稳定。

5）防洪措施：对矿坑积水进行处理，并制定防洪措施，防止洪水灾害。

6）环境污染治理与监测：对矿山关闭过程中产生的污染物进行治理，并进行环境监测，确保环境质量达标。

7）生态修复治理：结合当地经济发展和产业接替整体规划，进行生态修复治理，恢复矿山生态环境。

8）经济转型与可持续发展：对矿山关闭后土地、资源、人力等生产要素的重新配置和利用，从产业链延伸、绿色产业发展、创业创新平台搭建等实现经济转型和可持续发展。

9）编制关闭报告：提出矿山关闭报告及有关采掘工程、安全隐患、土地复垦利用、环境保护的资料，并按照国家规定报请审查批准。

思 考 题

一、简答题

1. 绿色矿山规划的原则是什么?

2. 简述土地利用规划的意义。

3. 简述污染物系统性治理规划的意义。

4. 简述生物多样性保护规划的重要性。

二、论述题

1. 论述矿区规划的重要性。

2. 论述残矿回收规划所包含的内容。

3. 论述矿山关闭规划所包含的内容。

4. 矿区生态产业规划包括哪些内容?

第6章
绿色矿山建设设计

本章重点阐述了纳入绿色矿山建设设计的关键工作任务，这些任务对于显著提升矿山企业经济效益，破解绿色矿山发展瓶颈具有重要意义。不同的设计思路和技术选型将对矿山的可持续发展产生深远影响。因此，本章从露天矿山绿色开采、地下矿山绿色开采、矿物绿色加工、矿井水处理、固体废弃物资源化利用、生态修复及监测等多个维度，深入分析了绿色矿山建设设计要点和技术选型，旨在为新建矿山、生产矿山升级改造提供科学、实用的参考。

6.1 概述

6.1.1 绿色矿山建设设计的意义

绿色矿山建设设计是绿色矿山未来整套行动方案，指导绿色矿山建设、运行过程。它是在根据矿体赋存状况和经济技术条件下，选择技术可行、经济合理的矿产资源开发与生态环境保护平衡方案，对具体实施方案进行选择、计算和绘图的总称。

传统的矿山设计满足了安全性、经济性、建设性、环保性、系统性等要求，没有系统考虑经济、生态、社会协调发展，缺少对生态系统保护进一步优化和提升，缺少平衡污染物排放强度与自然界的净化能力，缺少生态修复的效果与自然恢复生态系统之间关系的意识和理念。

因此，绿色矿山建设设计则是通过对比不同技术方案，选择更优的工艺、方法和装备，提升矿山污染物控制能力和生态修复水平，使资源开发过程中对环境的破坏力在生态环境功能极限值之内，从而实现矿产资源的可持续开发与利用，最大限度地减少对环境的负面影响。

6.1.2 绿色矿山建设设计的原则

1）坚持"边开采，边治理，边恢复"的原则和"在开发中保护，在保护中开发"的指导思想，设计矿产资源开发和土地复垦方案。

2）坚持资源开发与环境保护动态平衡的原则，系统提升矿井水、固体废弃物、损毁的土地等环境因素的资源属性的正影响，降低污染的负影响。

3）坚持节约集约用地原则，实现节约土地、减量用地、提升用地强度、促进低效废弃地再利用、优化土地利用结构和布局、提高土地利用效率的各项行为与活动，提升土地资源对经济社会发展的承载能力。

4）在进行资源开发设计的过程中应秉持"分级利用、优质优用"的原则，对于资源品质的差异设计科学合理的利用途径，以有效提高企业收益并降低企业成本。

5）在矿山生态修复设计时，坚持宜耕则耕、宜林则林、宜渔则渔、宜工则工、综合治理的原则，采用适用性强的修复技术和方法，修复已破坏生态系统。

6）坚持节约优先、保护优先、自然恢复为主的原则，及时复垦利用损毁土地，恢复并提升矿区生态系统多样性、可持续性。

7）矿山设备选型设计坚持先进性、经济性、适用性原则。在矿山设备选择时优先选择使用自动化、智能化、低能耗、高效率的一体化大型设备，减少人员投入，降低劳动强度。

6.1.3　绿色矿山建设设计的总体要求

1）系统性考虑资源开发与环境保护六大平衡体系之间的关系，使矿山企业获得最大的综合收益。

2）通过采用先进的技术和设备，提高矿产资源的回收率和利用率，减少资源浪费。

3）系统考虑资源综合利用，推动矿业循环经济的发展，推动"资源化、减量化、无害化"理念的落地。资源综合利用主要包括共伴生资源的开发、有价元素的回收及废弃物的资源化利用等方面。

4）优化矿山能源结构，减少碳排放。引入太阳能、风能和水能等清洁能源，代替部分化石能源的使用。

5）从矿山整个生命周期、生产工艺全流程的角度系统性减少或降低影响环境的因素，如粉尘、噪声、节能等。

6）智能矿山应充分体现大数据、工业互联网、人工智能等新技术与矿业交叉融合的行业特点，充分满足数字化、智能化技术和装备不断深入应用于生产和管理过程的条件。

6.2　露天矿山绿色开采

6.2.1　设计要点

1. 开采方式及开采顺序

1）应坚持"采剥并举、剥离先行、贫富兼采"的原则，采用自上而下分台阶的开采方式。

2）应科学确定工作面的推进方向，采取延缓外侧山体开采、人造景观遮挡山体创伤面、内凹式开采等措施，减轻对可视景观的不利影响。

3）矿山开采设计与生态修复设计应兼顾，开采工艺、采矿与边坡参数设计等应考虑矿山修复治理的需要，充分考虑地形地貌等因素，为后期生态修复、矿山关闭和转型发展创造条件。

2. 开采工艺与技术

1）开采工艺与技术设计应采取降低剥采比的措施和调节剥采比的方法，提高剥、采、排的效率，优化土地利用结构。

2）穿孔作业中采取湿式凿岩、干式收尘等防尘、抑尘的凿岩作业。

3）选用先进、精准、适应和经济的爆破技术，优化爆破参数，强化爆破工序与上下游其他工序综合设计，合理控制矿石块度级配。

4）选用精准采矿及其管控技术，涉及矿岩边界精准化控制技术。采用对环境破坏小的爆破技术，降低爆破产生飞石、冲击波、振动、粉尘、噪声等对环境的影响。到界台阶采用微差爆破、预裂爆破、光面爆破等控制爆破技术和减震措施，严禁硐室爆破。

3. 开采工作面

1）在进行开采工作面设计时，质量应符合相关标准要求，合理设计阶段坡面角、安全平台宽度和最终边坡角等，如图 6-1 所示。

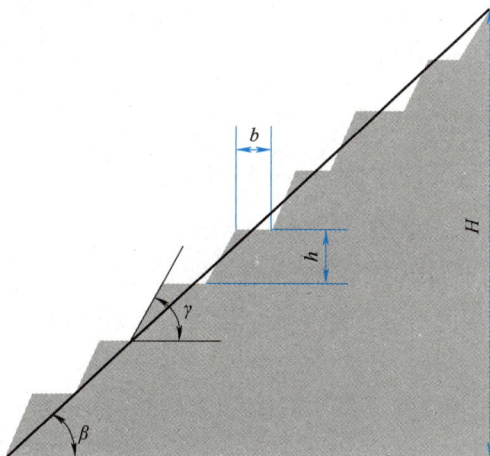

图 6-1　最终边帮构成要素

H—采场高度　*h*—阶段高度　*β*—最终边坡角　*γ*—阶段坡面角　*b*—安全平台宽度

2）在最终边坡留设规范的排水沟、沟渠及支护等设施，为后续的复垦绿化创造条件。

4. 铲装运排

1）采用大型自动化液压铲装设备、液压挖掘机或装载机、自卸式矿车、大型自移式破碎机等先进设备进行铲装作业，从根本上削减移动污染源排放。

2）运输作业综合考虑运输条件、环境影响、节能情况等因素，优先选用输送带廊道运输、溜井平硐等运输方式。

3）排土尽可能选用内排方式，最大化利用内排土场排土，减少外部土地占用。

4）优先采用新能源设备。

5. 疏干排水设计

1）疏干排水系统采用自流排水方式，系统设计符合节约能源、综合利用水资源、保护生态环境等要求。

2）水资源再利用的收集处理设施要满足疏干水和采掘场排水的要求。

3）加强地下水控制，尽可能采用地下隔水墙法控制地下水疏干。

6.2.2 技术选择

1. 内凹式开采

内凹式开采是指在露天开采过程中，生产台阶不推进到边缘，四周暂留一定厚度原始地貌，形成凹陷的开采空间，但随着开采推进，生产台阶和四周暂留地貌逐步下降的开采方式（图 6-2）。内凹式开采是自上而下合理规划开采，不仅保障了矿区整洁、美观、高效、安全，还能为后期生态恢复治理创造良好条件，较大程度地降低视觉冲击。

内凹式开采方式是山坡露天矿开采的一种技术，需要根据具体的矿山地质条件、开采工艺和环保要求等因素进行综合考虑和设计。内凹式开采方式的主要应用范围：在铁路、公路等主干道路侧的矿山，城市周边城镇可视矿山，在自然景观、公园、历史遗迹周边矿山，其他有碍观瞻的景观周边的矿山。

内凹式开采具有以下特点：

1）及时对矿区破坏的生态环境进行修复，实现"边开采，边治理，边恢复"。

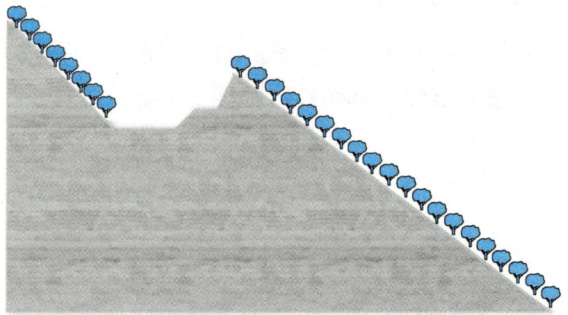

图 6-2 内凹式开采示意图

2）减少对可视景观的不利影响，改变传统矿业开发的形象。

3）减少开采过程中产生的粉尘、噪声等污染物对周边环境的影响，降低环境污染程度。

2. 内排式开采

露天内排式开采主要是指在露天矿开采过程中，将剥离的岩土废料排弃至已到边界的矿坑内部，实现矿坑内部回填的开采方式。对于水平或缓倾斜赋存的矿体，在开采过程中，随着采掘工作面的推进，会在非工作帮一侧形成一定的空间，这些空间可以作为内排土场使用。

露天内排方式的适用条件主要包括开采面积较大的水平或缓倾斜赋存的矿体、废弃的露天坑、已经采完的露天坑。

露天矿内排技术具有以下特点：

1）减少剥离物在运输过程中的折返次数，从而缩短运输距离。

2）减少运输过程中可能产生的粉尘、噪声等污染。

3）节省外部排土场的占地和购地成本，减少土地资源的浪费。

4）内部排土场的建设和维护费用也相对较低。

5）加快矿区的生态恢复进程，提高矿区的生态稳定性。

3. 平硐溜井开拓技术

平硐溜井开拓是通过溜井和平硐来建立露天采场与地面之间的运输联系，适用于地形复杂，地面高差大的山坡露天矿。这种开拓方式以溜井与平硐为矿石主要运输通道，矿石由汽车或其他运输设备运至采场内的卸矿平台向溜井中翻卸，在溜井的下部通过漏斗装车，经平硐运至卸载地点。

平硐溜井开拓系统中，溜井承担着受矿和放矿的任务，合理地确定溜井位置和结构要素，可以防止溜井堵塞和跑矿。溜井位置的选择应根据矿床的赋存特点，以采场和平硐的运输功最小、平硐长度小，以及平硐口至选矿厂、废石场的距离最短为原则；溜井应布置在稳定性好的岩层中，避开断层和破碎带；需开拓的溜井数目应根据矿山的矿岩年生产能力和溜井的年生产能力来确定。平硐的顶板至采场的最终底部开采标高应保持最小安全距离。

平硐溜井开拓具有以下特点：

1）利用地形高差自重放矿，运输距离短，系统运营费用低。

2）采用输送带运输，减少移动污染源数量，降低矿区碳排放和粉尘污染。

3）第一道破碎在平硐中完成，降低矿区噪声污染。

4. 控制爆破技术

矿山开采常用的控制爆破技术有微差爆破、预裂爆破、光面爆破等。

（1）微差爆破

微差爆破又称为毫秒爆破，是一种延期时间间隔为几毫秒到几十毫秒的延期爆破。微差爆破利用毫秒延时雷管，在炮孔之间、排间或孔内以毫秒级的时间间隔按一定顺序起爆，由于前后相邻段炮孔爆破时间间隔极短，致使各炮孔爆破产生的能量场相互影响，既可以提高爆破效果，又可以减小爆破地震效应、冲击波和飞石危害。

（2）预裂爆破

预裂爆破是指进行石方开挖时，在主爆区爆破之前沿设计轮廓线先爆出一条具有一定宽度的贯穿裂缝，以缓冲、反射开挖爆破的振动波，控制其对保留岩体的破坏影响，使之获得较平整的开挖轮廓（图 6-3）。预裂爆破适用于稳定性差而又要求控制开挖轮廓的软弱岩层，如垂直、倾斜开挖壁面，规则的曲面、扭曲面以及水平建基面等。

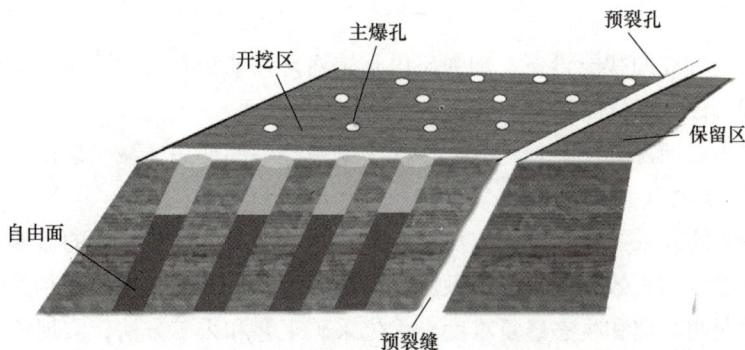

图 6-3　预裂爆破示意图

（3）光面爆破

光面爆破是指通过正确选择爆破参数和合理的施工方法，分区分段微差爆破，达到爆破后轮廓线符合设计要求，临空面平整规则的一种控制爆破技术。光面爆破的特点是在设计开挖轮廓线上钻凿一排孔距与最小抵抗线相匹配的光爆孔，并采用不耦合装药或其他特殊的装药结构。在开挖主体爆破后，光爆孔内的装药同时起爆，从而形成一个贯穿光爆孔且光滑平整的开挖面。

控制爆破技术主要具有以下几个方面的特点：

1）严格地控制爆炸能量释放过程和介质破碎过程，能够使岩石破碎更加均匀，大块率降低，爆堆集中，从而提高爆破效率。

2）爆破范围、方向及爆破地震波、空气冲击波等危害控制在规定限度之内，保障采矿场的安全。

3）降低爆破作业对周围环境的影响，如减少噪声、振动、粉尘和飞石等公害污染，保护周边居民和生态环境的安全。

6.3 地下矿山绿色开采

6.3.1 设计要点

1. 开采工艺与技术设计

1）根据地质条件、开采技术条件、矿层赋存条件、装备状况及其发展趋势等因素，进行开采工艺与技术设计。

2）采用充填开采、残矿回收、深部开采、共伴生资源回采等开采技术提高矿井回采率，开展边采边探等地质工作，延长矿山的服务年限。

3）采用能有效控制地表移动变形的采矿方法。

4）利用废弃巷道、工作面采空区规模化处置尾矿、废石、煤矸石等废弃物。

2. 采矿设备选型设计

1）采用能源消耗低、噪声小、粉尘产生少、安全保护装置齐全的大型化、自动化、智能化设备。

2）采用成熟可靠的智能设备，加强矿山开采对环境影响的监测监控，动态收集监测数据，有效控制矿山开采对环境的影响。

3）优先选用新能源矿用装备，减少移动污染源装备的使用，减少矿山碳排放。

3. 地表变形监测（预测）设计

1）根据不同的开采工艺、采矿方法和开采特点，选择或编制合适的监测方案。

2）健全全过程的长效监测机制，预测变形区的面积、范围，并做好相关的应急预案。

3）预测后期的治理和生态修复难度，优化采矿工艺和采矿方法，实现源头预防。

4. 矿井水防治设计

1）研究、预测开采后含水层结构的损伤，造成地下水渗漏、地表水流量衰减和干涸等问题。

2）编制矿井水防治方案、制定防控措施，推广水资源减损开采技术（如保水开采），实现矿产资源开发与水资源保护协调作业。

3）建立矿井水和地表水的动态监测系统。

5. 共伴生资源共采设计

1）资源共采过程中，需要采用协调开采技术，避免相互干扰和浪费。

2）根据伴生矿的特性和矿井设计要求，选择合适的开采技术。对于伴生矿贫化严重的情况，可以采用矿石梯级开采技术，即按照金属含量高低的顺序进行分次开采，最大限度地提高资源利用率。

3）对于伴生矿含量较高且粒度细小的情况，可以采用浮选和冶炼技术，通过将矿石进行选别和选矿处理，提高金属回收率。

6.3.2　技术选择

1. 充填开采

充填开采是随着回采工作面推进到一定距离后，将矿山产生的固体废弃物、城市垃圾等制成充填料并充入采空区，减小岩层移动范围和幅度，控制地表沉陷和采场地压的开采技术。充填开采技术旨在通过在矿井中注入固体充填物质，如煤矸石、尾矿、水泥浆、废石等，来填充矿井中的空区，同时能有效地抑制岩体崩塌，维护矿区地表正常的生态环境。常用填充材料有胶凝材料（如水泥、固结剂等）、惰性材料（如废石、尾砂等）、添加材料（如絮凝剂、早强剂等）等，常用充填工艺技术有分级尾砂充填、膏体充填、废石充填等。

充填开采技术作为绿色开采技术的代表，在采矿工程中应用需要遵循"边开采，边填充"的原则，即在实际采矿工程生产过程中，一方面需要确保矿山开采废弃物的回收再利用；另一方面需要保证采矿过程中采空区的有效填充，避免出现采空区地面沉降等情况。充填开采技术适用于开采围岩不稳固的高品位、稀缺、贵重矿石的矿体；地表不允许沉陷的区域，如水体、铁路干线等。

2. 保水开采

保水开采（保水采煤）是指在干旱、半干旱地区煤层开采过程中，通过控制岩层移动维持具有供水意义和生态价值含水层（岩组）结构稳定或水位变化在合理范围内，寻求煤炭开采量与水资源承载力之间最优解的煤炭开采技术。

保水开采的目的是对水资源进行有意识的保护，使煤炭开采对矿区水文环境的扰动量小于区域水文环境容量；根据开采后上覆岩层的破断规律和地下水漏斗的形成原因，从采矿方法、地面注浆等方面采取措施，实现矿井水资源的保护和综合利用。

保水开采技术主要包括自然保水采煤技术、充填保水采煤技术、分层保水采煤技术、短壁保水采煤技术、注浆保水采煤技术等。应用保水开采技术时应主要注意以下问题：

1）在北方干旱和半干旱地区开采煤炭资源时，必须重视地下水资源的保护，以防止因采煤导致的地下水资源枯竭和地面塌陷等环境问题。

2）在地下水资源比较丰富的区域，矿井涌水量较大，疏干采煤时水资源浪费比较大，或无法疏干时，考虑采用注浆堵水、帷幕注浆等保水开采方式。

3）在有含水层、隔水层分布，但隔水层厚度有限的地区，煤层开采后需要采取一定的措施来保护地下水不受到破坏。

保水开采具有以下几方面特点：

1）确保煤炭开采对矿区水文环境的扰动量小于区域水文环境容量。

2）保护水资源，提高煤炭资源的开采效率和利用率。

3）为后期矿区生态环境的恢复和重建创造了条件。

6.4　矿物绿色加工

6.4.1　设计要点

1. 矿物加工装备选型设计

1）根据矿石性质、工艺要求、选厂规模以及配置要求等选择设备的型号与规格，且设备应符合先进、成熟、大型、高效、节能、低耗、智能、适应性好、自动化程度高、污染物产生量少以及备品、备件来源可靠的要求。

2）避免选择维修量大的设备，对损耗高、运转作业率低或检修频繁的设备可以考虑备用，但破碎、磨矿、选别和浓缩等主要作业流程中的设备不应整机备用。

2. 矿石预先富集设计

1）预先富集方案选择。矿石与脉石之间存在光电差异可选用光电选预富集，存在密度或重量差异可选用重选预富集，存在磁性差异可选用磁选预富集，存在表面活性差异可选用浮选预富集等；不同的预富集技术有各自的优缺点，对于不同类型低贫矿石及堆存废石需根据其物理、化学性质差异，采用相应的预富集技术提高其入选品位，再进入选矿主流程进行综合回收。

2）针对低品位矿石难以选别和废石大量堆存的问题，在破碎或入磨前对矿石进行预富集设计，可以提高入选矿石品位，提高资源的综合利用率。

3. 厂址选择

1）厂址应选择交通方便，具有可靠水源、电源的地区，对有扩建可能的选厂，预留其扩建用地。

2）总平面布置坚持"节约用地、分区明确"的原则，适应内外运输，运输线路短捷顺直，减少能源消耗，降低运输成本。

3）管线之间以及与建（构）筑物、道路、绿化设施等地上部分应协调，矿仓周边尽量种植滞尘、吸声、抗污能力强的植物，避免裸露地面。

4）采用输送带运输时，应进行全封闭设计，采用交通工具运输时，应选用密封的运输和装卸方式，并分析明确易产尘环节，在易产尘环节设置除尘装备，防止粉尘污染环境。

4. 智能控制设计

实现矿物加工生产全流程自适应、自决策的智能控制。

1）破碎筛分系统实现在线检测破碎粒度、筛分效率，实时调节破碎机排矿口大小以及原矿品位的在线检测功能。

2）磨矿分级作业实现给矿、给水、配矿等智能控制，实现产品粒度实时优化调整和矿浆品位在线检测，且多设备之间应实现综合监控、联锁控制和流程稳定性控制。

3）选别工序根据工艺状态和原料特性自动调节选别工艺控制参数，实现智能化监测和精细化控制，提高选别效率和回收率，成品矿及尾矿应实现计量和品位在线监测，药剂制备和添加应实现精确计量和智能添加，且与选别生产工序自动化联动，满足药剂的供给要求，有毒、有害药剂应实现泄漏分析和预警。

4）精矿处理过程实现自动化控制，且产量、品位及有害杂质含量应实现自动检测，精矿库应建立自动化库存管理系统，自动更新库存，并对出入库精矿量和品位、含水率实现信息化管理。

5. 清洁生产

1）加强废弃物资源化利用，减少废弃物排放。对选矿废水进行处理和循环利用，减少水耗；采用除尘、脱硫脱硝等废气治理技术和设备，减少废气排放；对尾矿、废石等固体废弃物进行综合利用。

2）使用环保材料、药剂，优化操作管理等方式，减少生产过程中的污染物，降低对环境和人体的危害。

3）优化选矿药剂的配方，提高药剂的环保性和浮选效率，推广使用绿色选矿药剂，同时优化选矿工艺流程，减少能源消耗和废物排放。

6.4.2　技术选择

1. 多碎少磨技术

在进入粉磨设备之前，大块物料能够被破碎得足够细小且均匀，可以大大减轻粉磨设备的负荷，直接提高磨机的产能。破碎至粒度较细的物料在运输和存放过程中不同粒度物料之间的分离现象也会显著减少，对于提高配矿的准确性十分有利。

为了实现"多碎少磨"，可以对破碎与磨矿的能源消耗、成本和效益等不同方面进行分析，采用新型大破碎比、高效节能的破碎设备，以两段破碎取代传统三段或四段破碎，简化破碎工艺流程。

2. 加工技术

（1）光电选预富集

光电选矿是利用自然界各种矿物和物料光电性质的差异，使之进行分离的一种选矿方法。目前，色选、XRT 分选等光电选矿预富集技术较为成熟，可用于多种有色金属矿及非金属矿的预选。

1）色选预富集主要通过使用不同波长的光照射矿石，根据矿物之间反射率的差异实现目的矿物与脉石矿物的选别，达到预富集的目的。色选预富集适用于反射率差大于 5% 的矿物，对于具有颜色差异矿石的分选具有明显优势，一般只适用于较少量矿物的分选，且对于不同类型矿石的适应性较差。

2）XRT 分选预富集是利用矿石受到 X 射线照射后所激发的特征 X 射线分选矿物的方法，大多用于有色金属矿石的预选。XRT 光电分选设备结构简单，易于实现生产的连续化、自动化，适用于多种类型矿石的预选，但其价格较为昂贵，且主要局限于粗粒级块状矿石的预选。

（2）重选

重选是根据各种矿物的密度（通常称为比重）的差异和在运动介质中所受重力、流体动力和其他机械力的不同，从而实现按密度分选矿粒群的过程。矿物颗粒、形状将影响按密度分选的精确性。低品位矿石及堆存废石通过溜槽、跳汰机、重介质选矿机、摇床、离心选矿机及新型的复合力场选矿机等重选设备预选，可以脱除原矿中的粗粒脉石或围岩，使有用矿物初步富集。

1）溜槽选矿是利用沿斜面流动的水流进行选矿的方法，矿浆给入溜槽后，不同密度的矿粒的松散分层与分离过程是在水流的作用力、矿粒重力（或离心力）、矿粒与槽底的摩擦力等的联合作用下进行的。设备结构简单，不需要动力，占地面积小，处理能力大，适用于粗粒级矿物的预富集。溜槽重选设备对于粗粒级矿物的预选效果较为显著，但设备高差较大，生产过程中存在给矿不便的问题，且所得预富集精矿品位偏低。

2）跳汰选矿是在垂直交变介质流的作用下，使矿粒群松散，然后按密度差分层：轻的矿物在上层，称为轻产物；重的在下层，称为重产物，从而达到分选的目的。介质的密度在一定范围内增大，矿粒间的密度差越大，分选效率越高。跳汰选矿设备节能高效、便于维修，对于粗粒级浸染矿石选别效率较高。跳汰设备处理能力大、选别粒径范围广，但其在使用过程中需要消耗大量的水，在部分缺水地区难以适用。

3）重介质选矿是一种在相对密度大于 $1g/cm^3$ 的液体或悬浮液中使矿粒按比重差分选的选矿方法。此方法具有设备分选密度调节范围宽、适应性强，在生产过程中易实现自动化，但存在选矿设备磨损严重，维修量大且不适用微细粒矿物富集等缺点。

4）摇床选矿是一个倾斜的床面上借助机械的不对称往复运动和薄层斜面水流等的联合作用，使矿粒在床面上松散、分层、分带，从而使矿物按密度不同进行分选的过程。摇床选矿通过一次选别就可获得合格精矿和废弃尾矿，且耗电量较小，但是占地面积大、耗水量大、单位面积床面的处理能力小。

5）离心选矿是利用矿粒在离心选矿机里受到相互垂直的三个主要力的作用，由于这三个力作用的结果，使矿粒在离心机内得到沉降、松散与分层，从而得到分选的方法。离心选矿机占地面积小、自动化程度高，适用于微细粒级矿石的预选，但其生产过程为间歇操作。

重选能够适应粗、中粒级及部分细粒级矿物的分选，设备投资相对较少，操作维护简单，且不会对环境产生污染。但重选设备大多占地面积及用水量较大，且通过重选获得的预富集精矿的品位和回收率相对较低。

（3）磁选

磁选是利用各种矿物磁性的差异，在磁选机的磁场中进行分选的一种选矿方法，具有选别过程简单、生产成本低、环境污染小等优点。复合力场磁选机、高梯度磁选机与超导磁选机的应用强化了矿石分离效果，提高了分选效率，但磁选仅适用于含有磁性差异矿物的矿石。

1）复合力场磁选机以磁力为主，辅以其他力场对矿物进行分选，具有分选效率高、作业流程短等优点。复合力场磁选机对弱磁性矿物的选别效果较好，但其结构相对复杂，造价高。

2）高梯度磁选机通过聚磁介质产生的高梯度磁场获得较强磁力，以达到回收弱磁性矿物的目的，是富集和分离微细粒弱磁性矿物的主要设备。脉动高梯度磁选机分选粒度范围宽、性能稳定、处理量大，对细粒级弱磁性矿物的分选效果显著，但其能耗高、结构复杂、设备造价相对较高。

3）超导磁选机是用超导体绕制磁系线圈的强磁场磁选机，具有磁场强度高、无污染、运行成本低等优点。超导磁选机提高了磁场强度和梯度，大幅提高了分选效率，但在使用过程中会使磁性颗粒沉积在介质上，因此需对介质进行脱磁清洗，在操作上存在诸多不便。

磁选设备按作业方式分为干式和湿式两类。干式磁选机用于分选大块粗颗粒强磁性矿石。最常见的干式磁选设备是磁滑轮，它具有投资低、效率高的优点。干式磁选机构造简单、运行成本低，但在使用过程中会产生大量粉尘，且技术经济指标较差，仅适用于部分矿产资源丰富以及干旱的地区。湿式磁选机主要用于脱出磁性矿物中的细粒级矿石及矿泥。湿式磁选机运行成本低、节能环保、进出料方便，但其工艺比较复杂，必须依托水为介质进行选别。

（4）浮选

浮选是根据矿物表面物理化学性质的不同来分选矿物的选矿方法。除常规的浮选外，还包括泡沫中分选（SIF）法、水力浮选机、闪速浮选机等粗粒浮选工艺及设备。

1）泡沫中分选法是一种在泡沫层直接回收有用矿物的分选方法，可以大幅提高常规浮选的粒级上限，实现对 4mm 粒级矿物的回收。

2）水力浮选机在传统的流化床技术基础上引入上升水流，通过复合力场使粗颗粒悬浮，然后进行分选。水力浮选的主要作用是富集有用矿物及其连生体，抛除脉石矿物。

3）闪速浮选机是一种在高浓度矿浆中快速浮选粗粒矿物的浮选设备，通过叶轮转动及空压作用形成矿化气泡，达到矿物浮选的目的。由于闪速浮选的浮选时间很短，使得大颗粒脉石矿物没有足够的时间上浮，从而可以获得合格的精矿产品。

浮选适应性强、分选效率高、应用范围广，粗粒浮选工艺和设备显著提高了矿石分选的粒级上限，但其在应用过程中会使用各类药剂，易造成环境污染，且运行成本高、影响因素多、工艺复杂。

（5）化学选矿

化学选矿是利用不同矿物在化学性质上的差异，采用化学处理或化学处理与物理选矿相结合的方法，使有用组分得以富集和提纯，最终产出化学精矿或单独产品（金属或金属化合物）。化学选矿包括化学浸出和化学分离两个主要过程，低贫矿石及堆存废石通过化学选矿法处理，可获得较好的回收效果。

化学选矿可以处理各种贫、细、杂矿石，对原料的适应性强，有利于矿产资源的综合利用，但是需要消耗大量的化学试剂，生产成本较高，且产生的废水、废渣处理难度大。

（6）联合工艺

为进一步减少矿产资源损失、实现低贫矿石及堆存废石的资源化利用，可将光电选、重选、磁选、浮选、化学选等技术相互结合，充分发挥各自的优势，增强分选效果。

对于复杂难选的低品位矿产资源，采用单一的选矿技术往往不能达到较好的回收效果，而联合工艺可以取长补短，充分发挥各种技术的优势，进一步提高分选效率，较好地适应各种类型矿石的选矿需求。

3. 尾矿干排

尾矿干排是指经选矿流程输出的尾矿浆经多级浓缩后，再经脱水振动筛等高效脱水设备处理，形成含水少、易沉淀固化和利用场地堆存的矿渣，矿渣可以转运至固定地点进行干式堆存。

尾矿干排有以下特点：

1）提高矿浆浓度，节约水资源。

2）减少尾矿体积，同等库容条件下，尾矿库有效库容增加，从而节省占地面积，降低尾矿库的建设费用、常规维护费用以及闭库后的复垦治理成本。

3）降低尾矿库溃坝、滑坡及泥石流等事故的风险，降低因渗漏导致的环境污染风险。

4. 选矿药剂绿色化

选矿药剂绿色化主要涉及在选矿工艺中，使用低毒、环保的化学药剂，以达到保护矿山生态环境的目的。在进行选矿药剂选择设计时，要综合考虑所处理矿物的可浮性以及粒度组成、所含杂质的种类和性质等因素，选择高效、低毒、对人体无害、环保性好、成本低、稳定性好、适用范围广、药剂剂量小的选矿药剂，且减少长链有机物、剧毒及含重金属离子药剂的使用。

绿色药剂应用技术具有以下几方面特点：

1）从源头上降低对环境的污染。

2）降低药耗和能耗，减少生产成本。

3）提高选矿回收率和精矿品位，增加产品附加值。

6.5 矿井水处理

6.5.1 设计原则

矿井水处理的设计原则涵盖了法规遵守、高效性与经济性、先进技术与设备、自动化与智能化控制、美观与实用性、灵活性与适应性、环境效益，以及安全性与可靠性等多个方面。

1）设计应采用占地面积小、处理效率高、出水水质好、投资少、能耗低、运行可靠的工艺流程及处理设备。这要求在保证处理效果的同时，充分考虑项目的经济性和可持续性。

2）选用国内外先进、高效、节能、运行维护简便的设备和技术。这不仅可以提高处理效率，还能降低运行成本和维护难度。

3）工艺设计应考虑采用全自动化控制，以提高运行管理水平，降低劳动强度。通过智能化控制系统，可以实现对矿井水处理过程的实时监测和精准调控，确保出水水质稳定、可靠。

4）建筑设计应美观、大方，同时确保构筑物布置紧凑、合理。设施及管线布置应流畅、整齐，减少占地面积和管道费用。

5）矿井水处理的设计应具有一定的灵活性和适应性，以便根据矿井水的水质变化和处理需求及时进行调整。

6.5.2　设计要求

1）确保处理后的水质达到环保要求。

2）在保证处理效果的前提下，尽量降低基建投资和运行费用。

3）通过合理的设计和处理工艺，最大限度地减少污泥、噪声、废气等对周围环境的影响。

4）能够实现定期对处理后的水质进行检测和评价，确保水质达标。

6.5.3　矿井水处理技术

矿井水从产生到综合利用过程如图 6-4 所示。不同类型矿井水处理方法见表 6-1。

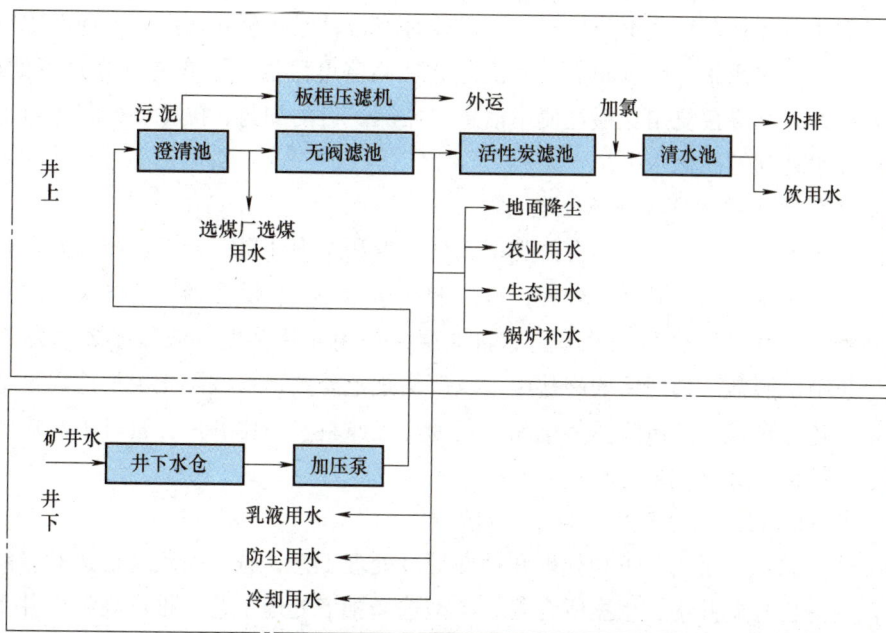

图 6-4　矿井水从产生到综合利用过程

表 6-1　不同类型矿井水处理方法

矿井水类型	特征	处理方法
洁净矿井水	水质中性、低浊度、低矿化度、有毒有害元素含量很低，基本符合生活饮用水的标准	直接设专用输水管道给予利用，若作为饮用水需进行消毒
含悬浮物矿井水	水中含有较多煤粒、岩、粉等悬浮物，一般呈黑色，但其总硬度和矿化度并不高	处理常用的主要方法有混凝、沉淀。原水加混凝剂后经过混合作用，水中胶体杂质凝聚成较大的矾花颗粒，在沉淀池中去除，然后进行快滤和消毒，达到饮用水标准
高矿化度矿井水	矿化度无机盐总含量大于 1000mg/L，主要含有 SO_4^{2-}、Cl^-、Ca_2^+、K^+、Na^+ 等离子，常见于我国北方缺水矿区	根据其离子成分确定合理的净化和淡化工艺，处理成饮用水和生产用水

（续）

矿井水类型	特征	处理方法
酸性矿井水	pH 小于 5.5 的矿井水，一般为 3～3.5，个别小于 3，总酸度高，常见于我国南方高硫矿区	处理常用的主要方法有中和法、沉淀法、吸附法、硫化法、电渗析法和反渗透法、微生物法等
含特殊组分矿井水	含有氟、铁、锰、铜、锌、铅、铀、镭等元素	去除悬浮物，然后对其中不符合目标水质的污染物进行处理

（1）含悬浮物矿井水规模化智能化处理

对于涌水量较大的矿井，在采取有效的矿井水源头治理的前提下，在井下建设清污分流装置，进行源头分级处理和井下分质利用，必要时将含悬浮物矿井水提升到地面进行规模化集中处理。矿井可采用采空区过滤、反冲洗过滤、高密度澄清、重介速沉等井下处理方式，实现清水入仓，井下直接复用。通过使用信息化监测、自动加药、排泥、预警等自动控制系统，提升矿井水处理智能化水平。

（2）高矿化度矿井水分级绿色处理

对于高矿化度矿井水，应根据含盐类型、含盐量和总固体量，合理选择预处理和脱盐技术。将海水淡化技术应用于矿井水处理，推广利用膜浓缩⊖、反渗透⊖等技术。矿井可利用周边余热余能，或开发地热能、太阳能等新能源，采用光热蒸发、低温多效蒸发等热法脱盐，实现绿色节能脱盐。处理后的高盐废水应严格规范处置，可按照相关规范建设地面蒸发塘进行处置，避免环境污染风险。将结晶盐作为化工原料资源化利用，暂时不利用或不能利用的结晶盐应按照有关规定规范贮存。

（3）酸性和含特殊组分矿井水高效定向处理

对于酸性矿井水，采用井下预处理和地面深度处理工艺，减少长距离输送对管路和设备的腐蚀。含特殊组分矿井水，根据所含组分类型选择相应处理工艺，推进高氟矿井水定向高效处理，采用吸附法、沉淀法、膜法等除氟技术。

6.6　固体废弃物资源化利用

6.6.1　设计原则

1）通过优化生产工艺、选用环保材料等措施，从源头上减少固体废弃物的产生。

2）在生产过程中采用先进的清洁生产技术，减少生产过程中的固体废弃物排放。

⊖ 膜浓缩技术是一种高效、环保的物质分离和浓缩技术，其工作原理是使用特定类型的膜作为分离介质，只允许水分子或某些小分子物质通过，而阻止其他溶质通过。当液体物料与膜接触时，水分子在压力差的驱动下通过膜孔，而溶质则被截留在膜的一侧，从而实现物料的浓缩。

⊖ 反渗透技术是一种基于渗透现象和半透膜选择透过性的高效分离技术，通过外加压力实现溶剂与溶质的分离和纯化。在反渗透系统中，通过外加压力（通常大于渗透压）于浓溶液侧，迫使溶剂（水）逆着自然渗透的方向流动，从浓溶液侧通过半透膜进入稀溶液侧。

3）对产生的固体废弃物进行有效的分类、收集和储存，为后续的资源化利用创造条件。

4）设计应具有一定的灵活性和适应性，以应对不同种类、不同性质的固体废弃物资源化利用的需求。

5）对无法或暂时无法进行资源化利用的固体废弃物，应采用无害化处理技术，确保其不会对环境和人体健康造成危害。

6.6.2　设计要点

1）固体废弃物资源化利用项目需要充分考虑生产、存储、销售的一体化设计。通过优化各个环节的设计和管理，可以实现固体废弃物的高效利用和资源的最大化回收。

2）工艺流程：设计科学合理的工艺流程，确保固体废弃物能够经过有效的预处理、分选、加工等环节，转化为有价值的资源或能源。要考虑工艺流程的连贯性和协同性，确保各环节之间能够顺畅衔接，提高整体处理效率。

3）装备选型与配置：选择性能稳定、效率高、能耗低的处理设备，确保设备能够满足工艺流程的需求。合理配置设备数量和布局，避免设备闲置或过度使用，提高设备利用率。

4）投资效益：对固体废弃物资源化技术项目的投资、运营成本及预期收益进行全面分析，确保项目在经济上具有可行性。考虑资源化产品的市场需求、销售价格及竞争情况，确保项目能够获得稳定的经济回报。

5）资源利用效率：提高固体废弃物的资源化利用率，降低处理过程中的资源消耗和浪费。

6）污染控制：严格遵守国家和地方的环保法规和标准，确保处理过程的环境合规性。在固体废弃物资源化的过程中，采取有效的污染控制措施，防止废水、废气、废渣等污染物的排放对环境造成二次污染。

7）生态修复：在固体废弃物资源化的过程中，注重生态环境的保护和修复工作。

8）节能减耗：推广使用节能降耗的处理技术和设备，降低处理过程中的能耗和碳排放。

6.6.3　资源化利用技术

固体废弃物资源化利用技术具有可持续性和可替代性两大特点，通过对固体废弃物的减量化、资源化、无害化处理，实现对资源的最大化利用和对环境的最小化污染。主要的固体废弃物资源化利用技术包括分选利用技术、焚烧和热解技术、生物处理技术、物理回收技术、化学处理技术等。其中分选利用技术与矿物加工部分的分选技术一致，这里不进行介绍。

1. 焚烧和热解技术

焚烧和热解技术是两种常见的固体废弃物处理技术，它们各自具有独特的工作原理、应用范围和优缺点。

（1）焚烧技术

焚烧技术是一种高温热处理技术。该技术通过一定量的过剩空气与被处理的有机废弃物在焚烧炉内进行氧化燃烧反应，废弃物中的有害有毒物质在 $800 \sim 1200℃$ 的高温下氧化、热解而被破坏，实现废弃物无害化、减量化、资源化的处理。主要过程如下：

1）废弃物预处理：在焚烧前，通常需要对废弃物进行预处理，如破碎、分选、混合等，以提高焚烧效率和减少污染物排放。

2）焚烧炉内燃烧：废弃物被送入焚烧炉内，在助燃空气的作用下进行燃烧。燃烧过程中，废弃物中的可燃物质被氧化，释放出热能和烟气。

3）烟气净化：焚烧产生的烟气含有大量污染物，如颗粒物、二氧化硫、氮氧化物等。因此，需要对烟气进行净化处理，通常采用除尘器、脱硫塔、脱硝装置等设备，以去除烟气中的污染物，达到排放标准。

4）灰渣处理：焚烧过程中产生的灰渣包括炉渣和飞灰。炉渣主要由不可燃物质和未完全燃烧的残留物组成，可用于建筑或道路铺设等。飞灰含有较高的重金属和其他有害物质，需要进行专门的安全处置，如固化、填埋或资源化利用。

焚烧技术能够高效彻底地破坏废弃物中的病原体和有毒有害物质，从而显著降低其对环境和人体的潜在危害。然而，值得注意的是，焚烧过程中可能会伴随产生粉尘、灰渣及含有多种污染物的烟气，同时可能产生异味和噪声。这些副产物若未得到妥善处理，存在对环境造成二次污染的风险。因此，在采用焚烧技术处理废弃物时，必须配备先进的烟气净化系统和其他污染物处理设施，以确保所有排放物均符合严格的环保标准。同时，还需要对焚烧过程中产生的灰渣进行安全处置，防止其中的重金属和其他有害物质对环境造成长期影响。

（2）热解技术

热解是一种在无氧或缺氧条件下有机物受热分解的过程。通过加热至 $400 \sim 1000℃$ 的高温，含碳物质（如报废轮胎、木材、生物质和塑料）会分解成更简单的物质，包括低至中等热值的气体、液体、油或焦油，以及固体炭。热解过程如下：

1）预处理：根据废弃物的性质和热解目标，可能需要对废弃物进行预处理，如破碎、干燥、分选等。

2）热解反应：在无氧或缺氧条件下，将废弃物加热至一定温度（通常在 $400 \sim 1000℃$），使有机物发生热解反应。这一过程中，废弃物中的有机大分子被裂解成小分子，并转化为气体、液体和固体产物。

3）产物收集与处理：热解产生的气体和液体产物可以通过冷凝、分离等方式进行收集和处理，得到燃料油、可燃气体等产品。固体产物主要为炭黑和炭渣，可用于生产建筑材料、吸附剂等。

热解技术能将固体废弃物高效转化为燃气、燃油等高品质的能源产品，其能源转化效率高，且在转化过程中排气量少，因此对环境的影响相对较小。更为显著的是，热解技术所产生的燃料油、可燃气体及炭黑等产物均具备较高的经济价值，为资源的循环利用提供有力的支持。然而，热解技术的应用也面临着一些挑战。首先，由于热解过程对设备的要求较高，因此，需要投入较大的资金进行设备的购置与维护。其次，热解的反应速度相对较慢，这在一定程度上影响了处理效率。最后，热解过程的操作条件较为苛刻，需要精确控制各项参数，以确保反应的顺利进行及产物的品质稳定。

2. 生物处理技术

生物处理技术是一种利用微生物、植物等生命体对固体废弃物进行分解或吸收，以消除或降低其危害性或提高其资源利用价值的技术。

（1）好氧堆肥技术

好氧堆肥技术是在通气条件良好的环境中，好氧微生物通过自身的生命活动（如氧化、还原、合成等过程）将有机固体废弃物中的有机物降解并转化为稳定的腐殖质。这一过程中，微生物会释放热量，使得堆肥温度上升，有助于进一步杀灭病原菌和杂草种子，同时加快有机物的分解速度。处理过程如下：

1）原料预处理：对固体废弃物进行分选、破碎、筛分和混合等预处理工序，去除大块和非堆肥化物料如石块、金属物等，并调整物料的含水率、pH和碳氮比（C/N比）等参数，以适应微生物的生长和繁殖需求。

2）主发酵（一次发酵）：将预处理后的物料堆积成堆，通过通风设备保持堆体内部的氧气供应。在好氧微生物的作用下，易分解的有机物迅速降解，产生二氧化碳和水，同时释放热量使堆温上升。这一过程通常持续数天至数周，直至堆温开始下降。

3）后发酵（二次发酵）：将主发酵阶段尚未分解的易分解有机物和较难分解的有机物进一步分解，得到完全腐熟的堆肥产品。后发酵可在封闭的反应器内进行，也可在敞开的场地、料仓内进行，时间一般比主发酵阶段长。

4）后处理：对发酵熟化的堆肥进行处理，包括分选去除杂质、破碎、筛分和混合等工序，以提高堆肥产品的质量和均匀性。根据需要，还可以在堆肥中添加N、P、K等营养元素以生产复合肥。

5）贮存：将处理后的堆肥产品贮存起来，以备后续使用。贮存过程中需要注意保持干燥通风，防止闭气受潮。

好氧堆肥技术能加速有机物分解，有效缩短堆肥周期并提高堆肥效率，同时显著降低二次污染的风险。

（2）厌氧发酵技术

厌氧发酵是一种在无氧环境中进行的生物化学过程，厌氧发酵技术利用微生物的代谢活动来分解有机物质，并产生一系列的生物化学产物。处理过程如下：

1）水解酸化阶段：复杂有机物如纤维素、淀粉等被水解成单糖，蛋白质被水解成氨基酸，进而形成有机酸和氨等。

2）产乙酸、氢阶段：由厌氧的产氢和产乙酸菌群把第一阶段产生的各种有机酸分解成乙酸、H_2和CO_2。

3）产甲烷阶段：严格厌氧的产甲烷菌群利用乙酸、一碳化合物（如CO_2、甲酸、甲醇、甲基胺或CO）、二碳化合物（如乙酸）和H_2产生甲烷。

厌氧发酵技术具有显著优势，如微生物在无氧条件下能高效转化有机物质为沼气，且设备和能源成本相对较低。然而，该技术过程较为复杂，需依赖高度专业和精密的控制手段以确保稳定运行。

（3）生物转化技术

生物转化技术是指利用生物体系本身所产生的酶对外源化合物进行酶催化反应的过程。这些反应可以改变化合物的分子结构，从而生成新的、更有价值的化合物。其实质是一种生理生化反应，通过生物催化作用实现化合物的结构修饰和转化。处理过程如下：

1）药物合成：使用化学方法较难合成的药物可以采取生物转化进行合成，特别是一些天然的结构较为复杂的药物。此外，生物转化还可以与化学合成相结合，实现优势互补，提高药物合成的效率和质量。

2）环境保护：生物转化技术可以用于处理有机废弃物和污染物，将其转化为无害或低毒的物质，从而减轻对环境的污染。

3）能源生产：通过厌氧发酵等生物转化技术，可以将有机废弃物转化为沼气等生物能源，为可再生能源的开发和利用提供新的途径。

生物催化剂凭借其卓越的效能，能显著加速反应进程，并且对生物展现出高度的专一性选择，确保了生物转化过程的精准与高效。此外，生物转化反应多在温和的条件下进行，无须依赖高温、高压或有毒催化剂，从而体现了其对环境的友好性。然而，这一技术过程相对复杂，要求高度的专业知识和精密的操控以确保其稳定运行。

3. 物理回收技术

固体废弃物物理回收技术是一种重要的固体废弃物处理方法，它主要通过物理手段（如大小、密度、磁性、形状等）对废弃物进行筛分、压缩、破碎等操作，以实现废弃物的减量化、无害化和资源化。处理过程如下：

1）筛分：利用筛网将废弃物按粒径大小进行分离。较大的废弃物被留在筛网上，而较小的废弃物则通过筛网，从而实现废弃物的分级。

2）压缩：通过机械力将废弃物进行压缩，以减小其体积，便于运输和贮存。同时，压缩还能破坏废弃物的内部结构，有助于后续处理。

3）破碎：利用破碎机将废弃物破碎成较小的颗粒或碎片，便于后续的分离、筛选和回收处理。

4）磁选：利用磁性差异将废弃物中的铁质物质分离出来。磁选机产生的强磁场能吸引铁质物质，使其与其他非铁质物质分离。

5）重力分选：利用重力对不同密度的废弃物进行分选。密度较大的废弃物下沉，而密度较小的废弃物上浮，从而实现废弃物的分离。

6）气力分选：利用气流对颗粒物料进行分选。根据废弃物的密度和形状差异，通过调节气流的速度和方向，将不同特性的废弃物分离开来。

物理回收技术以其高效处理废弃物的能力著称，能够迅速实现废弃物的精准分类与回收。该技术在实施过程中几乎不产生污染物，或仅产生极少量的污染物，从而显著减轻了对环境的负担。更为突出的是，与其他回收方法相比，物理回收技术不仅成本相对较低，而且回收效率颇高，这不仅有助于大幅度降低废弃物处理的成本，还极大地促进了资源的有效循环利用。

4. 化学处理技术

（1）烧结、养护技术

烧结技术是一种将粉状物料或压坯在低于其主要组分熔点的温度下进行热处理，使粉末颗粒之间发生黏结，从而提高其强度的工艺过程。在烧结过程中，粉体经过成型后，通过高温下的热处理，使固体颗粒相互键联，晶粒长大，空隙（气孔）和晶界[☉]逐渐减少，通过物质的传递，总体积收缩，密度增加，最终形成具有某种显微结构的致密多晶烧结体。烧结过程虽然能够使粉状物料或压坯转变为致密的多晶烧结体，但烧结体的性能往往还需要进一步通过养护技术来优化和提升。养护技术可以消除烧结过程中产生的内应力，改善烧结体的显微结构，从而提高其强度、韧性、耐蚀性等性能。处理过程如下：

1）低温预烧阶段：在此阶段，主要发生金属的回复及吸附气体和水分的挥发，压坯内成型剂的分解和排除等。

2）中温升温烧结阶段：随着温度的升高，开始出现再结晶现象。变形的晶粒得以恢复，改组为新晶粒，同时颗粒表面氧化物被还原，颗粒界面形成烧结颈。

3）高温保温烧结阶段：在此阶段，孔隙尺寸和孔隙总数逐渐减少，烧结体密度明显增加。

4）冷却阶段：从烧结温度缓慢冷却到室温的过程，也是奥氏体分解和最终组织逐步形成的过程。

5）退火处理：烧结体加热到一定温度，保温一段时间后缓慢冷却的工艺。退火处理可以消除烧结过程中产生的内应力，改善烧结体的显微结构，提高其塑性和韧性。

6）热等静压处理：将烧结体置于高温高压环境中，通过各向同性的压力作用，使烧结体进一步致密化的工艺。热等静压处理可以显著提高烧结体的密度和强度，改善其机械性能。

7）表面处理：通过喷砂、抛光、化学蚀刻等表面处理方法，改善烧结体的表面粗糙度、清洁度和化学活性，提高其表面质量和性能。

烧结技术以其工艺简单、操作便捷、能耗较低、适应性强、产品性能稳定、生产效率高、初期投资较小以及有利于环保与资源综合利用等多重优势，在多个工业领域得到了广泛应用。然而，该技术也伴随着一些挑战，包括烧结过程中的变形、开裂、分层、气泡与气孔生成，以及材料利用率不够高等缺点，这些都需要在实际应用中加以关注和改进。

（2）烧胀技术

烧胀技术的基本原理是在原料中掺入在烧成过程中能产生气体的组分，这些气体在高温下使原料膨胀，从而形成多孔结构的陶粒[☉]。处理过程如下：

1）原料制备：选择适当的原料，并经过破碎、筛分、混合等处理，以获得符合要求的粒度分布和化学成分。原料中需要掺入能产生气体的组分。

☉ 在多晶体中，由于晶粒的取向不同，晶粒间存在分界面，该分界面为晶界。晶粒与晶粒之间的接触界面也称为晶界。

☉ 陶粒是一种轻质的人造颗粒材料，通常由黏土、页岩、煤矸石等原料经过破碎、混合、成型和高温焙烧等工艺制作而成。陶粒大部分呈圆形或椭圆球球体，陶粒具有密度小、质轻、保温隔热、耐热性好、抗振性能好、吸水率低、抗冻性能和耐久性能好、抗渗性好等特性。

2）成型：将制备好的原料送入成型机，制成一定形状和尺寸的陶粒生坯。成型过程中需要控制好成型压力和生坯密度。

3）烧成：将成型好的陶粒生坯送入回转窑或其他烧成设备进行烧成。在烧成过程中，需根据陶粒的材质和烧胀要求，调整烧成温度和气氛。同时，还需注意控制烧成设备的旋转速度和燃烧器的火焰强度，以确保陶粒在烧成过程中均匀受热并充分膨胀。

4）冷却：烧成后的陶粒需经过冷却处理，以降低其表面温度和内部应力。通常采用自然冷却或风冷方式，使陶粒逐渐冷却至室温。

烧胀产品因其多孔性而具有密度低、强度高的特点，且材料来源广泛，处理过程能耗低。

（3）熔融技术

熔融技术是指将固体材料加热至熔点以上，使其从固态转变为液态的过程。在这个过程中，物质的分子热运动动能增大，导致结晶破坏，物质由晶相变为液相。处理过程如下：

1）原料准备：根据所需制备的材料类型和性能要求，选择合适的原料并进行预处理。

2）加热熔融：将原料加热至熔点以上，使其从固态转变为液态。这个过程中需要精确控制加热温度和时间，以确保材料达到理想的熔融状态。

3）成型处理：将熔融的材料通过特定的成型方法（如铸造、注塑等）得到所需形状的制品。

4）后续处理：根据需要进行退火、淬火、晶化等后续处理，以进一步提高材料的性能和稳定性。

熔融技术能够优化材料的内部结构和性能，显著提升其强度、硬度及耐蚀性，并具备塑造复杂形状的能力。然而，该技术应用需配备专业设备，如高温炉、熔炼炉等，这些设备不仅成本高昂，还可能对环境产生一定影响。

固体废弃物资源化项目通常涉及多种技术的综合运用，以固体废弃物制砖为例，需整合破碎技术与烧结工艺等。在项目初期，应全面考量产品特性、经济效益及环境影响等多重因素，科学甄选最适宜的技术组合方案。

6.7 生态修复

本节内容主要包含矿山地质灾害，土地资源损毁、压占，水环境、水土流失、土地复垦、植被恢复等修复设计要点以及矿山一般工业固体废弃物堆存场所修复技术、采煤沉降区修复技术以及露天矿采坑、排土场台阶及边坡修复技术。

6.7.1 设计要点

1. 地质灾害设计要求

1）通过测量滑坡体、崩塌体和不稳定斜坡的垂直位移、水平位移和裂缝监测地表位移以及测量滑动面位置和滑体变形速率监测深部位移，判断滑坡稳定性、滑坡主滑方向和滑坡治理工程效果，将土壤含水量、岩土应力、雨量纳入设计考虑的主要要素。

2）及时掌握泥石流的形成条件和发展趋势，提前预警可能发生的灾害，为采取相应的预防措施提供依据。合理设计堆放、清运废渣弃土，消除或固化泥石流物源，修筑拦挡工程、疏导排水等工程措施消除诱发泥石流的水源条件，从而避免或消除泥石流安全隐患。

3）采用预留矿柱、矿墙，充填开采等方式，避免或减少地面塌陷、塌陷裂缝等安全隐患的发生，对已产生的地表变形，根据类型、规模、发展变化趋势、危害大小等特征综合治理。未达到稳沉状态的，采取警示、避让、监测等临时工程措施；达到稳沉状态的，采取防渗处理、削高填低、回填夯实、土地整平等工程措施。对于暂时难以治理的地质安全隐患，应建立监测机构，采取警示、避让、监测等临时工程措施，禁止在影响范围内进行各类生产建设活动。

2. 土地资源损毁、压占设计要求

1）掌握露天挖损区域的范围、面积和采掘趋势，判断挖损的破坏程度和可恢复性。按照开采设计合理分设台阶，采取坡体锚固、削坡卸荷、垫脚堆坡、坡脚拦挡、疏导排水等工程措施消除矿山不稳定边坡隐患。对回填采坑的内排土场，要及时了解和掌握到界的边坡和平盘的整形、消坡和植被恢复情况。

2）土地资源压占区域主要包括工业场地、排渣场、矸石场等区域，重点掌握压占区域的面积和范围。松散物质堆置的固体废弃物按照稳定、有序、合理的设计要求集中堆放，采取分设台阶、内排清运、疏导、拦挡、固化等工程措施消除安全隐患。

3. 水环境设计要求

设计合理、科学的采矿方式、加强顶底板管理等措施，从源头上防止含水层结构破坏。设计修筑排水沟、引流渠、防渗漏处理等工程措施，防止有毒有害废水、固体废弃物淋滤液污染地下水。设计防渗帷幕注浆等工程措施，最大限度地阻止地下水进入矿坑，减少矿坑排水量。

4. 水土流失设计要求

在矿山的建设期、生产运行期、闭坑期，都要依据地形地貌、降水、土壤等因素进行水土流失综合治理。监测重点包括降雨观测、地表径流和泥沙监测、植被覆盖度、土壤含水量观测等，评价指标包括扰动土地整治率、水土流失总治理度、土壤流失控制比、拦渣率、林草植被恢复率、林草覆盖率。

水土流失设计中主要包括工程措施、植被措施和临时措施。工程措施主要包括表土的剥离和利用，截排水沟（含消力池）、挡水围埂措施，边坡整形和覆土，合理布设取弃渣场；植被措施包括边帮及平台的造林和草灌木种植，场地裸露区域和矿区道路两侧绿化。临时措施主要是及时对建设期剥离的表土和在洗选矿过程中产生废石、废渣进行苫盖，以及表土或煤矸石的合理利用。

5. 土地复垦设计要求

在矿山建设、开采前设计表土堆放场，合理确定表土剥离的范围和厚度，单独堆放和保管，后期用于土地整治。通过设计边坡修理、台阶修筑、平台整理、废石（渣）清理、采坑回填等工程措施重塑地形。设计废石（渣）回填的采坑，合理安排岩土排弃次序，有利于土壤重构和植被重建的岩土排放在上部。设计煤矸石回填采坑，要上覆压实土层或其他具有阻隔空气效果的覆盖材料等安全措施，防止自燃和爆炸。覆盖材料的压实系数、厚度以及每层煤矸石堆存厚度需经评估后确定。此外，如果设计利用冶炼废渣、粉煤灰、炉渣、脱硫石膏、尾矿等一般工业固体废弃物回填采坑的要满足地质条件稳定、符合当地生态环境保护、水土资源保护要求，回填区域一般可包括自下而上的基础层、回填区、顶部阻隔层、覆土层，回填区域占地边界原则上不应超过其历史边界，除必要的边坡修正等安全措施外，不应扩大采坑范围。

6. 植被恢复设计要求

1）充分利用剥离的表土和废弃的煤矸石、废石（渣）、尾矿砂（渣）、粉煤灰等固体废弃物，通过培肥改良、土层置换、表土覆盖、土层翻转、化学改良、生物修复等措施，重构土壤剖面结构与土壤肥力条件。当原剥离的表土不能满足绿化种植需求时，应尽可能选用施工区周边的含腐殖质及物理性能良好的表土，避免使用强酸性土壤和过湿地中的还原性有害物质的土壤。严禁使用含有毒有害成分的土壤。

2）边坡植被恢复设计在确保边坡稳定的基础上，选择适合的方法和技术，做到整体保护、系统修复、综合治理。边坡植被恢复工程的实施不应影响边坡稳定性和工程安全。

3）针对矿山生态环境破坏类型及其危害程度，选用一种或多种植被恢复方式，采用自然恢复、人工促进自然恢复、生态重建等方法实施生态防护，统筹兼顾矿山与周边生产和生活，全面协调区域生态、经济、社会发展。

4）根据植被立地条件[⊖]，筛选出根系发达、固氮能力强、生长速度快、播种栽植容易、成活率高、病虫害少、抗水土流失能力强、易管护的适生植物和先锋植物，通过林、草、花、卉、乔、灌种植结合，合理部署植被疏密和覆盖区域。

5）采用恰当的养护措施和灌溉措施，保护目标植物和目标群落，逐步向自然群落过渡，最终形成可自我更新、健康、稳定、高效的生物群落。

6）考虑植被恢复的景观效果以及与周边环境的协调，遵循自然规律，使修复后的创面与周边环境浑然一体，恢复自然原貌，避免过多人工痕迹。

7）植被恢复设计中严禁引入对当地生物多样性造成威胁的外来物种。

6.7.2 生态修复技术

依据矿山生态修复方向，结合修复场地地质安全、水土环境、水资源平衡等场地条件，统筹考虑生态问题的严重程度、现有技术经济条件等，确定各类矿山场地的修复用途和修复方式。修复方式包括自然恢复、辅助再生、生态重建三类。生态修复措施主要包括矿山地质安全隐患消除、地形地貌重塑、土壤重构、植被恢复等方面。

1. 矿山一般工业固体废弃物堆存场所修复技术

矿山一般工业固体废弃物堆存场所修复技术主要包括地基处理、拦挡坝、回填、人工防渗衬层、水土保持和生态重建等。

（1）地基处理技术

地基处理是指为了提高地基的承载力，改善其变形性质或渗透性质等，采取灌注泥浆，使其包裹废渣，然后铺一层黏土压实，形成一个人工隔水层，减少地面水下渗，防止废渣中剧毒元素的释放等人工处理方法。

⊖ 立地条件是指影响植物成活、生长的外界环境的总和，是与植物有关的各类生态因子的统称。具体来说，它主要包括地形、土壤、水文、植被和人为活动等环境因子，这些因子相互作用、共同影响植物的生长发育。

（2）建设拦挡坝

修筑用于支撑部分超出原状地面标高固体废弃物堆填体的坝体，用于控制填埋场的稳定性，防止填埋场内部产生的废水导致环境污染。

（3）回填工程

回填工程是指利用矿山一般工业固体废弃物替代砂、土、石料等生产材料填充废弃露天采坑等遗留废弃迹地的活动。

（4）构建人工防渗衬层

在一般工业固体废弃物处置容纳场底部及四周边坡建设由天然材料或人工合成材料组成的防止渗漏的衬层。

（5）水土保持

一般工业固体废弃物填埋场封场后采取防止雨水径流和土壤侵蚀的封场坡型修整，防止雨水渗入填埋场内部，减少污染物向外迁移的覆盖层建设，建立排水系统，设置防渗层进行水土保持等工作。

（6）生态重建

通过生物、物理、化学、生态或工程技术方法，围绕废弃露天采坑受损生态功能的修复生境，恢复植被和生物多样性重组等过程，通过植树、植草、覆土绿化、修建挡墙、截流、防渗层施工、地下水导排系统、渗滤液导排系统、封场绿化等方法，重构生态环境，并使生态环境进入良性循环。

2. 采煤沉降区修复技术

采煤沉降区修复技术主要包括减沉技术、水资源保护技术以及生态环境恢复技术。

（1）减沉技术

采用地面覆盖透水性材料抑制土壤渗透速度以及采用注浆或灌浆、增强地下桩的承载力等加固土壤的方法，减少地面沉降，通过填充堆积物或进行地下排水，减轻土壤下沉的影响，保护工程的安全。

（2）水资源保护技术

合理分配采煤沉陷区域的水资源，保护地下水位的稳定；通过人工灌溉、引水等方式，补充地下水资源，降低地面下沉的风险；在采煤沉陷区域建设水库、水闸等水利设施，以调控地下水位和地表水的平衡。

（3）生态环境恢复技术

在沉陷区域内适当种植乔木、灌木和草坪等植物，促进土壤的保持和恢复；对沉陷区域的水体进行适当的净化处理，将水体恢复到良好的环境状态；采取措施保护该地区的生物多样性，恢复沉陷区内濒危物种的生态环境。

3. 露天矿采坑、排土场台阶及边坡修复技术

露天矿采坑、排土场台阶及边坡修复技术包括边坡治理及护坡绿化技术两类。

（1）边坡治理

地质灾害防治技术和方法有抗滑（抗滑桩、抗滑键）、锚固（预应力锚索、锚杆）、支挡、拦挡、护坡、阻排水、削坡减载、压脚、改变岩土体性质和植草种树等。

1）注浆加固：对于破碎或节理裂隙发育的边坡，采用压力注浆手段进行加固。灌浆液通过钻孔壁周围切割的节理裂隙向四周渗透，对破碎边坡岩土体起到胶结作用，形成整体，提高坡体整体性及稳定性。

2）锚杆或土钉加固：在边坡坡体破碎或地层软弱时，打入一定数量的锚杆进行加固；需要快速稳定边坡，可以在边坡内部设置土钉来提高其稳定性。

3）喷混凝土技术：适用于坡度较陡且稳定性较好的坡面，通过制作安装坡面锚钉及泄水孔、挂网、喷混凝土、混凝土养护等工序进行。

（2）护坡绿化技术

护坡绿化技术是利用植物或其他构筑物对边坡进行防护和植被恢复，如保持路面平整性、修整悬崖、清除危石、降坡削坡、构成水平台阶、降低边坡坡度至安全角度以下，以及在边坡范围内种植绿色植物进行复绿。

1）覆土绿化技术。对矿山开采后形成的面积较大、比较平坦的矿场或其他较为平整的场地，经地形测量后，进行场地的挖填设计，控制土地高程，确定出土地边界，对土地进行平整，配土覆土，根据恢复土地利用类型确定回填土层厚度。此技术简单可行，适用于稳定的土质边坡、卵砾石边坡或软岩质边坡，坡度范围为 0°～30°。覆土后可种植农作物、乔灌草等，能有效保持水土和地表的抗冲刷能力，有计划地逐步改良土壤土质，实现耕地、林草地指标的占补平衡，具有一定的景观价值并减少了扬尘。

2）边坡绿化技术。边坡绿化技术包含挡墙蓄坡绿化、开凿平台绿化、边坡钻孔绿化、喷播技术、鱼鳞坑绿化、种植槽护坡技术、蜂巢式网格植草护坡技术、土工格室植草护坡技术、生态植被袋护坡技术、植生袋护坡技术、植物纤维毯护坡技术、三维植被网护坡技术、喷混植生技术、人工种草护坡技术等。

6.8　生态修复监测

生态修复监测技术包含地质灾害监测、土壤污染物监测、生物多样性监测以及土地复垦监测等内容。

6.8.1　设计要点

1）地质灾害监测包括地面崩塌、滑坡、泥石流、地裂缝、地面沉降等灾害监测。监测点重点布设在不稳定斜坡体以及容易发生地质灾害的地区，监测内容包括绝对位移、相对位移的变形监测，形成和运动、发展情况的监测，破坏及损毁情况的监测。

2）土壤污染物监测点主要布设在矿山固体废弃物、尾矿库、露天采场等堆占、破坏和污染的地区，以及被洗选矿污水污染区域，监测土壤污染物，重点监测土壤中水溶性盐和重金属的污染程度及变化。

3）生物污染监测是指利用检测手段对生物体内的有毒有害物质进行监测，监测设计内容应包括对生物体内重金属元素、有害非金属元素、农药残留和其他有毒化合物的监测。

4）生物多样性监测包括日常巡护、植物群落的样方调查、动物和植物的样线调查、外来物种调查和大气、土壤、水文水质等环境调查监测。从源头上尽可能保护自然资源，避免生态系统遭到破坏后再进行修补，为自然资源和矿区长期可持续发展奠定基础。

5）土地复垦监测包括对土壤质量、植被、地形坡度、土层厚度、水分、容重、酸碱度、有机质含量、营养元素含量、土壤侵蚀评估、水土保持能力评估以及管护措施实施等多个方面。通过对这些指标进行监测和评估，可以全面了解复垦土地的状况和恢复程度。

6）采空区塌陷区的预警设计以采空区上方的岩土体应力、地面沉降和裂缝监测为主，明确监测点位、监测方式、监测频次，为塌陷区的及时治理提供参考。

7）地下水环境监测点能反映监测区地下水环境质量状况，重点监测地下水水位和水质情况，监测点不宜变动，尽可能保持地下水监测数据的连续性。

8）地表水环境监测对象包括采矿、选矿生产过程中的矿山废水、生活污水、淋滤废水等，监测点能反映监测区地表水环境质量状况，重点监测水质、水量情况及重金属污染情况，监测点布设在露天矿采坑底部、选矿厂、尾矿库、废石堆、堆浸场等，覆盖地表水污染范围内的河道、湿地、湖泊等范围。

6.8.2　监测技术

1. 地质灾害监测技术

地质灾害监测是运用各种技术和方法对影响地质灾害形成与发展的各种动力因素的观测。矿区地质灾害多发，针对地质灾害类型的不同选用不同的地质灾害监测项目与监测方法，见表 6-2。

表 6-2　地质灾害监测项目与监测方法

地质灾害类型	监测项目	监测方法
崩塌	地表位移	常规大地测量法（三角网法、极坐标法、交会法、水准测量法、三角高程测量法）等
		近景摄影测量法
		三维激光扫描测量法
	裂缝位错	简易测缝法
		裂缝计测量法
	运动轨迹和运动参数	视频监控法
	降雨量	雨量计
滑坡	地表位移	常规大地测量法（三角网法、极坐标法、交会法、水准测量法、三角高程测量法）等
		GNSS 测量法
		三维激光扫描测量法
		TDR 技术
	地表裂缝	裂缝计测量法
		简易测缝法
	深部位移	钻孔测斜仪法、光纤传感器监测法
	土壤含水率	土壤含水率监测仪法

（续）

地质灾害类型	监测项目	监测方法
滑坡	降雨量	雨量计
	地下水水位	水位监测仪
泥石流	降雨量	雨量计
	次声	次声报警仪
	泥位	泥位计
	流速	测速仪
	重度和黏度	采样器、黏度计、电子秤
	土壤含水率	土壤含水率监测仪法
	视频	视频监测系统
	物源变化	遥感监测法
地面塌陷（沉降）	垂直位移	水准测量法、三角高程测量法、InSAR 等
	水平位移	大地测量法、GNSS 测量法等
	裂缝	精密测距仪、伸缩仪、测缝计、位移计、简易监测等
	地下水	水位监测仪、孔隙水压力监测
	降雨量	雨量计
	土壤含水率	土壤含水率传感器
地裂缝	垂直位移	水准对点监测、短水准剖面监测、全站仪测量、三维变形测量监测、裂缝计测量法、GNSS 测量法、InSAR
	水平位移	全站仪测量、三维变形测量监测、裂缝计测量法、GNSS 测量法
	水平错动位移	全站仪测量、三维变形测量监测、裂缝计测量法、GNSS 测量法

1）常规大地测量法是一种应用高精度光学和光电测量仪器，通过测角和测距实现对滑坡进行监测，如精密水准仪、全站仪、经纬仪、测距仪、倾斜仪、应力计和测缝计等仪器。对于滑坡的不同方向采用不同的方法进行监测，如滑坡的水平单向位移方向采用小角法、视距法等；滑坡的垂直方向位移采用精密三角高程测量和几何水准测量法；滑坡的二维水平位移采用距离交会法和前方交会法。此方法具有监测范围较大、测量数字化、多点同时检测、效率高等优点，但是由于受到地形等条件的影响，野外工作强度大，不适合长期连续对滑坡体进行监测。

2）三维激光扫描测量法是一种通过精度较高的扫描点云数据的方法来取得滑坡体三维表面几何图形信息的方法，它不仅能够使坡体的数字化完成得更加高效和迅速，还能充分完成对滑坡的三维建模以及虚拟重现。在采取三维激光扫描测量法对滑坡进行变形监测的过程中，不需要提前埋设监测设备便可直接快速获取滑坡体三维点精确的云数据，简便快捷，在对既得的三维"面"式点云数据进行细致的计算和分析之后，能够比较直观地反映滑坡体实时的形态特性。但该方法在应用的过程中容易受制于自身的技术特点，有监测要求产生海量点云数据、解析困难、扫描距离受限等问题。

3）近景摄影测量法是一种借助摄影进行测量的方法，通过获取近距离目标的影像信息，确定其三维空间数据，以实现监测的目的。相较于传统监测手段，近景摄影测量法在信息容量方面更胜一筹。在对滑坡变形进行监测的过程中，该方法的应用能够及时得到滑坡变形三维空间的信息，保证高位移监测足够精确。但在应用过程中可能会受到野外地形条件的束缚，相机架设点位选取较难以及全天候工作适应性差等问题。

4）光纤传感器监测法是通过在滑坡地区敷设光纤来进行大范围监测和预警，主要应用于边坡岩土体的内部变形监测。当滑坡、地震等因素引起地形变化时，光纤中的光信号就会发生变化，通过光纤监测系统可以把这些变化信号转化成数字信号，传送到数据处理器中进行分析处理，从而及时捕捉滑坡整体变形状态和分布式监测滑坡体。光纤监测技术具备抗电磁干扰、耐蚀、耐久性好等优势，可以及时、准确地获得滑坡变形监测数据，准确判断出边坡的滑移量以及滑动位置。

5）钻孔测斜仪法是用于观测钻孔内目标深度岩（土）体横向位移矢量的一种原位测试监测手段。通常情况下，由多支固定式测斜仪串联装在滑坡体测斜管内，通过装在每个高程上的倾斜传感器，测量出测斜管的倾斜角度，分析滑坡不同深度部位的变形特征以及确定滑动带位置。深部位移监测采用固定式测斜仪，固定式测斜仪由测杆、导向轮、连接软缆、传输电缆等组成。该方法适用于崩滑体蠕滑和匀速变形阶段，不适用于加速变形阶段；该方法精度高、监测数据可靠、易保护，但成本较高，投入慢，且量程有限。

6）合成孔径雷达干涉测量（InSAR），原理是合成孔径雷达（SAR）首先利用发射器以一定的频率和极化方式向目标发送雷达信号，雷达信号可以是脉冲信号，也可以是连续波信号；其次，当雷达信号遇到目标时，一部分信号会被目标反射回来，形成回波信号，SAR通过接收器接收回波信号，并记录下信号的幅度相位和到达时间；最后利用 SAR 卫星获取滑坡影像，对其进行处理得到滑坡三维地形信息。InSAR 适用于大区域滑坡边界划定、坡表沉降、裂缝、位移及动态演化的全覆盖式连续监测，具有全天候、全时段实时监测、精度高、范围大等优点。

7）遥感监测法通过采用航空摄影与红外扫描来对灾害体进行调查和监测，并利用沿时间轴分布各点的遥感图像对滑坡动态变化进行监测。遥感卫星监测滑坡、泥石流等灾害的效率更高，可较为直观地反映灾害发生前后的变化，具有监测范围广、时效性强等特点。对于微小变形，采用 InSAR 技术可准确获取地面沉降、地裂缝、滑坡等变形数据，具有长序列、宏观、可对比的监测优势。

8）时域反射（TDR）技术是一种电子测量技术，多年来一直被用于各种物体形态特征的测量和空间定位。该方法基于滑坡形变使同轴电缆产生局部形变，从而影响电缆内反射信号的时间和反射系数的大小，通过反射信号的性质定位变形的位置和大小，从而达到监测滑坡的目的。在使用 TDR 系统进行滑坡监测时，需要通过滑坡上的钻孔将与测试仪连通的同轴电缆布置在滑层以下，电缆测试仪发出的电压脉冲通过电缆传输，通过分析连接在电缆测试仪上的数据记录仪，分析电缆中反射回来的脉冲。TDR 方法具有经济安全、检测时间短、可远程连续监测、数据获取周期短等优点，但是该方法不能确定滑坡移动方向，不能用于监测倾斜情况和无剪切作用的区域。

9）全球导航卫星系统（GNSS）测量法是基于北斗高精度卫星监测技术，在远离地质灾害的非形变区选择一个稳定点，建立参考基站，再在形变监测区根据监测项目的要求，进行监测断面的布置，建设 n 个 GNSS 监测站，对地质监测点边坡、滑坡（不稳定斜坡）等结构进行地面沉降、水平位移、形变实时监测；通过无线通信技术将参考基站和观测所得原始数据传输到数据处理中心，数据处理中心利用原始数据解算出目标点即参考基站和观测站之间水平和高程的绝对位移。利用 GNSS 技术可以对滑坡位移进行长期监测，传输数据可实时传达，自动化效率高，监测站点之间无须通视，从而减少了人力成本。该技术精度可达到毫米级别，已满足对一般滑坡、地面沉降和泥石流等自然灾害的实时监测。但由于受到地形误差等因素的制约，GNSS 技术不适用于室内、隧道、水下等环境。

10）雨量计是用以测量地面降雨，同时将降雨量转换为数字信息，以满足信息传输、处理、记录和显示等需要的一种水文、气象仪器。雨量计中翻斗处于一个水平轴上，是不稳定的状态。当雨水进入翻斗中，翻斗装满水后翻转，翻斗中的水量流出，翻斗返回到原始平衡状态。当翻斗翻转时会触碰干簧管，产生一个脉冲信号，每次脉冲相当于 0.2mm 的降雨量，然后将脉冲信号传入单片机中，记录降雨总量。雨量计广泛应用于易发生地质灾害区域降雨量的监测，需要进行监测的地质灾害包括崩塌、滑坡、地面塌陷（沉降）、泥石流等。

11）视频监控法是对矿区内地质灾害的运动过程进行影像监测，用以判断地质灾害是否形成。在有矿山供电的情况下，视频监测可利用光纤或 ADSL 进行信号传输。在仅靠太阳能和蓄电池供电情况下，视频监测采用间断供电工作的模式。该方法适用于崩塌、滑坡和泥石流等地质灾害运动轨迹和运动参数的监测。

12）裂缝计测量法包括简易监测法、地表裂缝计测量法等。其中简易监测法是指采用皮尺、钢尺及简易测点等简单手段测量边坡表面裂缝的方法，裂缝深度 2m 以内的浅缝可用坑槽探法检查裂缝深度、宽度及产状等；当裂缝长度不超过 20m 时宜采用埋设测缝计或位移计进行监测。滑坡后缘裂缝处采用拉绳式位移传感器进行监测，功能是把机械运动转换成可以计量、记录或传送的电信号，将拉绳计和其中的钢索固定在需要监测的裂缝两端，如果裂缝增大则会拉动拉绳计内的不锈钢丝，从而精确地将拉动量转化为电信号，读取数据。

13）泥石流次声波是在泥石流发育或运动时岩石发生断裂、摩擦、挤压和碰撞等现象中产生的，泥石流次声波信号在空气中通常以 344m/s 的速度进行传播，空气和水都不易吸收次声波，在传播过程中，次声波衰减程度很小，且具有极强的穿透力，因此泥石流次声波所携带的泥石流信息非常可靠，通过次声声压计算，以及分析泥石流次声声压与泥石流规模之间的关系，可以准确地计算出泥石流声压值所对应的泥石流规模信息，有助于提前预警泥石流。目前泥石流次声预警装置多以次声报警仪为主，通过接收泥石流发育时的次声声波和仪器所设置的临界警报值进行对比，判断并预警泥石流。泥石流泥位监测利用电磁波雷达测距原理，在泥石流的流通渠上方加装电磁波雷达物位计，对泥石流沟内的泥水位进行监测。

14）地下水水位监测可采用自动监测仪器或人工监测。人工监测可采用卷尺、测绳、电测水位仪等工具进行。地下水水位监测仪是一种通过测量液体静压力来判断液位高度的在线水位监测设备。其工作原理是利用水压传感器将地下水静压力转换为电子信号，再由电子信号处理系统通过显示器进行显示和记录。当地下水位发生变化时，水压传感器会立即感知到，并传递给电子信号处理系统处理和记录。

15）地下水水量监测要对地下水开采量、自流井和泉水水量、矿坑排水量等进行监测。

监测方法可采用容积法、堰测法和流速仪法。容积法是利用已知容积的水槽或水池，在一定时间内测得流入液体的体积，通过计算得到需计量的水量。堰测法是采用薄壁式计量堰来测定水流量的方法。流速仪法是利用水流动力推动转子旋转，根据转动速度推求流速，从而确定水流量。

16）地下水环境遥感监测技术是利用遥感卫星、航空影像和地面遥感仪器获取地下水环境信息的方法，它包括以下几种技术：

一是热红外遥感技术。热红外遥感技术通过测量地表温度的变化可以推测地下水流动的位置和路径，提供地下水湿润区域的空间分布和变化情况。

二是雷达遥感技术。雷达遥感技术通过穿透地表测量雷达波在地下的反射和散射特性，估计地下水埋深、含水层的厚度和地下水位的高程等参数。

三是遥感热像技术。遥感热像仪通过分析地表和地下水的热红外辐射特征，可以得到地下水的温度分布、地下水流动的方向和速度等信息，对于地下水补给区域和污染区域的定位和监测很有帮助。

四是激光雷达技术。激光雷达通过发射激光脉冲并测量其返回的时间和强度，可以得到地下地貌的三维信息，包括地下水埋深、地下水位高程以及地下水与地表之间的界面。

17）地球物理勘探监测技术是利用地球物理仪器和方法获取地下水环境信息的一种方法，涉及面较广，它可具体分为三种方法：

一是电阻率法。电阻率法通过测量地下材料对电流的阻抗来推测地下水区域的分布情况。地下水通常具有较高的电导率，相对于周围的岩石和土壤，电阻率较低。通过测量地下电阻率的变化，可以得到地下水的分布、深度和流动方向等信息。

二是自然场磁法。自然场磁法是通过测量地球自然磁场的变化来推测地下水体的存在和赋存状态。地下水和地下岩石具有不同的磁导率特性，这些特性可以在地面上观测到。通过对地下磁场的测量和分析，可以间接推测地下水的分布和流动情况。

三是声波法。声波法主要利用声波在地下介质中的传播特性来推测地下水体的存在和分布情况。地下水通常具有较高的声波传播速度和较低的衰减特性，通过测量声波在地下介质中的传播时间和强度的变化，可以推测地下水的分布和储存情况。在数据采集和解释过程中，需要实地观察和结合其他辅助数据进行综合分析，以确保监测结果的可靠性和准确性。

18）土壤含水率传感器采用 FDR（频域反射）原理，通过水在土壤中量的变化导致介电常数的变化来进行测量的。FDR（频域反射仪）型土壤水分监测仪利用 LC 电路的振荡，根据电磁波在不同介质中振荡频率的变化来测定介质的介电常数，进而通过一定的对应关系反演出土壤水分状况。

2. 土壤污染物监测

土壤污染物监测技术包括质谱法、生物监测法、光谱监测法、现场快速监测法、同位素示踪法。

1）质谱法：包括气相色谱质谱法（GC-MS）、高效液相色谱质谱法（HPLC-MS）和电感耦合等离子体质谱法（ICP-MS）。气相色谱质谱法适用于分析土壤中易挥发的有机污染物，如农药、石油烃等，该方法通过色谱柱将混合物中的组分分离，然后利用检测器进行定量或定性分析。高效液相色谱质谱法适用于分析土壤中不易挥发的有机污染物，如多环芳烃、有机氯农药等，该方法结合了高压输液泵、高效固定相和高灵敏度检测器，具有高分辨率和高灵敏度。电感耦合等离子体质谱法结合了电感耦合等离子体和质谱仪，能够同时测定多种金属和非金属元素元素，具有极高的灵敏度和准确性，适用于土壤中痕量元素的测定。

2）生物监测法：土壤的生物活性能够反映土壤的环境质量，使用生物指标如生物种类、微生物种类、酶活性等都可以评估土壤的状况并预测土壤的质量变化。土壤中的动物如线虫、蚯蚓和一些无脊椎动物，是可以反映土壤特性、土壤污染和土壤生态过程的指标。微生物作为土壤的重要成分之一，能够反映土壤的受污染情况，通过分析土壤中的微生物种类和数量，可以对土壤的状况进行分析。土壤上植物的种类和生长状态能够指示土壤状况。测定土壤中的酶活性也是一种常用的土壤监测手段，土壤中的 C、N、P、O 等基础元素的转换依赖于土壤中各种酶的作用，测定这些酶的底物和产物的变化情况可以确定酶活性。土壤酶活性与土壤结构参数具有很好的相关性，可依据测定的土壤酶活性进行土壤质量监测。

3）光谱监测法：应用原子吸收光谱（AAS）、原子荧光光谱（AFS）、电感耦合等离子发射光谱（ICP-OES）、X 射线荧光光谱等，主要用来异位测定土壤中各种重金属的种类和含量。此类方法在测定前通常需要对土壤进行人工布点采样、对样品进行一定的处理（萃取、消解等），以便排除杂质、提取目标检测物质。为了解决异位监测在测定前需要进行的复杂样品处理程序和标线测定等问题，发展了自动化监测技术，虽然布点采样等环节还需要进行人工操作，但是检测过程的自动运行能够减少人工误差、节省人工成本，还缩短了测定的时间。

4）现场快速监测法：使用便携式土壤污染快速检测仪器，如土壤重金属快速检测仪、土壤 pH 和水分快速测定仪等，能够在现场快速获取土壤污染物的浓度或参数信息，为应急监测和现场评估提供支持。

5）同位素示踪法：将同位素标记的污染物作为示踪剂，研究污染物在土壤中的迁移、转化和归宿等过程。同位素示踪技术有助于深入了解土壤污染物的环境行为。

3. 生物多样性监测

1）红外相机技术：该技术的应用受地形、气候影响小，可有效提供监测区域内兽类的物种多样性与丰富度（种类及数量）、地理分布、栖息地利用、人为干扰、野生动物肇事等重要信息，对于大中型兽类、行踪诡秘、夜行性、稀有物种、外形易于识别物种更为有效，适用于地栖性物种。

2）标记重捕技术：小型兽类（占我国兽类物种的 40% 以上，不包括翼手目）在兽类多样性组成和生态系统功能中具重要作用，但由于其体型较小、外形相似，难以通过红外相机技术所获得的影像进行物种识别。因此，标本采集与采用标记重捕技术是掌握小型兽类物种与群落动态的重要途径。

3）超声波监测技术：是翼手目动物的主要监测手段，可以用于分析物种组成、行为活动以及种群内个体间通信交流等内容。

4）视频监测技术：主要用于多数兽类物种的各种行为以及兽类与植物之间种间互作关系等数据的收集和分析。

5）声音监测技术：野生动物栖息地内的声音信号可以反映栖息地质量、人为干扰强度，以及野生动物个体及种群的分布、活动、种群结构及生理状况等保护生物信息。声音信号具有传递范围远、受障碍物限制小的优点，对于生性胆怯、行踪隐秘、栖息于亚冠层生境中的动物，由于光线和离地高度导致视觉信号传递受限，声音信号在物种调查及监测中优势更为明显。该技术可实时监测兽类物种及其栖息地，通过设置多台录音机组成的阵列，采集兽类物种声音数据，分析物种组成、种群内个体间声音通信行为等内容。

6）地下水环境生物监测技术：是利用生物指标来评估地下水环境质量和生物多样性的一种技术。通过对地下水中生物群落的组成、结构和功能进行分析，可以获取地下水环境的健康状况和污染程度相关信息。首先通过对地下水中水生生物样本（如浮游生物、底栖生物）进行分类、计数和鉴定，可以确定地下水中生物群落的组成和丰富度，这些信息可以反映地下水环境的生物多样性和受到的污染压力；其次是进行生物多样性评估，通过对地下水样本中的生物群落进行多样性指标分析，如物种丰富度、均匀度、优势度等，可以评估地下水环境的生物多样性。生物多样性的变化可以被视为地下水环境质量的指标之一，较低的生物多样性可能暗示着环境受到了污染或破坏。除此之外，还有生物标志物监测。某些生物物种对特定环境条件或污染物具有较强的响应能力，可以作为地下水环境污染的生物标志物。监测这些生物标志物的存在和丰度变化，可以评估地下水环境中特定污染物的存在和影响程度。

7）GPS 跟踪技术：主要用于兽类物种的时间和空间定位、家域大小、扩散、迁移等方面的研究。

8）非损伤性 DNA 监测技术：主要针对一些珍稀濒危且分布区较狭窄的大型种类的监测，可用于分析物种的种群数量、迁移扩散等内容。

4. 土地复垦监测

土地复垦监测技术可采用宏观的遥感技术监测，也可以针对矿区实地调查监测，重点反映土地复垦的范围、现状和变化情况，其中植被的恢复效果是重要的评估和监测内容。目前较为普遍的是采用遥感技术监测。利用矿山土地复垦地物特有的属性特征，从颜色、形状、大小、纹理、图形、结构等方面，定量判定矿山在基建、生产、开采过程中生态修复情况。遥感监测时间可按年度、半年度划分，对于重点矿山、整改矿山可适量缩短解译周期，实现季度监测和月度监测。对于植被恢复、环境污染等特殊监管需要，可适当调整影像拍摄时间和解译周期。

1）激光测绘技术可以快速获取地面的高程、地形和地物信息，具有高精度、大范围的特点。在土地复垦中，激光测绘技术常常被用来获取土地的立体表面模型，为土地规划和规划实施提供依据。同时，激光测绘技术也可用于监测土地变化、评估土地复垦效果等方面，为土地复垦的后续工作提供支持。

2）无人机遥感技术是指无人机配备高清摄像头和激光雷达等设备，对监测区域进行高效、高精度的影像采集和测量。通过获取地球表面的大量数据，可以高效地监测土地覆被变化、植被生长情况等信息，为土地复垦提供科学依据。同时，遥感技术还可以监测土地复垦后的效果，为核查土地整理项目的验收、定量评价流域农用地生态适宜性、调查矿区的植被盖度以及流域土地利用变化与水质的关系提供便利。无人机遥感技术能够解决传统测绘方法中难以到达的地区，提高了土地复垦监测工作的全面性和精确性。

3）激光雷达（Lidar）是激光探测与测距系统的简称，它通过传感器发出的信号在传感器与目标物之间的传播距离，分析目标地物表面的反射能量、波谱和相位信息，进行目标定位的精确解算，从而呈现目标物精确的三维结构信息。激光雷达可通过记录完整的回波波形（大光斑为 10~100m）反演出森林的垂直结构与生物量；或是记录少量的离散回波（小光斑为 0.1~1.0m），利用高密度的激光点云数据，进行精确的单木高度估测。Lidar 技术能够形象并且高效地获取森林结构的三维特征，与传统的遥感技术相比，在监测和评估物种栖息地方面具有不可替代的优势，有助于获得更加直观的物种栖息地环境数据，进而更深入地探讨动植物之间的关系，量化和评估动物生境质量。

5. 生态修复成果评估监测

生态修复成果评估监测是指评估监测生态修复相关政策、规划、工程等在优化生态系统格局、提升生态系统质量、增强生态系统服务功能、消除人为胁迫、维护生态环境效益持续发挥等方面取得的效果。被评估监测区域生态修复实施的前一年或基准年，为与评估监测期各项评估指标进行对比的初始时间。评估监测内容包括重要生态修复系统面积，评估区内森林、灌丛、草地、湿地、农田（非生态用地转化）等面积增长情况；生态连通度，评估区内生态系统整体连通程度提升情况；植被覆盖度，评估区内有植被覆盖区域的生长季平均植被覆盖度提升情况；环境质量，评估区内水、气、土等环境质量改善情况；生物多样性，评估区内生物多样性提升情况；主导生态功能，评估区内水源涵养、土壤保持、防风固沙、固碳、海岸防护等主导生态功能提升情况；人为胁迫，评估区内人为胁迫改善情况；公众满意度，评估区内公众满意情况等。

思 考 题

一、简答题

1. 绿色矿山建设设计的意义是什么？
2. 露天矿内排技术具有哪些特点？
3. 露天矿控制爆破技术有哪些？
4. 充填开采的优点是什么？
5. 选矿时为什么采用多碎少磨技术？

二、论述题

1. 露天边坡生态修复的主要技术有哪些？
2. 地质灾害监测的主要技术有哪些？

第**7**章
绿色矿山生产管理

构建绿色矿山管理体系，为绿色矿山的持续改进和稳步发展奠定了坚实基础，也是绿色矿山正常生产运行的重要保障。本章将全面介绍绿色矿山管理体系的主要内容，阐述矿井技术改造与改扩建的具体方案，并深入探讨与绿色矿山紧密相关的企业规范化管理专项内容。

7.1 概述

7.1.1 基本概念

绿色矿山生产管理的核心内容在于企业能够建立起绿色矿山管理体系，实现绿色矿山的持续改进。绿色矿山管理体系是指一个矿山企业在绿色矿山运行过程中所采取的一系列规范和流程，旨在提高矿山企业的效率和可持续发展能力。绿色矿山管理体系应包括为制定、实施、实现、评审和保持绿色矿山方针所需的组织机构、规划活动、职责、惯例、程序、过程和资源，其意义在于为矿山企业提供一种系统化的管理方法，使其能够更好地应对内外部环境的变化，实现组织的战略目标。

绿色矿山管理体系有助于提高矿山企业建设运行绿色矿山的效率。通过建立明确的工作流程和责任分工，绿色矿山管理体系能够确保各个环节的协同合作，避免资源的浪费和重复劳动。同时，绿色矿山管理体系还可以通过标准化的操作规程和流程控制，提高工作的准确性和一致性，从而提高工作效率。

绿色矿山管理体系有助于优化矿山企业对绿色矿山建设的管理。绿色矿山管理体系强调持续改进和提高绿色矿山的建设水平，通过制定明确的绿色矿山建设目标和指标，以及建立有效的监控和评估改进机制，能够帮助矿山企业保持和不断提升绿色矿山的建设水平。

绿色矿山管理体系还有助于提升矿山企业建设绿色矿山的风险管理能力。绿色矿山管理体系强调风险识别、评估和控制，通过建立风险管理框架和应急响应机制，能够帮助矿山企业及时发现和应对各种内外部风险，降低风险对运营的影响。

绿色矿山管理体系有助于提升矿山企业的可持续发展能力。绿色矿山管理体系强调资源开发、生态环境保护和社会责任，通过建立绿色矿山管理体系，能够帮助矿山企业合规经营，减少对环境的污染、生态系统的破坏和资源的浪费，提高矿山企业的可持续发展能力。

绿色矿山管理体系的意义在于提高矿山企业建立绿色矿山的效率、质量和可持续发展能力。通过规范化和系统化的管理方法，能够帮助组织应对各种挑战和变化，提高组织的竞争力和适应能力，实现组织的战略目标。因此，建立和完善管理体系对于绿色矿山的建设和运行非常重要。

7.1.2 PDCA 模型

管理体系的运行模式是持续改进，是企业连续改进某一或某些运营过程以提高利益相关方满意度的方法，它可用 PDCA 模型来表示。PDCA 模型如图 7-1 所示。

PDCA 循环，也称为戴明环，是由美国著名质量管理专家戴明（Deming）首先提出的。这个循环主要包括四个阶段，即计划（Plan）、实施（Do）、检查（Check）和处理（Action），以及八个步骤。八个步骤是四个阶段的具体化。下面以绿色矿山建设为例介绍 PDCA 的四个阶段和八个步骤。

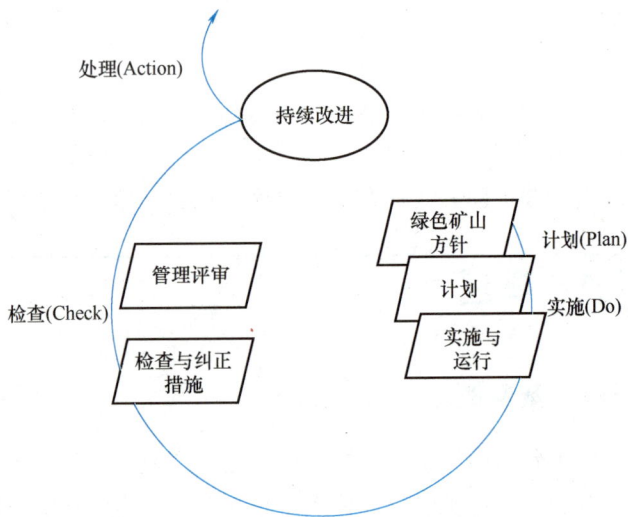

图 7-1　PDCA 模型

（1）计划阶段

计划是绿色矿山管理的第一阶段。通过计划，确定绿色矿山管理的方针、目标，以及实现该方针和目标的行动计划和措施。

计划阶段包括以下四个步骤：

第一步，分析现状，找出存在的绿色矿山问题。

第二步，分析原因和影响因素。针对找出的绿色矿山问题，分析产生的原因和影响因素。

第三步，找出主要的影响因素。

第四步，制定改善绿色矿山的措施，提出行动计划，并预计效果。

（2）实施阶段

实施阶段只有一个步骤，即第五步：

第五步，执行计划或措施。

（3）检查阶段

检查阶段也只包括一个步骤，即第六步：

第六步，检查计划的执行效果。通过做好自检、互检、工序交接检、专职检查等方式，将执行结果与预定目标对比，认真检查计划的执行结果。

（4）处理阶段

处理阶段包括两个具体步骤：

第七步，总结经验。对检查出来的各种问题进行处理，对于正确的应加以肯定，总结成文，制定为标准。

第八步，提出尚未解决的问题。通过检查，对效果还不显著，或者效果还不符合要求的一些措施，以及没有得到解决的绿色矿山问题，应本着实事求是的精神，把其列为遗留问题，反映到下一个循环中。

处理阶段是 PDCA 循环的关键。因为处理阶段就是解决存在问题、总结经验和吸取教训的阶段。该阶段的重点又在于修订标准，包括技术标准和管理制度。没有标准化和制度化，就不可能使 PDCA 循环向前转动。

7.1.3　PDCA 循环在管理体系中的作用

PDCA 循环在管理体系中的主要作用如下：

（1）提供持续改进的框架

管理体系需要不断地改进和优化，以适应外部环境的变化和内部需求的发展。PDCA 循环为管理体系提供了一个持续改进的框架，通过不断的计划、执行、检查和行动，推动管理体系的逐步完善。

（2）促进资源的合理配置

在 PDCA 循环的各个阶段，都需要对资源进行合理的配置。例如，在计划阶段需要明确所需资源；在执行阶段需要确保资源的到位；在检查阶段需要对资源的利用效果进行评估；在行动阶段则需要根据评估结果对资源进行调整和优化。

（3）增强管理的系统性和科学性

PDCA 循环强调管理的系统性和科学性，要求管理者在制订计划、实施措施、检查效果和处理问题时都要遵循科学的方法和程序。这有助于提高管理体系的规范性和有效性。

7.2　绿色矿山管理体系

7.2.1　体系框架

根据国际标准化组织（ISO）所制定的针对管理体系的标准要求，绿色矿山管理体系包含 4 个步骤 17 个过程，其框架如图 7-2 所示。

绿色矿山管理体系是针对绿色矿山建设内容进行全方位系统性管理和提升改进，体现在设施、设备、工艺、系统的运行和升级改造、矿井改扩建、企业规范化管理等方面。

7.2.2　规划

1. 绿色矿山方针

绿色矿山方针是一个矿山企业对建设绿色矿山绩效的意图与原则的表述，它为矿山企业建设绿色矿山以及确定绿色矿山目标和指标提供了一个框架。

矿山企业制定本组织的绿色矿山方针，并确保遵循以下原则：

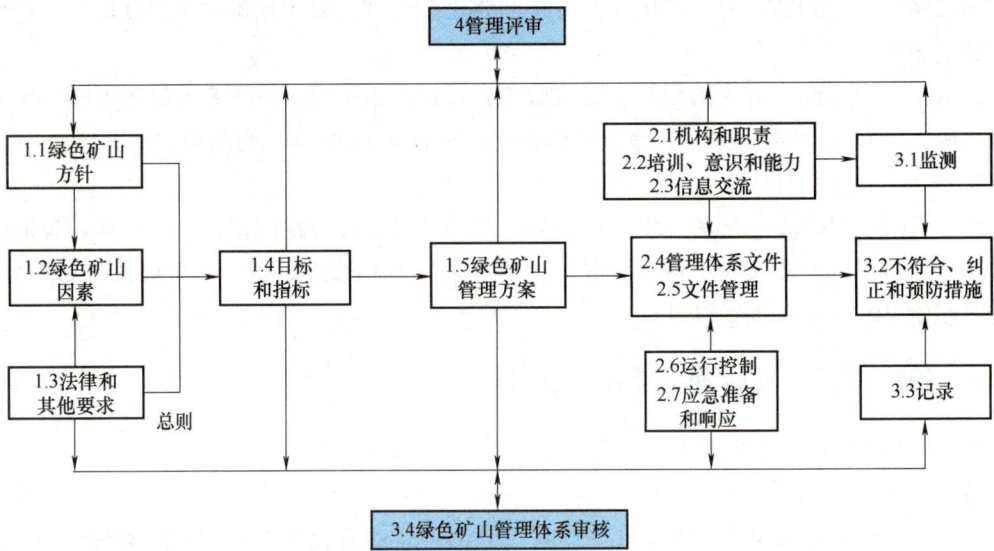

图 7-2　绿色矿山管理体系框架

1）适合于矿山企业矿产类型、规模、开采方式以及绿色矿山的影响因素。

2）包括对绿色矿山的持续改进、资源开发与生态环境保护相协调的承诺。

3）包括对遵守有关资源开发与生态环境保护的法律、法规和组织应遵守的其他要求的承诺。

4）提供建立和评审绿色矿山目标和指标的框架。

5）形成文件，付诸实施，予以保持，并传达到全体员工。

6）可被公众获取。

2. 绿色矿山因素

绿色矿山因素是指矿山在资源开发过程中能对绿色矿山建设水平产生相互作用和影响的要素。矿山企业应建立并保持一套程序，用来识别和更新绿色矿山因素，以便判定哪些因素对绿色矿山具有重大影响。矿山企业在建立绿色矿山目标时，应充分考虑具有重大影响的因素。

影响绿色矿山的主要因素有矿区分区及布局、矿区生产生活设施、矿山道路、智能矿山、矿区绿化美化、矿产资源管理、资源开采、矿物加工、矿山一般固体废弃物、矿山危险废弃物、生活垃圾、矿井水、矿物加工废水、雨水收集、矿山噪声、矿山粉尘、环境监测、矿山地质环境、土地复垦、表土剥离与堆存、水土保持、生态产业、生态修复监测等内容。

3. 法律和其他要求

法律法规是指中华人民共和国现行有效的法律、行政条例、司法解释、地方法规、地方规章、部门规章及其他规范性文件，以及对于这些法律法规的修订和补充，同时包含其他要求，产业实施规范，与官方机构的协定以及国家有关部委发布的规定、通知、标准、行业设计规范等。

矿山企业需建立用来识别、分析和获取绿色矿山建设过程中适用的法律法规，以及应遵守的其他要求的渠道程序。

4. 目标和指标

绿色矿山目标是矿山企业为实现绿色矿山建设水平的期望结果而设定的具体目的，通常采用定性描述，明确表达矿山企业所追求的方向和意义，其主要用于设定长期和战略性的方向。

绿色矿山指标是对目标进行量化或可度量的具体指标，用来衡量工作是否有效、进展是否达到预期，一般以数字、比例等形式对工作进行测量，可以用来判断工作的进展、成果和效果，主要用于设定可量化的绩效要求。

绿色矿山目标和指标应符合绿色矿山方针，并遵守持续改进、资源开发与生态环境保护相协调的承诺。

以绿色矿山影响因素中的矿区噪声排放为例，目标应为"噪声达标"，指标为"白天60dB，夜间50dB"。

5. 绿色矿山管理方案

矿山企业应制定并保持可实现绿色矿山目标和指标的绿色矿山管理方案，其中应包括实现绿色矿山目标和指标的方法和时间表，并设立相关的责任部门以及责任人。

7.2.3　实施与运行

1. 机构和职责

矿山企业为绿色矿山管理体系的实施与控制提供必要的资源，其中包括人力资源和专项技能、技术以及财力资源。对于负责部门或负责人，应该明确其建立、实施与保持绿色矿山管理体系所对应的职责和权限，并形成文件，在组织内部公布传达。

2. 培训、意识和能力

矿山企业确定培训的需求，对绿色矿山建设产生影响的所有人员都进行相应的教育、培训，使其具备绿色矿山的意识并能胜任所担负的工作。通过培训使每个人都能意识到以下几点：

1）符合绿色矿山方针与程序以及绿色矿山管理体系要求的重要性。

2）在日常工作中，哪些工作与绿色矿山有关，以及个人工作对绿色矿山建设的积极影响。

3）应执行绿色矿山方针与程序，按照绿色矿山管理体系要求开展工作，包括应急准备与响应要求方面的作用与职责。

4）偏离规定运行程序的潜在后果。

3. 信息交流

矿山企业建立保证企业内各层次和职能部门间的内部信息交流，以及处理对涉及绿色矿山因素的外部信息的交流程序。

信息交流程序化的目的是阐明企业对建设绿色矿山的承诺，处理涉及绿色矿山的问题和关系，提高职工对绿色矿山方针、目标、指标和管理方案的认识，以及必要时向内部和外部相关方通报绿色矿山相关数据和承诺。

信息交流的内容包含有关的环境法律和其他要求、外部相关方的要求信息、负责部门（人）的职责变化以及人员任免等事项、绿色矿山管理体系运行情况、运行过程的监测结果数据。

4. 管理体系文件

矿山企业以书面或电子的形式，建立并保持对绿色矿山管理体系核心要素及其相互作用的描述以及查询相关文件途径的信息。文件包括管理手册、程序文件和作业文件。

5. 文件管理

组织应编制文件控制程序，管理绿色矿山要求的所有文件，并实现以下要求：

1）每个文件应有专属编号，并应有编制、审核、批准签字。

2）对文件进行定期的评审，必要时予以修订并由授权人员确认其适用性。

3）凡是对绿色矿山管理体系有效运行具有关键作用的岗位，都能得到有关文件的现行有效版本。

4）及时将失效文件从所有发放和使用场所撤回，或采取其他措施防止误用。

5）对需要保存的失效文件，应予以适当标识。

所有文件均须字迹清楚，注明日期（包括修订日期），标识明确，妥善保管，并在规定期间内予以留存，应规定并保持有关建立和修改各种类型文件的程序与职责。

6. 运行控制

矿山企业根据绿色矿山方针、目标和指标，按照管理体系文件开展绿色矿山因素有关的运行与活动。

矿山企业运行控制程序应包括对于容易偏离或出错的活动规定如何进行操作，以及操作具体要求和运行标准。

矿山企业应建立管理程序，以符合政府及相关机构的要求、工作程序、工作机制。

7. 应急准备和响应

矿山企业确定潜在的事故或紧急情况，并做出响应，预防或减少可能对绿色矿山建设的影响。

在事故或紧急情况发生后，组织应对应急准备和响应程序的适应情况予以评审或修订。可能的事故和紧急情况包括火灾及爆炸、对储存物资产品的影响、意外的泄漏或事故性溢出、污染控制设备失灵或损坏、特殊气候带来的影响、操作过程中的失误等。

7.2.4 检查和纠正措施

1. 监测

矿山企业应该按要求对可能影响绿色矿山运行与活动的关键特性例行监测。特别对绿色矿山绩效、有关的运行控制、对组织绿色矿山目标和指标符合情况的跟踪信息进行记录。

监测内容包括污染预防、节能降耗等控制重要环境因素的有关结果和成效，废水排放因子等有关运行控制的监测和测量，对绿色矿山管理方案或（和）过程控制的实现程度进行例行监测，环境法律法规要求监测和测量等。

监测设备应定期校准并妥善维护，并根据相关的程序文件要求保存校准与维护记录。

2. 不符合、纠正和预防措施

矿山企业规定有关部门或人员的职责和权限，对不符合项进行处理与调查，采取措施减少由此产生的影响以及对不符合行为的纠正与预防。出现不符合项包含的内容有内部信息交流不畅通，缺乏相应的程序指导或程序有缺陷，设备故障或缺乏维修，员工培训不足，缺乏资源保障，对有关要求不了解或理解不充分，违反程序要求和规定等。

3. 记录

用来标识、保存、处置与绿色矿山建设的有关记录要有唯一性编号。绿色矿山记录中应包括培训记录、运行记录、审核与评审结果。绿色矿山记录应字迹清楚、标识明确，并可追溯相关的活动、产品或服务。保存和管理的绿色矿山记录应便于查阅，避免损坏、变质或遗失。应规定其保存期限并予以记录。矿山企业应对一定期间的记录进行保存。

4. 绿色矿山管理体系审核

绿色矿山管理体系审核是指判断一个组织的绿色矿山管理体系是否符合所规定的绿色矿山管理体系审核准则，并能形成文件的系统化评价过程。开展绿色矿山管理体系审核的目的是判定绿色矿山管理体系是否符合绿色矿山管理工作的计划安排和标准的要求，以及判定绿色矿山管理体系是否得到了正确的实施和保持。

矿山企业的审核方案（包括时间表），应立足于所涉及的活动对绿色矿山建设的重要性和以前审核的结果。为全面起见，审核程序中应包括审核的范围、频次和方法，以及实施审核和报告结果的职责与要求。

7.2.5 管理评审

矿山企业高层管理者定期对绿色矿山管理体系进行评审，以确保体系的持续适用性、充分性和有效性。管理评审过程应确保收集到必要的信息，供管理者进行评价。评审工作应形成文件，应编制管理评审计划。管理评审活动的输入包括绿色矿山管理体系以往运行的有效性、内外部的问题、相关方要求、合规义务的变化、绿色矿山建设的风险与机遇、绿色矿山目标实现情况、资源的充分性、持续改进等。管理评审活动的输出为管理评审报告。

管理评审根据绿色矿山体系审核的结果、不断变化的绿色矿山建设情况和对持续改进的承诺，指出可能需要修改的方针、目标，以及绿色矿山管理体系的其他要素。

7.2.6 管理体系文件

管理体系文件通常包括三个层次，即管理手册、程序文件、作业指导书。

1. 管理手册

管理手册是指一个组织或机构编制的包含管理政策、准则和流程的指导性、纲领性文件。它是一份记录了组织内部操作规程、管理原则和流程的重要文档，旨在规范和指导组织内部的管理和运作。

管理手册是阐明一个矿山企业绿色矿山方针，并描述其绿色矿山体系的文件。管理手册主要包含矿山企业的绿色矿山方针与目标，对所采用的绿色矿山体系标准的全部适用要素的描述，对影响绿色矿山的管理、执行、验证或评审工作人员的职责与权限和相互关系的描述，绿色矿山体系程序及其说明以及对绿色矿山标准手册修改和控制的规定。

管理手册也可以是企业加强管理的指导性、纲领性文件，它阐述企业的宗旨、奋斗目标及各职能部门按标准要求所做的原则性要求，内容要覆盖标准的全部要素。

（1）管理手册的作用

管理手册可以传达组织的价值观、使命和愿景，帮助员工了解组织的核心理念，增强员工对组织的认同感和凝聚力；可以规范组织内部的管理行为，确保管理活动的合法性、透明性和有效性；为员工提供行为准则和规范，指导员工在工作中的表现和决策，帮助员工明确自己的角色和职责；明确的管理流程和程序可以提高管理效率，减少管理中的混乱和冲突，确保组织的运作顺畅。

（2）管理手册的内容

管理手册可以明确企业组织架构，包括组织的各级部门、职能和人员分工，明确各个部门之间的关系和职责；确定组织的管理政策、原则和准则，包括决策程序、职权范围、组织文化等内容；明确管理流程和程序，包括工作流程、审批流程、沟通流程等，确保组织内部活动有序进行；明确岗位的人力资源管理包括招聘、培训、绩效评估、激励等人力资源管理方面的政策和程序；包括预算编制、财务报告、审计、成本控制等财务管理方面的规定。

（3）管理手册的编制

明确编制管理手册的目的和范围，确定需要包含的内容和适用对象；收集组织内部的管理政策、流程和准则，整理相关信息和资料作为管理手册的内容；根据收集的信息和资料，编制管理手册的草案，确保内容准确、完整和符合实际情况；组织相关部门审核管理手册的草案，确定最终版本，并进行审批和发布，确保管理手册的权威和有效性。

（4）管理手册的更新和维护

定期对管理手册进行审核，确保内容与实际管理情况保持一致，及时更新和完善管理手册的内容。

2. 程序文件

绿色矿山程序文件是在绿色矿山管理体系中绿色矿山管理手册的下一级文件层次，用以规定某项工作的一般过程，包含为完成某项活动所规定的方法。它起到一种承上启下的作用，对上是管理手册的展开和具体化，使管理手册中原则性和纲领性的要求得到展开和落实，对下引出相应的支持性文件。程序文件主要提供给各职能部门管理人员使用。

程序文件是为进行某项活动或过程而规定的途径形成的文件。绿色矿山体系程序文件对影响绿色矿山建设的活动做出规定，是绿色矿山管理手册的支持性文件，应包括绿色矿山体系中采用的全部要素的要求和规定，每一绿色矿山体系程序文件应针对绿色矿山体系中一个逻辑上独立的活动。

（1）程序文件的作用

程序文件使绿色矿山建设活动受控，对影响绿色矿山的各项活动做出规定，规定各项活动的方法和评定的准则，使各项活动处于受控状态；阐明与绿色矿山建设有关人员的责任，即职责、权限、相互关系；也是作为执行、验证和评审绿色矿山建设的依据。

（2）程序文件的格式及基本内容

程序文件的格式通常包括封面、刊头、刊尾、修改控制页、正文等。

1）封面：可在单份或整套文件前加封面，便于控制文件和进行文件控制。封面包含公司标志、名称；文件编号、文件名；编制人、审核人、批准人及日期，颁布、实施日期；修改状态、版号；修改记录（可专设修改页）；受控状态、保密等级；发文登记号等。

2）刊头：在每页文件的上部加刊头，便于文件控制和管理。刊头包含公司标志、名称、文件编号、文件名称，生效日期，修改状态、版号，受控状态，发文登记号，页码等。

3）刊尾：在每页文件或每份文件的末页底部加刊尾说明文件的起草审批、会签情况。刊尾包含拟制人、批准人及日期，会签人及日期，其他说明性文字。

4）修改控制页：可单独修改与封面或其他附页合并，说明文件修改的历史情况。修改控制页包含修改通知单编号、修改状态（标识）、修改人、修改日期、审核人、审核日期、修改的章节及条款、批准人、修改批准日期等。

5）正文：正文主要描述程序文件的基本内容，即说明制定程序的目的、程序的适用范围、实施程序的责任者的职责和权限、工作程序内容、程序涉及或引用的其他文件。

① 制定程序的目的：说明程序所控制的活动及控制目的。

② 程序的适用范围：程序所涉及的有关部门和活动，程序所涉及的相关人员、产品。

③ 实施程序的责任者的职责和权限：规定负责实施该项程序的部门或人员及其责任和权限；规定与实施该项程序相关的部门或人员的责任和权限。

④ 工作程序内容：按活动的逻辑顺序写出开展该项活动的各个细节；规定应做的事情（What）；明确每一活动的实施者（Who）；规定活动的时间（When）；说明在何处实施（Where）；规定具体实施办法（How）；所采用的材料、设备、引用的文件等；如何进行控制；应保留的记录；特殊情况的处理方式等。

⑤ 程序涉及或引用的其他文件：涉及的相关程序文件，引用的作业指导书、操作规程及其他技术文件，涉及的其他管理性文件，所使用的记录、表格等。

3. 作业指导书

绿色矿山作业指导书是绿色矿山管理体系文件的组成部分，它既是绿色矿山手册、程序文件的支持性文件，也是对绿色矿山手册和程序文件的进一步细化与补充。作业指导书主要用于阐明过程或活动的具体要求和方法，它比程序文件规定的程序更详细、更具体、更单一，而且更便于操作。简而言之，作业指导书是用来指导员工如何为某一具体过程或某项具体活动进行作业的可操作性文件。

作业指导书通常应包含工作细则、标准、作业规范等内容。它是针对某个部门内部或某个岗位的作业活动的文件，侧重描述如何进行操作，是对程序文件的补充或具体化。

（1）作业指导书的作用

作业指导书是指导保证绿色矿山建设的最基础的、为开展纯技术性质量活动提供指导的文件，是质量体系程序文件的支持性文件。

（2）作业指导书的分类

作业指导书可按发布形式和内容进行分类。

① 按发布形式，可分为书面作业指导书、口述作业指导书。

② 按内容，可分为用于施工、操作、检验、安装等具体过程的作业指导书；用于指导

具体管理工作的各种工作细则、计划和规章制度等；用于指导自动化程度高而操作相对独立的标准操作规范。

（3）作业指导书的要求

1）基本要求：基本内容应满足"5W1H"原则，即任何作业指导书都须用不同的方式表达。Where 是指在哪里使用此作业指导书；Who 是指什么样的人使用此作业指导书；What 是指此项作业的名称及内容是什么；Why 是指此项作业的目的是什么；When 是指什么时候使用该作业指导书；How 是指如何按步骤完成作业。

2）数量要求：不一定每个岗位、每项工作都需要成文的作业指导书；"没有作业指导书就不能保证质量时"才用；描述管理手册之中究竟要引用多少个程序文件和作业指导书，就根据各组织的要求来确定；培训充分有效时，作业指导书可适量减少。

3）格式要求：应以满足培训要求为目的，不拘一格、简单、清晰、美观、实用。

（4）作业指导书的编写

作业指导书的编写任务一般由具体部门承担。当作业指导书涉及其他过程（或工作）时，要认真处理好接口。编写作业指导书时应有操作人员参与，并使他们清楚了解作业指导书的内容。

（5）作业指导书的管理

作业指导书经批准后才能执行，一般由部门负责人批准，未经批准的作业指导书不能生效；作业指导书是受控文件，经批准的作业指导书只能在规定的场合使用，严禁执行作废的作业指导书；应按规定的程序对作业指导书进行变更和更新。

7.3 矿井技术改造与改扩建

7.3.1 概念

矿井技术改造是指矿山企业为了提高经济效益、提升产品质量、促进产业升级、节约能源、降低原材料消耗、提高劳动生产率以及加强环保和安全性能，而采用先进、适用的新技术、新工艺、新设备和新材料对现有设施、生产工艺条件及辅助设施进行的改造和升级。这一过程涵盖了采掘、运输、提升、通风、排水和地面生产系统等多个生产环节，以及开拓巷道布置、生产流程优化等方面的改进。矿井技术改造一般情况下仍保持原有的生产能力。

扩建是指在原有矿山生产规模的基础上，通过增加生产设备、扩大矿区范围、提升生产能力等手段，使矿山企业的生产规模得到扩大。扩建项目通常涉及生产能力的提升，如通过技术改造、能力核定、资源整合等途径，使得生产能力增加的煤矿建设项目。

改建是指对现有矿山企业的主要生产系统及安全设施进行改造，以提高生产效率、改善生产环境、提高产品质量或满足新的生产需求。改建项目可能不直接增加生产能力，但会改变煤矿原有的主要生产系统或安全设施。

企业管理体系与技术升级改造关系密切。企业管理体系能够为技术升级提供制度保障；能够帮助企业优化资源配置，确保技术升级项目得到充分的资源支持；能够促进人才队伍建设，为技术升级提供有力的人才保障。

7.3.2　技术改造的内容与要求

1. 矿井技术改造的特点

1）由于矿井开采范围内资源有限，服务年限与生产能力成反比，资源开采完后矿井就要报废，矿井技术改造后是否扩大生产能力要根据实际情况确定。

2）矿井开采一般遵循先浅后深、先近后远、先易后难、先优后劣的原则，随着时间推移，采深加大，工作场所变远，总的趋势是资源日益贫瘠、自然条件越来越恶劣，开采条件逐渐困难，地温、地下水、矿山压力、瓦斯等造成的安全形式更加严峻，所需井巷越来越长，提升运输、通风等使生产形势压力变大。这些因素都将导致矿井的生产技术经济指标下降，必须通过技术改造来抵消或减轻这些因素的不利影响。

3）技术改造不但与设备的更新改造有关，也与井巷布置的改进有关。

2. 矿井技术改造的内容

1）提高以采掘为中心的提升、运输、通风、排水、供电、压风和地面设施等各生产环节的机械化和自动化水平，简化环节。

2）改革井巷布置与开采部署，使其有利于集中生产、简化系统、提高单产，以适应生产条件和现代采矿装备的要求，相应地对井下生产系统和地面设施进行改建或扩建。

3）改善井下生产条件和环境，对矿井各生产环节和井下环境进行监测和控制，特别是要利用计算机自动监测系统进行信息的收集、监控和处理，提高安全生产的可靠程度。

3. 矿井技术改造的目的

1）保持或增加生产能力，提高效益，增加企业收入。

2）改善矿井生产技术经济指标。

3）提高资源采出率：可以延长矿井服务年限，降低单位产品的基建投资。

4）提高环境保护和安全技术水平：改善矿井生产条件，最大限度地减少人身伤亡事故。

5）降低能源消耗：淘汰效率低、能耗大的设备和系统。

4. 矿井技术改造的要求

1）查明矿井资源储量和地质条件，要求资源储量和地质条件准确可靠。

2）有足够的资金，并能合理使用，使技术改造在较短时间内完成。

3）采用先进适用的技术和装备。要大幅度提高综合机械化程度和工作面单产水平，改进井巷布置，更新提升、运输、通风设备，使地面辅助生产专业化和集中化。

4）充分利用原有井巷、系统和设施。为了减少技术改造的工程量，节省资金，缩短工期，要充分利用矿井原有的生产条件。

5）各环节的能力要配套。技术改造的重要内容是改造生产的薄弱环节。经过技术改造后的矿井各环节的生产能力必须相互适应，即采掘、运输、提升、通风和地面设施的能力要配套，有的环节上还要适当地留有余地。

6）选取适宜的技术改造内容和范围。根据矿井条件，合理地选取单个矿井全面技术改造、邻近矿井合并改造或矿井主要生产系统薄弱环节的单项技术改造等内容。

7.3.3　技术改造的主要措施和途径

（1）提高矿井生产的机械化水平

采用引进先进的采掘机械，使用无轨胶轮车、单轨式起重机、无极绳绞车等辅助运输设备等提升矿井生产效率，提高矿井生产的集中化程度，保障安全生产，提高矿井生产的机械化水平。

（2）矿井合并改造，实现合理集中生产

1）生产矿井间的合并集中改造。生产矿井之间的合并，有的是将衰老矿井并入发展中的矿井，有的是为了合理集中生产、提高经济效益而进行的生产矿井之间的合并，如对浅部片盘斜井群在进入深部后结合矿井新水平开拓延伸进行合并改造，对中小型相邻矿井，根据不同条件和需要，也可以进行合并集中改造。

2）新老矿井的合并集中改造。一些20世纪五六十年代开发建设的矿区，根据当时的生产技术水平，划分的矿井数目多、井田尺寸小、密度大。随着生产技术发展，在陆续建设新井和已生产的矿井技术改造过程中，有的新井并入老井，有的老井并入新井，通过技术改造重新划分了井田境界，使矿区和矿井达到合理集中生产。

3）扩大井田范围、提高开发强度的矿井技术改造。在生产矿井井田境界之外尚有较为丰富的储量，矿井技术改造时，往往考虑扩大井田范围，提高开发强度或延长矿井服务年限，提高矿井技术改造投资的经济效益。

（3）矿井改扩建，扩大生产规模

生产矿井进行改扩建，原则上应具备以下条件：

1）开采条件好，有足够的探明储量，改扩建后能够保持较长的服务年限。

2）生产矿井已经达到设计生产能力，部分生产环节仍有较大的潜力，扩建所需要增加的工程、设备和投资较少。

3）改扩建完成后，矿井能够很快地达到扩建的生产规模，能够提高效率和降低成本。

4）改扩建施工过程中，基本不影响矿井的正常生产。

7.3.4　生产系统薄弱环节技术改造

当矿井开采能力潜力很大，而辅助生产环节限制矿井产量的提高，或个别环节技术落后、阻碍矿井技术经济指标改善时，可针对薄弱环节进行技术改造，以提高矿井综合生产能力。

1. 提升系统改造

在矿井产量或开采深度增加后，主副井提升能力不足往往成为技术改造后矿井增加产量的瓶颈。为提高矿井提升能力，对提升系统的改造措施有：改装箕斗，加大容量或更换大容量箕斗；罐笼提升改为箕斗提升；斜井串车提升改为箕斗提升或胶带输送机运输；提升绞车由单机拖动改为双机拖动；加大提升速度或减少辅助时间；缩短一次提升时间和增加每日的提升时间；增加井筒数目，增加提升设备，以及斜井单钩改为双钩，立井罐笼单层改为双层，单车提升改为双车提升等。

2. 井底车场改造

对于大巷采用矿车运输的矿井，其井底车场的通过能力就是井底车场的运输线路通过能力和翻笼卸载能力。

一般情况下，运输线路的通过能力限制较严，提高运输线路通过能力主要是缩短列车进入井底车场的间隔时间。为此，可改进调车方式，增设行车复线，增设井底缓冲煤仓等。一般情况下，井底车场翻笼卸载能力均能满足生产需要。当矿井采用载重量小的固定式矿车而井型扩大时，可能出现翻笼能力不足的问题，可用增设翻笼与卸载线路的方法解决。根据情况需要，也可结合井下运输方式的改进，采用底卸式矿车运煤，为此需对井底车场进行较全面的改造。

3. 大巷运输系统改造

对于矿车轨道运输的大巷，提高大巷运输能力的措施有：改善轨道维护，提高行车速度，减少运输事故；对采用单轨大巷的矿井，可增设错车场，减少调车时间；增加电机车的工作台数；加大电机车黏着重量或改用重型电机车；改用载重量大的矿车或由固定式矿车改用底卸式矿车。

对于大巷采用无极绳绞车牵引，而运输能力不能满足矿井增产需要的矿井，可改用其他运输方式和设备，当改用电机车运输时，要根据电机车牵引的要求，调整巷道坡度。

对于采用胶带输送机运输的大巷，提高水平大巷运输能力的措施有：改换或增加电动机，加快胶带输送机的运行速度；改用能力大、强度高的胶带输送机，以及采用大巷运输的自动控制系统等措施。

4. 通风安全系统改造

当矿井改扩建增产幅度较大、要求增加风量，或通风系统不合理、需要进行技术改造时，应根据不同情况，采取适当的措施，如增加进、回风井风量，改造回风巷道以降低通风网路的通风阻力，改造通风系统，改进通风方式，改换能力大、效率高的通风机等。

为保证矿井安全生产，技术改造中还应根据需要，对防火灌浆、洒水降尘、预防煤与瓦斯突出，降低井下温度等采取相应的措施。为提高矿井通风安全管理水平和可靠程度，矿井技术改造中宜增设自动监控系统。

5. 矿山辅助运输环节升级改造

矿山辅助运输环节升级改造主要包括路线设计优化和基础设施建设两方面的内容。

1）路线设计优化：根据矿山的实际情况，对运输路线进行合理设计，减少运输距离和转运次数，降低运输成本和时间。

2）基础设施建设：加强运输路线的基础设施建设，包括修建高质量的轨道、巷道和硐室等，确保运输过程的顺畅和安全。

6. 地面生产系统改造

地面生产系统改造主要是改造地面运输、矿石及产品的存贮和装车、矸石（废石）排放，使井上下各生产环节的能力提高，如改矿车运输为胶带运输，井口调车自动滚行，采用道岔联动化，增加同时装车的线路数等。

7.4 企业规范化专项管理

矿山企业管理除了按照绿色矿山管理体系对相关的内容进行提升改进之外，还需要对一些专项工作进一步强化管理，以提高绿色矿山管理水平。本书从矿区环境卫生管理、标识标牌、目视化管理、定置化管理、矿区和谐管理、职业健康管理、科技管理等7个方面介绍企业规范化专项管理。

7.4.1 矿区环境卫生管理

矿区环境卫生管理主要是指在矿区内，通过有效的管理和控制措施，确保矿区环境的清洁、整洁和卫生。矿区环境卫生管理包括对矿区内部和外部环境的维护，如采矿作业区域、矿区道路、生活区、垃圾处理设施等。

矿区环境卫生管理主要包括以下内容：

（1）整体环境清洁

矿区整体环境应保持清洁，无杂物、无垃圾，道路、水沟等地方不得有污泥、积水等。各工作场所内不得堆积生活垃圾、污垢或碎屑，并需定期清理室内垃圾桶。工作场所、生活区等区域应定期进行清洁和消毒，确保环境整洁卫生。

（2）空气质量控制

加强矿区空气质量管理，确保空气质量符合相关标准。对于产生粉尘、有害气体等污染物的作业区域，应采取有效的防尘、降尘和净化措施，减少空气污染。

（3）设施与设备卫生

矿区内的设施和设备应定期清洁和维护，确保表面无油污、灰尘等污渍，机械设备转动部位应有防护罩。

（4）绿化与美化

矿区内应合理规划绿化空间，种植花草树木，美化环境。同时，应保持绿地的整洁和美观，禁止在绿地上乱倒垃圾或进行其他破坏绿地的行为。

（5）特定区域清洁

矿区的特定区域，如道路、走廊、楼梯、会议室等，应时刻保持清洁。洗手间等卫生设施需定期或不定期清扫，确保干净、整洁，并符合卫生标准。

（6）排水与污水处理

生活污水排放通道必须保持畅通，以防止污水滞留和滋生细菌。同时，对于矿区的污水处理，应采取有效措施，确保排放的污水符合环保标准，防止对周边环境造成污染。

（7）垃圾处理与分类

各种垃圾的清除应符合卫生要求，放置于指定场所或箱子内，不得任意乱倒、堆积。此外，应推行垃圾分类制度，将不同种类的垃圾进行分类处理，以便于资源回收和减少环境污染。

（8）空气质量与通风

矿区内的空气质量应得到保障，各工作场所的窗户及照明器具的透光部分需保持清洁，以确保良好的光线和视野。同时，应时常进行通风换气，保持空气流通，防止有害气体的积聚。

（9）卫生设施配备

矿区应配备必要的卫生设施，如洗手间、更衣室等，并定期进行卫生检查和评估，确保这些设施符合卫生标准。

7.4.2　标识标牌

1. 标识标牌的作用

矿区标识标牌是一种用于标识矿区内部各个区域、设施、设备、警示等信息的标志牌。它们通过文字、图形、颜色等方式，向矿区内的工作人员和外来人员传达重要的安全、环保、生产等信息，以提醒人们注意遵守相关规定，保障矿区的正常运营和人员安全。矿区标识标牌通常设置在矿区的各个关键位置，如井口、巷道口、设备房、危险区域等，以便人们能够及时发现并遵循。

1）矿区标志牌可以清晰地标识出矿区的名称、位置、范围等信息，方便管理人员和外来人员了解矿区的基本情况。

2）设备标牌可以标识出设备的名称、型号、规格、使用状态等信息，方便管理人员进行设备管理和维护。

3）安全警示牌可以提醒矿区内的人员注意安全，遵守安全规定，防止事故的发生。安全警示牌应包括安全警示标语、安全色标、安全图标等内容，以便引起人员的注意和警惕。

2. 标识标牌的分类

根据功能不同，矿区标识标牌可以分为以下几类：

1）禁止标识标牌：通常用红色和白色表示，警示人们在特定区域禁止某些行为，如禁带烟火、禁止酒后入井（坑）等。

2）警告标识标牌：通常用黄色表示，警示人们在特定区域存在潜在的危险，如当心瓦斯、当心火灾等。

3）指示标识标牌：通常用蓝色表示，指示人们如何正确行动，如必须戴矿工帽、注意通风等。

4）紧急救援标识标牌：通常用绿色表示，指示人们如何在紧急情况下进行救援和求助，如安全出口、躲避硐等。

表 7-1 列举了各类矿山传递安全信息的主要标志[⊖]。

表 7-1　各类矿山传递安全信息的主要标志

编号	符号	名称	设置地点
1		禁带烟火	禁止烟火地点

⊖　《矿山安全标志》（GB/T 14161—2008）和《安全标志及其使用导则》（GB 2894—2008）规定了各类矿山传递安全信息的主要标志。

（续）

编号	符号	名称	设置地点
2		禁止酒后入井（坑）	有人出入的井口和矿坑
3		禁止明火	禁止明火作业地点
4		禁止启动	不允许启动的机电设备
5		禁止合闸	变电室、移动电源开关停电检修等
6		禁止扒、蹬、跳入车	井下人车巷道，每隔 50m 设一个
7		禁止井下随意拆卸、敲打、撞击矿灯	入井口、井下工作面
8		当心瓦斯	井下瓦斯集聚地段、盲巷口、瓦斯抽放地点、巷道的高处
9		当心火灾	仓库、爆炸材料库、油库、带式输运机、充电室和有发火预兆的地区
10		当心坠入溜井	井下溜煤（矸）眼、溜井、溜矿仓

（续）

编号	符号	名称	设置地点
11		当心煤（岩）与瓦斯突出	井下煤（岩）与预计有害气体突出地区
12		必须戴矿工帽	人员出入的井口、更衣室、矿灯房及井下人员休息候车等醒目地方
13		必须携带矿灯	入井口处、更衣房、矿灯房等醒目地方
14		必须随身携带自救器	入井口处、更衣房、领自救器房等醒目地方
15		必须戴防尘口罩	打眼施工、炮烟区、喷浆等产尘作业地段
16		注意通风	需要供风的工作场所
17		安全出口	设在矿井采区安全出口路线上（间隔 100m）和改变方向处
18		躲避硐	井下通往躲避硐室的通道及躲避硐室入口处
19		可动火区	经有关部门划定的可使用明火的地方

（续）

编号	符号	名称	设置地点
20	ＸＸ危险区 ←	危险区	井下火灾、瓦斯、水患等危险区附近
21	前方慢行 ←	前方慢行	风门、交叉道口、弯道、车场、翻罐等须减速慢行地点
22	避有毒有害气体路线 ←	避有毒有害气体路线	井下躲避有毒有害气体路线的通道上
23	测风牌（断面 CH₄／风速 CO₂／风量 P／地点 温度／时间 湿度／备注 测风员）	测风牌	井下掘进、采煤工作面等处
24	一炮三检牌（浓度/时间 装药前 爆破前 爆破后／CH₄／CO₂／地点 班次／时间 瓦检员）	一炮三检牌	井下采、掘工作面等要求设置的地点

3. 标识标牌的设置

在设置矿区标识标牌时，需要遵循一系列原则和要求。

根据矿区内道路、设施、区域的不同，确定相应的标识标牌，合理设置标识标牌的数量，保证信息的准确传达，标识标牌的图案、颜色和文字要简明易懂，能够为使用者提供清晰的指引。标识标牌的设置要符合环保要求，不得损害生态环境，明确标识标牌的名称、标识、位置、作用。标识标牌的设置要科学合理，避免出现重复、错误和混淆的情况，标识标牌的设置要合理利用矿区资源，兼顾环保原则。

标识标牌需要在矿区生产作业场所和生活等区域设置，如车场、巷道交叉点、油库、避难硐室、爆破器材库等；在各类地面地点和作业场所设置，如井口、变电所、主通风机房、尾矿坝、防护斜坡等；在重要电缆、管线、开关和闸阀等处设置。

总之，矿区标识标牌的设置应当遵循科学、公正、合理、便利的原则，注重环保和资源节约，以确保矿区的安全生产和员工的生命安全。

7.4.3 目视化管理

1. 概念

目视化管理是利用形象直观而又色彩适宜的各种视觉感知信息来组织现场生产活动，达到提高劳动生产率的一种管理手段，是一种利用视觉来进行管理的科学方法。目视化管理实施的意义在于造就高效、清爽的工作场所，实现现场"三不"（不伤害自己，不伤害别人，不被别人伤害），减少现场"三害"（工伤、不良、故障）。

目视化管理的特点在于以视觉信号显示为基本手段，以公开化、透明化的基本原则，尽可能地将管理者的要求和意图让大家看见，借以推动自主管理，或称为自主控制；现场的作业人员可以通过目视的方式将自己的建议、成果、命令展示出来，与领导、同事及工友们相互交流。

2. 内容

目视化管理的主要内容有以下几个方面：

（1）人员目视化管理

内部员工进入生产作业场所，统一着劳保服装，外来人员（参观、检查、学习人员等）进入生产作业场所，着装应符合生产作业场所安全要求，并与内部员工有所区别。

（2）工具目视化管理

压缩气瓶、脚手架、手持电动工具、电工工具等使用工具定期检查确认完好，并在明显位置粘贴检查合格标签。

（3）设备设施目视化管理

设备设施明显部位标注名称及编号，管线、阀门着色统一、规范，管线上标明介质名称和流向，仪表控制盘及指示装置上标注控制按钮、开关、显示仪名称等，危险的设备设施有警示信息，设置安全操作注意事项标牌，盛装危险化学品的器具分类摆放并设置标牌，标牌内容包括化学品名称、主要危害及安全注意事项等基本信息。标识标牌保持整洁、清晰、完整，无遗漏、变色、褪色、脱落、残缺等情况。

7.4.4 定置化管理

1. 概念

定置化管理是一种现代企业管理方法，它通过对生产现场中的人、物、场所三者之间的关系进行科学的分析研究，使之达到最佳结合状态的一种有效管理方法。它强调通过整理、整顿、清扫、清洁、素养、安全等活动，实现生产现场的秩序化、规范化、标准化和科学化管理，从而提高工作效率、减少浪费、保障安全、提升产品质量。

定置化管理是对物的特定管理，是其他各项专业管理在生产现场的综合运用和补充，是企业在生产活动中，研究人、物、场所三者关系的一门科学。它是通过整理，把生产过程中不需要的东西清除掉，不断改善生产现场条件，科学地利用场所，向空间要效益；通过整顿，促进人与物的有效结合，使生产中需要的东西随手可得，向时间要效益，从而实现生产现场管理规范化与科学化。

定置管理首先要对"人-物-场所"三维空间位置关系进行设计和优化，充分利用色彩、指示牌电子屏幕和其他信息媒介将该物在何处、该物流向哪里、该物有多少、该物处于何种加工状态、该物是否良好、该物是否危险，以及区域的总体定置状态等信息明确表示出来，以方便人去寻找、识别，减少工作差错，提高工作效率。

2. 定置化管理应遵循的原则

1）坚持安全第一的原则：定置物品摆放要首先考虑安全，不占用个人作业及安全通道，做好工器具的放置方便和安全。

2）符合工艺要求的原则：在不影响生产、合理的工艺流程及规定下，优化现场使用空间，逐步向立体发展。

3）符合物流有序的原则：各种定置物品必须保证物流简捷、畅通、有序，既不能造成物流混乱，又不能影响正常生产。

4）符合"简化、统一、协调、优化"的原则：定置管理应力争从方案设计到实施都达到标准化、标识化、格局化。

5）符合动态管理的原则：所有定置布局要适应灵活生产的需要，定置内容、物流控制要相对稳定又有弹性。

6）符合节约的原则：所有定置既要注意生产现场的美化、净化，又要注意实效。

7）符合求同存异的原则：在整体定置点基本一致的前提下，根据各作业点的差异选择最佳定置点。

8）定置管理应做到：有图必有物，有物必有区，有区必挂牌，有牌必分类；按图定置，按类存放，图物一致。

3. 生产区定置化管理

生产区设备、物资材料需进行定置化管理，做到摆放有序、堆放整齐。

1）由井下的升井带来的生产设备、设施、材料、生活垃圾、废物料，必须在当班时间内回收到各自单位或公司指定的区域存放。

2）生产场地存放的生产物料，须分类摆放整齐，加工制作时做到人走场清，生产用金属网、棚梁、木料不得在生产区域存放。

3）设置规范合理的存放区域（仓库），新购生产材料（如黄沙、炮泥、石料、水泥、石子等）严格按规定地方存放，不得占道，堆放要规整。

4）合理配置和摆放机器设备和工作台，确保安全和便捷的操作环境，减少工作失误和事故发生的可能性。

5）各种材料物品必须堆放整齐，大型工具、材料应一头见齐。

4. 办公区定置化管理

1）设立专门的垃圾区域，合理规划和管理垃圾分类、收集和处理。

2）组织停车区域，确保车辆停放的秩序与安全。

7.4.5 矿区和谐管理

矿区和谐是指在一个矿区内，居民之间能够和睦相处、互相尊重、共享资源、共同发展的状态。它涉及矿区的各个方面，包括居民之间的关系、矿区环境的维护、公共设施的使用等。在和谐的矿区中，居民能够共同维护社区的秩序和环境，促进矿区的繁荣和发展。

1. 内容

矿区和谐管理的基本内容涵盖资源节约、环境友好、安全高效、人与人和谐以及矿区经济社会发展等多个方面。通过实现这些目标，可以推动矿区实现全面、协调、可持续的发展。

1）矿产资源开发与环境保护相协调。资源节约通过节约集约利用，实现资源集中度快速提升、集约利用率明显提高。环境友好则要求强化地质环境恢复治理，减少地质灾害的发生，并改善矿区的生态环境。同时，安全高效意味着加大安全生产投入，确保安全隐患得到及时发现和整治，从而避免发生重大安全生产事故。

2）人与人之间的和谐。这包括确保矿产资源开发成果的合理共享，实现矿区经济社会持续稳定发展。通过推进矿产资源开发收益分配改革，可以更好地处理各方利益，统筹协调矿企与地方、与当地居民之间的利益关系，共享矿业开发带来的经济社会发展成果。

3）矿区经济社会和谐发展。构建矿区和谐不仅有利于矿产资源开发利用，还能促进当地的经济社会环境和谐发展，推动资源枯竭型矿山经济转型，加强矿山环境保护和恢复治理，以及推动矿区经济走可持续发展的道路。

2. 和谐矿区建设

实现和谐矿区建设工作，要加快推动以下几方面的工作：

1）建立地方政府和企业和谐矿区建设协调机制，统筹制定并实施和谐矿区建设规划，完善政策支持体系，创新发展方式，推动科技进步和创新，构建以矿区为基础的新型产业结构，因地制宜实施矿区生态再建工程，企业切实履行社会责任，带动区域经济发展，造福矿区人民。

2）按照政府主导，行业推动，企业指导，社会参与的格局，积极开展矿区建设。在绿色矿山建设的基础上，遴选试点单位，树立行业标杆，发挥典型示范效应。

3）积极宣传引导，传递矿区和谐的好声音。寻找最美的绿色矿区活动，通过媒体报道宣传和谐矿区的经验，持续举办和谐矿区建设论坛，为业界提供交流的平台。

4）创造良好的政策环境，对和谐矿区建设制度进行总体设计，出台政策文件，建立激励机制，给予试点地区和企业政策支持，运用市场机制来推进和谐矿区建设工作，形成各方协调推进的良好局面。

7.4.6　职业健康管理

1. 概念

职业健康管理是对工作场所内产生或存在的职业性有害因素及其健康损害进行识别、评估、预测和控制，其目的是预防和保护劳动者免受职业性有害因素所致的健康影响和危险。矿区职业健康问题主要包括以下两种类型：

（1）职业意外事故

职业意外事故是指在职业活动中所发生的一种不可预期的偶发事故。在矿山企业中存在的主要职业意外事故为冒顶片帮、深部开采岩爆、冲击地压、矿井突水以及大面积采空区坍塌及有毒有害气体窒息等。

（2）职业病

职业病是指在生产劳动及其他职业活动中接触职业性有害因素引起的疾病。职业病与职业危害因素有直接联系，并且具有因果关系和某些规律性。在矿山企业中诱发职业病的因素主要包括粉尘、噪声、有害气体以及矿山辐射性元素或辐射性设备造成的辐射等。矿山常见的职业病及诱发因素见表 7-2。

表 7-2　矿山常见的职业病及诱发因素

诱发因素	职业病	防治措施
粉尘	尘肺病	佩戴防尘口罩
	硅肺病	
有毒有害气体	硫化氢中毒	佩戴防毒面罩
	氮氧化合物中毒	
	一氧化碳中毒	
噪声	神经衰弱	佩戴耳塞
	耳聋	
高频振动	全身振动病	穿戴防振手套、防振工作服
	局部振动病	
放射性物质	放射性疾病	穿戴防辐射服
其他	中暑、关节炎、风湿病等	改善工作环境

2. 内容

职业健康管理同安全生产管理一样，其核心理念是预防，其次是应急处理。矿山的职业健康管理需要从多方面、多角度入手，才能够有效地保障矿山的安全生产，并从根本上解决目前的职业健康问题。矿区的职业健康管理通常包括以下内容：

（1）识别与评估职业危害因素

矿区工作环境复杂，存在多种可能对职工健康造成危害的因素，如粉尘、噪声、振动、有害气体等，因此首先要对这些危害因素进行识别和评估，明确其对职工健康的具体影响，为后续的防控措施提供依据。

（2）制定并执行防控措施

根据识别与评估的结果，制定有针对性的防控措施，如提供必要的个人防护装备，改善工作环境，降低噪声和振动水平，减少有害气体排放等。

（3）职业健康检查

对矿区职工进行定期的职业健康检查，包括上岗前、在岗期间和离岗时的健康检查，以及特定危害因素的专项检查。通过健康检查，及时发现职工的健康问题，预防职业病的发生。

（4）健康教育与培训

开展职业健康教育和培训，提高职工对职业危害因素的认识和防护意识，使其能够正确使用个人防护装备，掌握必要的急救知识和技能。

（5）建立职业健康档案

为每位职工建立职业健康档案，记录其职业健康检查、环境监测、疫苗接种等信息，以便随时了解其健康状况和暴露情况，为后续的防控措施提供依据。

7.4.7 科技管理

科技管理是指在科学和技术领域内，对资源、项目、人员、信息等进行有效管理和协调的过程，旨在通过高效的管理手段促进科技创新和技术进步，从而支持经济发展和社会进步。对企业来讲，科技管理的目的是提高科技创新的效率和质量，从而推动企业的发展和进步。

科技管理的核心是将科技创新与企业战略相结合，通过科技管理的手段和方法，从科技创新的角度出发，对企业的战略和业务进行规划和管理。

1. 企业科技管理的任务

（1）企业科学研究和技术研究开发的管理

结合企业生产发展的需要，有计划地开展科学研究和试验研究工作，探索新领域，形成新理论，为发展新技术、新产品提供技术储备；进行科学预测，制定企业科技发展规划，指导和部署企业科技进步实施进程，推动科技进步；根据企业需要组织技术开发研究，推广利用企业内外的科研成果和新技术原理，促其转化为新技术、新产品、新工艺、新材料，并在生产中发挥作用，有计划地对企业进行技术改造、设备更新和技术革新；对各项科学研究和技术开发方案进行技术与经济可行性论证。

（2）生产技术准备、日常生产技术管理和科技人才管理

生产技术准备工作，包括生产技术准备计划编制、新产品设计、工艺准备、试制鉴定等；日常生产技术管理，包括日常的设计管理，工艺管理及试验技术管理，科技情报、技术档案、技术标准等技术信息和技术基础工作；科技人才管理包括科技人员的培养、聘用、考核、继续教育、政治思想教育和激励。

2. 企业科技管理的基本内容

矿山企业科技管理的基本内容涵盖科技战略规划、科技资源管理、技术创新管理、科技管理体系和职责以及科技人才管理等多个方面，这些方面的工作共同构成了矿山企业科技管理的完整体系。矿山企业科技管理的基本内容主要包括以下几个方面：

1）矿山企业需要制定科技战略规划，明确科技发展的目标和方向，确保科技工作与企业整体战略保持一致。这涉及矿山生产技术的创新、资源的高效利用、环境保护等方面的规划。

2）矿山企业需要对科技资源进行管理和配置。这包括科技人员的招聘、培训、激励和考核，确保科技人员具备足够的技能和素质，能够满足矿山科技工作的需求。同时，还需要对研发设施、科研经费等资源进行合理配置，确保科技工作的顺利进行。

3）矿山企业需要加强技术创新管理，推动科技创新成果的应用。这包括开展新技术、新工艺的研发，推动科技成果的转化和产业化，以及加强技术合作与交流，引进外部先进技术和管理经验。

4）矿山企业还需要建立健全科技管理体系和职责，明确各级科技管理机构的职责和权限，确保科技管理工作的有效进行。同时，还需要加强对科技创新活动的组织和管理，提高科技创新的效率和质量。

思 考 题

一、简答题

1. 绿色矿山目标和指标的区别是什么？

2. 什么是绿色矿山方针？

3. 简述绿色矿山管理体系审核的意义。

4. 矿井技术改造、改建、扩建的区别是什么？

5. 简述目视化管理的意义。

6. 简述定置化管理的意义。

二、论述题

1. 管理手册、程序文件和作业指导书有什么区别？

2. PDCA 的含义是什么？

第**8**章
矿山关闭与转型发展

本章概述了关闭矿山的具体要求，阐述了关闭矿山转型的基础，强调了矿山转型发展的必要性，分析了关闭矿山后可利用的资源类型，并指明了转型发展的具体方向。

8.1 矿山关闭

矿山关闭是采矿活动的终点，也是新经济活动的起点。废弃的土地、建筑和废弃物资源均具备再生利用的潜力。关坑之后，首要任务是修复受损的地质环境与生态系统。在此基础上，应充分利用修复后的土地及区域自然资源，发展可持续的生态产业，致力于重构后矿业时代的山、水、林、田、湖、草和谐共生的生态系统。

8.1.1 矿业废弃地是关闭矿山可持续发展的基础

矿业废弃地是矿业开采过程中不可避免的产物。借鉴雷蒙德·弗农（Raymond Vernon）提出的产品生命周期理论，可以将矿业用地的生命周期细分为勘探建设期、投产期、稳定达产期以及衰减报废（或再生利用）期四个发展阶段。矿业废弃地的形成与矿业用地的整个生命周期紧密相连，并在不同阶段展现出独特的特征，具体如图 8-1 所示。

在勘探建设期，随着矿产资源的初步勘探和工矿用地的建设，会搭建起一些初级的施工设施和简易的工人居住点。

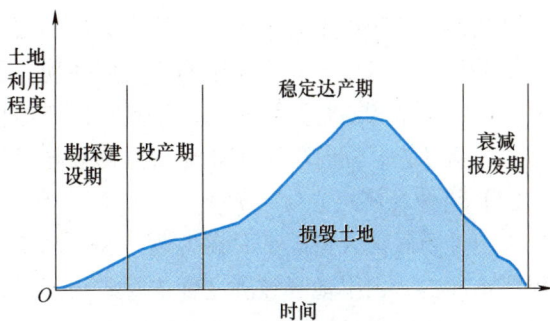

图 8-1 矿业用地生命周期示意图

这一时期，由于矿山建设活动的初步展开，会产生少量的建设废弃物，标志着矿业废弃地的初步形成。

进入投产期后，随着矿业生产的正式启动，塌陷地开始逐渐出现，同时矸石山、尾矿堆、通风口用地、排水用地等压占土地的面积也不断增加。这一时期，土地利用程度显著提升，矿业废弃物的产生量也开始增多。

到了稳定达产期，矿业开采能力达到顶峰，塌陷地、尾矿堆、矸石山、粉煤灰等矿业废弃物的产量也进一步激增。此时，毗邻矿业生产用地的村庄可能会遭受塌陷、房屋损坏和地下水疏干等问题，土地利用程度达到最高，但同时也伴随着严重的环境和社会问题。

最后，随着矿产资源的逐渐衰竭，矿业生产进入衰减报废期。在这一阶段，工业广场、塌陷地、矸石山、尾矿堆等矿业设施被闲置在即将报废的矿区之中，土地利用程度降至最低。然而，这些废弃地却成为关闭矿山可持续发展产业的最主要产业基础。

因此，高效、综合地利用矿业废弃地，成为关闭矿山转型发展的关键所在。通过科学合理的规划和治理，可以将这些废弃地转化为有价值的资源，为关闭矿山的可持续发展注入新的活力。

8.1.2 关闭后矿区持续发展的必要性

（1）对环境的负影响

矿山关闭后，由于停电导致停止排水、停止通风等措施，井下水位逐渐上升，打破了矿区不同充水含水层原有的地下水补给、径流、排泄平衡，使得地下水流场[⊖]和水化学场[⊖]发生显著变化。同时，煤矿井下瓦斯因停止通风面逐渐聚集，浓度不断升高，对其周围生态环境产生了一系列的负面影响，包括矿山周围的含水层地下水污染风险，对附近仍在生产的矿山构成了透水或瓦斯突出爆炸等安全隐患，增加了周围矿井的排水和通风压力，对矿井周边的水生态环境造成了冲击，可能导致矿区地面二次塌陷，以及对矿井周围城镇高层建筑地基稳定性和基础设施安全构成威胁。因此，需要采取有效措施来应对这些负效应，确保矿山关闭后的生态环境安全和周边区域的稳定发展。

（2）资源不能物尽其用

矿山关闭后，遗留下了丰富的地下采掘空间、矿业城市地面土地资源、井下水与热资源以及蕴含矿山特色的科教、旅游、影视拍摄和体能训练等资源，还有井下原位科学试验设施等，这些都是关闭矿山为人类留下的可利用的宝贵资源。它们是延长矿山产业链的重要支撑点，是关闭矿山对生态环境作用的正效应体现。因此认识和利用这些宝贵的独特价值，通过科学合理的规划和综合开发利用，使其得以资源化，实现变废为宝、化害为利，为地方经济发展注入新动力，同时促进生态环境的修复与可持续发展。

（3）当地经济空心化

矿山关闭后，大量矿工面临失业，收入水平显著下降，家庭经济压力增大，社会稳定性受到严重冲击。由于地区经济过度依赖矿山开采，经济结构单一，缺乏韧性，多元化发展路径受阻，可能陷入经济困境。与此同时，人口流失问题加剧，不仅影响了当地经济的持续发展和社会进步，也对文化传承造成了不利影响。此外，矿山关闭还可能引发一系列社会问题，如犯罪率上升、家庭矛盾增多等。这些问题不仅严重影响了居民的生活质量，还可能对社会的和谐稳定构成威胁。因此，政府和社会各界需要共同努力，采取有效措施应对矿山关闭带来的挑战，促进地区经济的转型升级和社会的和谐发展。

⊖ 地下水流场是指地下水在地下岩石或土壤中的流动分布情况。
⊖ 水化学场是地下水系统中化学组分的时空演化现象，它反映了地下水与周围物质相互作用的结果。

8.1.3　矿山关闭的要求

1. 矿山关闭的政策要求

采矿权人在采矿许可证有效期满或者有效期内，若决定停办矿山而矿产资源尚未采完的，必须采取必要措施，确保资源得以保持在可继续开采的状态，事先应完成下列工作：

1）编制矿山开采现状报告及实测图件。

2）按照有关规定报销所消耗的储量。

3）按照原设计实际完成相应的有关劳动安全、水土保持、土地复垦和环境保护工作，或者缴清土地复垦和环境保护的有关费用。

采矿权人停办矿山须申请，经原批准开办矿山的主管部门批准，原颁发采矿许可证的机关验收合格后，方可办理有关证、照注销手续。

矿山企业关闭矿山应当按照下列程序办理审批手续：

1）开采活动结束的前一年，向原批准开办矿山的主管部门提出关闭矿山申请，并提交关闭地质报告。

2）关闭地质报告经原批准开办矿山的主管部门审核同意后，报地质矿产主管部门会同矿产储量审批机构批准。

3）关闭地质报告批准后，采矿权人应当编写关闭矿山报告，报请原批准开办矿山的主管部门会同同级地质矿产主管部门和有关主管部门按照有关行业规定批准。

审批手续完成后，矿山企业应当做好下列工作：

1）按照国家有关规定将地质、测量、采矿资料整理归档，并汇交关闭地质报告、关闭矿山报告及其他有关资料。

2）按照批准的关闭矿山报告，完成有关劳动安全、水土保持、土地复垦和环境保护工作，或者缴清土地复垦和环境保护的有关费用。

矿山企业凭关闭矿山报告批准文件和有关部门对完成上述工作提供的证明，报请原颁发采矿许可证的机关办理采矿许可证注销手续。

2. 矿山关闭的发展要求

矿山关闭的发展要求包括以下几个方面：

（1）环境保护

矿山关闭后，需要进行环境修复和生态恢复，确保关闭区域的土地、水源和空气质量得到恢复和改善。此外，应采取措施防止关闭区域的污染物泄漏和渗透，避免对周边环境造成进一步的影响。

（2）岗位转移

矿山关闭后，原有的矿工和相关人员需要转移就业。因此，产业发展要求为这些人员提供相应的技能培训和就业机会，帮助他们转移就业。

（3）产业多元化

矿山关闭后，应该考虑将关闭区域的资源重新利用，发展新的产业。可以考虑发展与当地自然环境和文化有关的旅游业、农业、生态农业、可再生能源等产业，使关闭区域的经济得以多样化发展。

（4）技术支持

为了实现关闭区域产业的多样化发展，可能需要引入新的技术和设备。因此，关闭区域需要得到相关的技术支持，包括技术咨询、科研支持和技术转让等方面的支持。

（5）社会支持

关闭区域的产业发展需要得到当地政府和社会各界的支持。政府可以提供政策支持和投资引导，促进关闭产业的发展。同时，社会各界也可以参与关闭区域的产业发展，提供资金、技术和人力支持。

8.2 资源再利用

8.2.1 采矿空间再利用

1. 概念

采矿空间再利用是指在矿业活动结束后，对采矿区域进行合理、可持续的再利用，以实现空间资源的最大化利用和对环境的最小化影响。这一概念的出发点是确保矿业活动对自然环境和社会产生的负面影响最小化，并促使矿区成为可持续发展的一部分。

2. 利用原则

采矿空间再利用应遵循以下原则：

1）明确矿井关闭后的责任主体。完善矿井的责任体系，即谁开采，谁承担生产、安全、经营责任，谁负责关闭后的安全、生态环境改善和地下空间资源利用。

2）矿井接近关闭时就应早做规划，降低治理成本。闭矿后尽快完善废弃矿山调查报告，报告应由相关责任部门统一规划，达不到矿井关闭后地下空间资源利用标准的，应按要求设立长期监测点，在保证长期安全环保情况下进行关闭。

3）矿井地下空间转型升级与利用需因地制宜。综合考虑当地经济发展状况、居民需求、风土人情、政策支持等因素，给出地下空间利用形式备选方案，方案需体现科学性，可先考虑对浅层空间进行技术难度较低的开发应用，再向深部延伸，充分利用和调动空间及相关资源，从而实现综合高效的立体开发。在此基础上，尽量满足废旧利用与开发统一原则、地上地下协同原则、可持续发展原则。

目前，已建成或已被提出具有可行性的地下采矿空间利用形式主要有工业旅游地、地下博物馆、地下酒店、地下农场、地下疗养院、深地实验室/科研中心、地下停车库、地下物资储备库、地下储水库、地下压缩空气储气库、地下水力发电站、地热能发电站、矿井尾废等废弃物处置场地、工业垃圾和生活垃圾填埋场地等。

8.2.2 厂区设施再利用

1. 概念

厂区设施再利用是指在工业厂区或工业设施停止运营后，对其进行合理、可持续的再利用，以实现厂区设施的最大化利用和对环境的最小化影响。这一概念的核心在于将废弃的厂区转变为具有新功能和价值的用地，促使工业设施转型，减少资源浪费，同时对环境和社会产生积极影响。

2. 基本内容

厂区设施再利用涉及多个方面的内容，包括环境整治、设施改建和更新、社会经济发展等。以下是厂区设施再利用的一些主要内容。

（1）环境整治

进行全面的环境调查和评估，确定污染源和程度。采用最先进的环境修复技术，可能包括生物修复、化学处理和物理清理。同时，实施长期的监测计划，确保环境质量可持续改善。

（2）设施改建和更新

针对厂区原有设施进行详细的评估，考虑其结构稳定性、能源效率和可持续性。采用绿色建筑标准，引入先进的可再生能源系统，确保设施满足未来需求并减少环境影响。

（3）多功能利用

制定多功能规划，考虑将厂区打造成创新和科技发展中心、文化创意产业基地等。在规划中融入公共空间，如公园、步行区域和社区设施，以提高居民生活质量。

（4）社会经济发展

制定全面的社会经济发展计划，包括产业培育、创新中心引入、培训项目和社区服务。建立与当地大学、研究机构和企业的合作关系，以促进创新和产业发展。

（5）文化保护

保护原有建筑和文化景观，可能涉及修复古老建筑、创建文化艺术中心等。与当地文化机构合作，将文化元素融入再利用计划，增强社区认同感。

（6）可持续发展

强调可持续性，包括水资源管理、废物减少、交通规划和碳排放减少。引入智能城市技术，提高厂区的资源利用效率，降低对环境的影响。

这些方面的综合考虑有助于确保厂区设施再利用在实践中是可行和可持续的，通过综合利用资源，促进经济发展，保护环境和文化遗产，将成为城市可持续发展的重要组成部分。

8.2.3　自然资源再利用

自然资源是指自然界中人类可以直接获得用于生产和生活的物质。它可分为三类，一是不可更新资源，如各种金属和非金属矿物、化石燃料等，需要经过漫长的地质年代才能形成；二是可更新资源，指生物、水、土地资源等，能在较短时间内再生产出来或循环再现；三是取之不尽的资源，如风力、太阳能等，被利用后不会导致贮存量减少。

矿区自然资源再利用是指在矿区开发和采矿活动结束之后，对矿区及周边的自然资源进行合理利用和管理的过程，是实现矿山可持续发展、保证矿产资源开发利用率和矿产开发效益最大化的重要举措。这在很大程度上可以减少环境污染和减少废弃矿山污染所带来的损失，还可促进我国能源结构转型发展及经济社会可持续发展。

1. 矿区及周边自然资源的分类

矿区及周边的自然资源主要包括以下几类：

（1）矿产资源

矿区及周边常常富含各种矿产资源，如金、银、铜、锌、铁、锡、铅、煤炭、石油、天然气等。这些资源对于经济的发展和工业生产具有重要的作用。

（2）水资源

矿区及周边通常会由于采矿活动而形成湖泊或水库，这些水资源不仅可以用于矿区生产和冶炼过程中的冷却和清洗，还可以供给生活用水和农业灌溉等方面。

（3）林木资源

矿区及周边可能拥有丰富的森林资源，提供相应的木材用于建筑、家具制造、纸浆生产等领域。

（4）生物资源

矿区及周边可能存在丰富的植物和动物资源，其中包括野生植物、野生动物等，可以为人们提供食物、药材和观赏价值。

（5）土壤资源

矿区及周边通常具有肥沃的土壤，适宜用于农作物种植和农业生产。

2. 矿区及周边自然资源再利用的内容

矿区及周边自然资源再利用的主要内容如下：

（1）土地资源再利用

矿业废弃地虽然土地的生产、生活、生态功能已经丧失，但城市用地性质仍未发生变化，仍属于工矿建设用地。土地的再利用一则转换土地的用地类型，如工矿用地转换为农业用地、生态用地或居住、商业用地；二则是用地功能深度转化，如从低效生产建设用地转换为高效生产建设用地。

（2）水资源再利用

对矿区及周边的水资源进行合理的回收、净化和利用，避免水资源的浪费和污染，可以用于农业灌溉、工业用水和生活用水等方面。

（3）生物资源再利用

保护和恢复矿山及周边的生物多样性，推动野生动植物的繁育和保护，促进生物资源的可持续利用，如发展生态旅游、观赏农业等经济产业。

（4）绿化再利用

在矿区及周边进行植被恢复和绿化，通过植树造林、种草等措施，提高矿区及周边的环境质量，减少土壤侵蚀，改善空气质量。值得注意的是，在草本植物、灌木和乔木的栽植过程中要保证覆土的厚度。如果露天矿石本身缺少足够的种植土，则应着重保障土壤来源。

（5）能源再利用

矿区及周边还可能存在其他形式的能源资源，如太阳能、风能、生物质能等，可以利用新型能源技术开发和利用这些资源，推动清洁能源的发展。

通过对矿区及周边自然资源的合理再利用，可以实现经济、社会和环境的可持续发展，提高资源利用效率，减少对自然环境的破坏。同时，可以为当地经济增长和社会发展提供新的发展机遇和就业岗位。

8.2.4　废旧设备再制造

废旧设备再制造是指将废弃的设备、产品或零部件修复、翻新和再加工，使其重新具有原有或类似的功能和性能，并达到可靠和安全的标准。

对于矿区淘汰的废旧设备如果经过设备再制造，对破损零件进行技术性修复，使其恢复原本的功能，能够重新投入生产中，废旧的机械设备的潜在价值也能得到最大化的发挥，不仅能够更好地控制矿山企业在机械设备方面的成本投入，减轻机械生产中存在资源与能源供应紧缺的压力，还能使其恢复或提升性能，从而实现资源的最大化利用和减少环境污染。

1. 矿区废旧设备的分类

矿区废旧设备主要包括以下几类：

1）采选设备：采矿设备有钻孔设备、矿井提升设备等；选矿设备有破碎设备、筛分设备、磨矿设备、分级设备、重选设备、浮选设备等。

2）运输设备：如矿用车辆、提升机、输送带等。

3）环保设备：如除尘设备、尾矿处理设备、废气处理设备、废水处理设备等。

4）安全设备：如排瓦斯设备、安全护栏、安全门、人员安全设备等。

5）其他设备：包括照明、通风设备等。照明设备有矿灯、照明灯具、照明杆等；通风设备有通风机、风门等。

2. 废旧设备再制造过程

1）拆解：将废旧设备拆解成各个零部件，便于后续的处理和修复。

2）清洗与检测：对拆解后的零部件进行清洗，以去除污垢和腐蚀物，并进行详细的检测，以确定其技术状态和可修复性。

3）修复与改造：采用先进的表面工程再制造技术、增材制造技术⊖、机械加工技术等，对损坏的零部件进行修复或改造，使其恢复或提升性能。

4）装配与测试：将修复或改造后的零部件重新装配成完整的设备，并进行严格的测试，以确保其性能和质量达到或超过新品。

3. 表面工程再制造技术

表面工程再制造技术作为再制造关键技术之一，可细分为以下几类：

1）涂覆技术主要有热喷涂、电刷镀、气相沉积、堆焊技术和超音速火焰喷涂等。

2）激光熔覆再制造技术是以损伤严重或无使用值的废旧零部件为加工基材，运用激光熔覆技术对基材损伤部位进行修复的再制造高科技技术。用高功率激光发生器的激光束作为热源，将熔覆材料与工件基材表面同步熔化，形成液态熔池，并发生一系列的物理和化学反

⊖　增材制造技术（Additive Manufacturing, AM），通常也被称为 3D 打印，是一种采用材料逐渐累加的方法制造实体零件的技术。该技术通过计算机辅助设计软件将物体的三维模型切片成多个薄层，然后使用数控成形系统，如激光束、热熔喷嘴等设备，将特殊材料（如粉末、树脂等）逐层堆积和粘接，最终形成实体产品。

应，凝结成与工件基材表面相结合的熔覆层，从而达到提高工件表面强度、硬度、耐磨、耐蚀等性能。

3）纳米表面再制造技术主要是充分利用纳米材料的优良特性，提升和改善表面性能。

4）自动化表面再制造技术主要是基于产业化的趋势，运用表面工程再制造技术自动化加工。

5）复合表面再制造技术主要有复合应用两种或者两种以上的表面处理技术。该技术一般划分为两种：一种是将各种再制造技术应用于各种修复范围之内，例如，可以在复合表面再制造技术中首先应用激光熔覆恢复叶片的力学特性与几何大小，然后通过等离子喷涂的方式实现叶片表面性能的提升，这样能够确保再制造之后应用的叶片寿命大大延长。另一种是复合表面再制造技术本身，例如，复合激光熔覆技术和热喷涂技术，热喷涂复合化学镀或电镀，以及化学气相与物理气相沉积一起注入离子等。

8.2.5 废旧设施拆除利用

矿山中需要拆除的废旧设施是指关闭后不能直接转化利用或者不能改造为其他用途的生产场所或生活设施，它们可能具有危险性或存在有害药剂，主要包括矿井建筑、尾矿库和堆场、高架输线和管道、沉降池和储藏或者贮存设施（油罐、药剂反应器等）。废旧设施拆除利用的基本要求如下：

（1）拆除前清洗置换方案

在拆除工程开始前，必须对物品予以清洗置换，以确保溶剂、化学反应残留、有毒气体等因素被移除掉。指定清洁剂并进行定量添加，同时统计清洁剂的流失数据以确保稳定的清洁剂浓度，并对物品进行充分的清洗置换。

（2）绿色安全，环境保护

拆除中产生的危险废弃物和废液也需要被妥善处理。针对不同的废物种类和废液品质，制定科学合理的处理方案，采用安全、绿色、环保的策略，处理成无害化的物质，如焠化、还原、燃烧、再利用等方法，充分考虑自然环境保护，以及利用率最大化。

（3）残留物品的分类

在拆除工程完成后，残留下来的物品需要进行分类，分为可回收利用和不可回收利用两种。对于可回收利用的物品，首先需要评估其是否可以直接利用或重新加工运用，然后针对不同性质的材料分类进行处理，并制订运输及处理计划。而对于不可回收利用的物品，则需要审慎评估其是否是危险废弃物等有害物质，并正确地进行妥善处理。

（4）土壤的修复

在拆除过程中，土地往往遭受到严重的污染，需要先研究评估土地污染的程度和培养现场土壤中的有机物，再选择对应的修复方案，以求获取最大的效益。

8.2.6 废旧材料回收利用

1. 概念

废旧材料回收利用是指在矿山生产和生活过程中产生的，已经失去原有全部或部分使用价值的各种废旧材料，经过回收、加工处理，能够使其重新获得使用价值的过程。

目前废旧材料回收利用的品种范围主要包括废旧金属、报废电子产品、报废机电设备及其零部件、废造纸原料（如废纸、废棉等）、废轻化工原料（如橡胶、塑料、药剂包装物等）、废玻璃、渣石等。

"资源—产品—废旧资源—废旧资源再利用"的循环发展模式，可以实现资源的循环利用，减少对原生资源的依赖，提升资源综合利用效率。可以减少乱扔乱弃的现象，直接减轻对环境的污染，促进环境保护。产品更新换代频繁，变废为宝可以间接地减少开销，提高收入，促进就业。资源再利用产业符合绿色低碳宗旨，在培育新的经济增长点方面发挥重要作用。

2. 废旧材料回收利用的方式

1）回收流程。

第一工序为粗选：筛选能用的材料并存放，等待重新发放再使用。

第二工序为分拣：粗选后剩余的废旧材料经过分拣按照复用区、待修区、报废区分类存放到指定区域。

第三工序为加工修复、复用：能直接利用的材料经相关部门认可后，基层单位直接复用；不能直接复用的材料本着"大改小""长改短""整拆散"的原则，进行加工改制再利用，边角废料可以用来打造简单工具。真正做到"能收尽收，能修尽修，能用尽用，能省尽省"，实现材料利用价值最大化。修复后的物资刷漆以便与新材料区分开，并用在符合条件的部位。

最后是下脚料及产生的废铁确实不能再利用的，分类存放到报废区，经过废旧物资管理小组成员集体鉴定后，集中处理。

2）电子废弃物可送往回收中心进行拆解和分类回收，其零部件可进行二次利用或者销售。废旧电子产品或机电设备可能含有有害物质（如汞、铅等），需要进行专门处理，药剂包装也需要专门处理。

3）渣石可用作填充材料、建筑材料、道路铺设及路基加固。

8.3　生态产业发展

8.3.1　矿区生态产业发展的基础和条件

矿业开发伴随着人类文明、社会进步、科技发展的全过程，是国家的基础产业。当矿产资源开发进入衰退期，矿山将面临关闭，迎来矿业工程服务的最后阶段。矿山的衰退和关闭，可能会存在资源枯竭、经济效益不理想、技术难题、开采生产安全无保障、政府政策导向等原因。同时，关闭矿山遗留大量的地下采掘空间、地面土地资源、井下水与热资源等，为关闭矿山发展生态产业的基础和条件。

矿区生态产业发展势在必行，矿区生态产业发展要结合关闭矿山的条件进行规划利用，通过合理利用以下资源和因素，矿区可以发展出生态农业、生态旅游、生态工业等多种形式产业，实现经济效益与生态效益的双赢局面。

1. 仓储空间

关闭矿山的井巷和采空区等是较为丰富的空间资源，若地质条件适宜，经改造后可以作为储藏空间资源加以利用，如农作物储藏、流体资源和有害气体储藏、城镇垃圾和固体废弃物储藏等。井巷和采空区的空间储藏量巨大，节能环保，节约土地，节省大量建设费用，效益可观。

2. 遗留资源

矿山关闭后，占用大量的土地资源，且存在大量的残留煤资源、地热资源、煤层气资源、伴生资源、矿井水资源等，这部分资源量非常可观。中大型矿山企业往往占有大量土地资源，建有办公楼、澡堂、职工食堂、设备维修车间等，有完善的供水、供电、供暖、通信、安保、医疗、教育等设施和系统，弃之不用将造成极大浪费；大部分关闭矿山井下仍然残留着相当数量的矿产资源，如"三下"压煤、残留的各类煤柱体、遗留零散矿产、不可采或不好采矿产等资源。其他资源如地热、煤层气等均存在较大的利用空间，也是关闭矿山发展生态产业的重要基础。

3. 其他条件

关闭矿山井下大量的井巷设施、采空区等，除了有仓储的潜力外，也能作为种养殖场地、军事防御工程场地、疗养场地、发展地下城市等。例如，波兰的维利奇卡盐矿，人们利用 210m 深处的废弃岩盐井巷建成了一座过敏性疾病研究所，供呼吸道疾病患者治病疗养。此外，矿山经过改造与环境整治，能够打造成矿山公园、生态公园、地质公园、体能健身等场所，也能够发展清洁能源、现代农业等，使关闭矿山再次焕发生机与活力。

8.3.2 生态产业发展的方向

遵循生态效益、经济效益、社会效益相统一的原则，在综合分析区域土壤、气候、地貌、生物等多种自然因素和社会经济发展水平、种植习惯等社会因素的基础上，依据绿色矿山发展规划，合理制定关闭矿山生态产业发展方向。

基于关闭矿区的资源基础与条件，根据不同的功能和特性，矿山生态产业发展主要有博物资源利用、旅游开发、复垦造田、引水造湖、垃圾处理、仓储、光伏产业、造林碳汇和林下经济九个方向。

1. 博物资源利用

博物资源利用是指发掘、整理和研究各地矿山开发建设的历史，保护和科学利用矿业遗迹和地质遗迹资源，保护和恢复治理矿山环境，探索资源枯竭矿山可持续发展之路。

安徽淮北国家矿山公园便属于此类，该公园位于安徽省北部，地处苏、豫、皖三省交界。2005 年 8 月，该公园被国土资源部批准为首批国家矿山公园。该公园矿业活动遗迹丰富，既有新中国成立后建井投产的大型煤矿，也有地方乡镇企业开采的小煤井，还有古代土煤窑开采残留下来的废弃小煤井。公园划分为三个景区：相城煤矿煤文化景区、相山地震遗迹景区、南湖塌陷地休闲娱乐区。核心景区为相城煤矿，主要有煤矿遗迹、主斜井乘人缆车、煤矿井下运输大巷。淮北国家矿山公园以友谊煤矿为原型，向人们展现了动态的煤矿原貌。

2. 旅游开发

随着环境问题的日益突出，国家宏观政策对矿山开采活动进行严格控制，逐步取缔关停。在这样的大趋势下，众多矿山企业面临关停或者转型压力。因此，2015 年 12 月，国土资源部、住房和城乡建设部、国家旅游局联合出台了《关于支持旅游业发展用地政策的意见》，文件明确提出支持使用未利用地、废弃地、废弃矿山、边远海岛等土地建设旅游项目。土地新政鼓励废弃工矿用地开发旅游，对矿山的旅游开发形成有力推动。

上海佘山世茂洲际酒店，位于上海市松江佘山国家旅游度假区的天马山深坑内，海拔为−88m，是于采石坑内建成的自然生态酒店。酒店遵循自然环境，一反向天空发展的传统建筑理念，下探地表 88m，开拓建筑空间，依附深坑崖壁而建，是世界首个建造在废石坑内的自然生态酒店。

客观来说，对矿山进行旅游开发，不仅有机会实现较为显著的经济效益，还可以解决矿区大量劳动力释放亟待就业安置的问题。此外，旅游业作为国家大力提倡支持的产业，还能够为矿山修复争取更多的政策支持和资金支持，最终实现生态、经济、社会三重效益兼顾的目标。

3. 复垦造田

复垦造田技术的研究和实施在欧美国家已经有几十年的历史。该模式是通过对开发后的矿山进行复垦，改善当地的地质条件，补充、增加耕地面积，实施现代农业生产，具有较好的经济和社会效益。

山东省济南市莱芜区苗山镇大漫子村土地综合整治项目便属于此类，为彻底消除隐患，加快废弃矿山治理进度，自然资源部门对该项目进行矿山地质环境恢复治理、工矿废弃地复垦、土地提质改造三个阶段治理。将开垦无序、破坏生态严重的砂石厂改造成了农田，总治理面积为 760 余亩，总投资为 3500 余万元，新增耕地 360 亩。

4. 引水造湖

引水造湖项目是复垦造田项目的延伸，通过对矿坑周边环境和生态展开系统的治理和重构，可以引入水源，将露天矿坑改造为湖泊。通过湖泊的作用，将矿坑附近的土地慢慢改造，转化为肥沃的农田、茂密的森林和碧蓝的湖泊，此举能够实现矿区经济、文化、旅游和社会的综合发展。

最著名的案例是法国 Biville 采石场，位于克莱枫丹（Claire Fontaine）峡谷顶部的 Biville 采石场在开采石料 10 年之后于 1989 年被关停。设计师将其建成具有 3.5km² 湖泊的休闲区，改造措施包括设计了一系列引导水流的设施和设备，使其汇聚到谷底形成湖泊。湖岸经过设计以适应当地最普遍的休闲活动——钓鱼。然后引入一些植被，使废弃采石场恢复到自然状态。Biville 采石场在改造中保留场地的工业痕迹，将其转化为新景观结构中有特色、标志性的场所，体现出对所在地历史文脉的尊重。

5. 垃圾处理

随着矿山产业的发展，"垃圾围山"问题也因此凸显出来，以往矿山开采过程中产生的废渣垃圾都是随意排放和丢弃的，这样日积月累容易造成水源污染、土地污染等问题。利用废弃矿坑作为生产、生活垃圾的处理基地，能够解决垃圾占地、环境污染、资源回收再利用的问题，得到一举三得的好效果。

加拿大蒙特利尔便有一处利用矿坑修建的垃圾处理厂——圣米歇尔环保中心。1988 年，采石场停止开采。1995 年，大规模的振兴改造开始。如今，在政府的引导下，该项目被建设为一个综合性的垃圾最终处置场。该项目最初的改造是针对垃圾分解的沼气，因而先建立了一个将沼气转换为电力的发电厂，在环境有了很大的改善以后，又建立了一个能够有效收集垃圾废液的污水处理系统，使得垃圾污染降到最低点。在治理过程中，市政府对该项目的未来有了更为积极的愿景，他们不仅要修复被破坏的土壤，培育大片森林绿地，打造成该城最大的绿地公园，还要修建一些教育、休闲、文化活动的设施，同时，还要保留这里的开采历史。在人们的共同努力下，圣米歇尔环保中心重获新生。

6. 仓储

部分废弃的矿区可以利用它本身的地形特征改造成仓储屋，发展副业。首先，一些围岩稳定、巷道比较宽敞、适于汽车行驶、交通又较为方便的废弃矿山，可以利用其冬暖夏凉的特点，通过工程改造使其成为仓储用地，用于存储水果、蔬菜和其他需要在一定的温度区间内储藏的物品。其次，围岩稳定、巷道便于运输、远离村庄、非水源地或水系发育的废弃矿山，特别是采空区离地面距离较大的废弃矿山，经改造后，可用于工业、医疗等行业的废弃物的存放地。最后，有些矿区距离城镇不远，且不位于水源上游和城镇上风向，规模较大且低于周边地形的废弃露天采场和地下开采塌陷区，也可作为仓储场地。

美国利用丹佛附近废弃煤矿（距地表 $240 \sim 260m$），建成世界上首座废弃煤矿地下储气库，形成 1.4 亿 m^3 的储气能力。美国铁山公司利用废弃矿井建成了第一个地下文件存储中心。比利时也利用废弃煤矿建成两座地下储气库，储气能力分别达到 1.8 亿 m^3 和 1.2 亿 m^3。还有国家利用废弃矿井建设石油及相关产品储存库、地下冷库等。

7. 光伏产业

采煤沉陷区治理、光伏产业扶贫、光伏产业技术进步、产业升级和创新光伏规模指标管理有机结合起来，既解决沉陷区土地闲置问题，又统筹推进沉陷区产业发展、农民增收与生态环境治理，对于促进资源型城市转变能源发展方式具有重大意义。

目前国内多家煤炭企业已经进入光伏产业，如内蒙古神华集团、内蒙古伊泰集团、内蒙古鄂尔多斯集团、山西晋能集团等。其中，山西晋能集团除涉足光伏电站投资外，还涉及光伏电池、组件的研发与制造，晋能清洁能源量产多晶电池平均效率成功突破 18.7%，量产多晶组件功率大幅提升，270W 组件产出比达到 60%。截至目前，晋能科技实现了高效多晶、PERC、异质结三代业内领先技术的布局。

8. 造林碳汇

因为森林具有碳汇功能，而且通过植树造林和森林保护等措施吸收固定二氧化碳的成本要远低于工业减排。以充分发挥森林的碳汇功能，降低大气中二氧化碳浓度，减缓气候变暖为主要目的的林业活动，泛称为碳汇林业。造林碳汇是指通过市场化手段参与林业资源交易，从而产生额外的经济价值，包括森林经营性碳汇和造林碳汇两个方面。

其中，森林经营性碳汇针对的是现有森林，通过森林经营手段促进林木生长，增加碳汇。造林碳汇项目由政府、部门、企业和林权主体合作开发，政府主要发挥牵头和引导作用，林草部门负责项目开发的组织工作，项目企业承担碳汇计量、核签、上市等工作，林权主体是收益的一方，有需求的温室气体排放企业实施购买碳汇。据测算，每亩林地可产生碳汇量约为 1t／年。2019 年 12 月 8 日，山西启动造林碳汇开发试点。

9. 林下经济

有句俗语："靠山吃山，靠水吃水"，说的就是山水资源可以养人，矿山关闭修复后，发展林下经济成为很好的项目。山区农民可以充分挖掘利用矿山修复后的山林资源，主动发展相关经济活动。这是他们致富的好途径。

林下经济主要包括林下采摘、林下种植、林下养殖、林下废弃物加工、林下康养旅游以及综合开发项目六个方面。关闭矿区，发展林下经济，需因地制宜确定经营项目，要紧密结合当地实际，科学论证和选择适合的经营项目，切不可盲目进行。

思 考 题

一、简答题

1. 办理采矿许可证注销手续前必须做完哪些工作？
2. 矿区废旧设备主要有哪几类？
3. 水平衡优化有哪些原则？

二、论述题

1. 矿山关闭有哪些资源可以再利用？
2. 矿山关闭后有哪些利用方向？

参考文献

[1] 张杨，王跃国，宋家宁. 对高质量发展背景下国土空间规划的几点认识 [J]. 中国土地，2020（3）：29-30.

[2] 成金华，尤喆. "山水林田湖草是生命共同体"原则的科学内涵与实践路径 [J]. 中国人口·资源与环境，2019，29（2）：1-6.

[3] 姜德文. 水土保持的核心要义是山水林田湖草沙系统治理 [J]. 中国水利，2020（22）：13-15.

[4] 韩振秋. 用循环经济理论指导中国矿业发展的思考 [J]. 哈尔滨工业大学学报（社会科学版），2015，17（3）：121-125.

[5] 李阳阳. 矿业城市生态环境容量评价研究 [D]. 沈阳：东北大学，2013.

[6] 彭苏萍，邓久帅，王亮，等. 绿色矿山评价指标条文释义 [M]. 北京：科学出版社，2020.

[7] 中华人民共和国自然资源部. 智能矿山建设规范：DZ/T 0376—2021 [S]. 北京：中国标准出版社，2021.

[8] 鞠建华，韩见，鞠方略. 中国智能矿山发展趋势与路径分析 [J]. 中国矿业，2023，32（5）：1-7.

[9] 中华人民共和国国土资源部. 土地利用现状分类：GB/T 21010—2017 [S]. 北京：中国标准出版社，2017.

[10] 国务院. 全国土地利用总体规划纲要：2006—2020 年 [EB/OL]. （2008-10-24）[2024-7-12]. https://www.gov.cn/guoqing/2008-10/24/content_2875234.htm.

[11] 王青，任凤玉. 采矿学 [M]. 2版. 北京：冶金工业出版社，2011.

[12] 国家危险废物名录：2021 年版 [J]. 中华人民共和国国务院公报，2021（4）：18-46.

[13] 王信. 煤矿生活污水处理技术案例探讨 [J]. 山西煤炭，2024，44（1）：110-114.

[14] 绿色矿山系列丛书编写委员会. 绿色矿山建设标准解读：非金属矿、砂石、水泥灰岩行业 [M]. 北京：地质出版社，2020.

[15] 冯昶栋. 干旱区典型露天矿表土资源可利用性研究 [D]. 北京：北京林业大学，2021.

[16] 昝玉亭，张华明，沈发兴，等. 关于表土资源及其保护利用的探讨 [J]. 绿色科技，2018（20）：18-20.

[17] 赵腊平. 聆听中国和谐矿区建设的清晰足音 [N/OL]. 中国矿业报，2013-11-12. https://www.mnr.gov.cn/dt/kc/201311/t20131112_2319987.html.

[18] 王运敏，李刚，刘建国，等. 我国非煤矿山职业健康防控技术研究现状、挑战及展望 [EB/OL]. （2023-09-18）[2024-07-12]. http://kns.cnki.net/kcms/detail/34.1055.TD.20230915.1602.002.html.

[19] 江巍巍. 论述金属矿山安全管理与信息化技术 [J]. 世界有色金属，2022（13）：184-186.

[20] 华知，杜廷海，黄业豪. 金属矿山的职业危害与预防措施 [J]. 中国工业医学杂志，2023，36（5）：424-427.

[21] 中国黄金协会. 黄金工业项目可行性研究报告编制规范：YS/T 3003—2011 [S]. 北京：中国标准出版社，2011.

［22］国家环境保护总局科技标准司. 生态工业园区建设规划编制指南：HJ/T 409—2007［S］. 北京：中国环境科学出版社，2008.

［23］张波. 绿色开采技术在采矿工程中的应用研究［J］. 广州化工，2021，49（11）：12-13.

［24］王侃. 大倾角煤层充填开采技术研究［J］. 山西化工，2024，44（1）：225-226，247.

［25］王泽雷. 预富集技术研究进展［J］. 化工矿物与加工，2023，52（1）：63-70，79.

［26］陈宪武. 露天矿的伴生资源综合利用模式及技术创新［J］. 中国金属通报，2020（7）：52-53.

［27］张勇. 煤矸石综合利用现状及技术研究［J］. 山东煤炭科技，2013（3）：51-52.

［28］施灿海，刘明生，程立家，等. 尾矿综合利用研究进展及工程实践［J］. 中国矿业，2024，33（2）：107-114.

［29］姚华辉，蔡练兵，刘维，等. 我国金属矿山废石资源化综合利用现状与发展［J］. 中国有色金属学报，2021，31（6）：1649-1660.

［30］赵英. 3S-OER 植被生态修复技术及应用［C］//中国煤炭学会煤矿土地复垦与生态修复专业委员会. 2016 全国土地复垦与生态修复学术研讨会论文摘要. ［出版地不详：出版者不详］，2016.

［31］甘泉宏. 滑坡变形监测技术现状与发展研究［J］. 科技资讯，2018，16（3）：52-53.

［32］韩民赛，刘岁海，罗明，等. 滑坡预测预报研究与进展［J］. 地质装备，2023，24（1）：22-26，39.

［33］陈海波，冶林茂，李树岩，等. FDR 土壤水分自动监测仪的标定与检验［J］. 微计算机信息，2009，25（31）：104-106.

［34］王周兵，张玮鹏，胡义，等. 孤山库区地质灾害自动化监测与信息化防治研究［J］. 人民长江，2022，53（S2）：202-206.

［35］赵永红，王航，张琼，等. 滑坡位移监测方法综述［J］. 地球物理学进展，2018，33（6）：2606-2612.

［36］北京市市场监督管理局. 地质灾害监测技术规范：DB11/T 1677—2019［S］. 武汉：中国地质大学出版社，2020.

［37］黄重阳，汤维敏，徐涵楚. 试析地下水环境监测方法［J］. 皮革制作与环保科技，2023，4（20）：42-44.

［38］王志勇. 土壤和地下水环境监测中存在的问题和对策探讨［J］. 皮革制作与环保科技，2023，4（21）：67-69.

［39］肖治术，李学友，向左甫，等. 中国兽类多样性监测网的建设规划与进展［J］. 生物多样性，2017，25（3）：237-245.

［40］李顺，邹亮，宫一男，等. 激光雷达技术在动物生态学领域的研究进展［J］. 生物多样性，2019，27（9）：1021-1031.

［41］胡振琪，王晓彤，张冰松，等. 2018 年土地科学研究重点进展评述及 2019 年展望：土地工程与信息技术分报告［J］. 中国土地科学，2019，33（2）：102-110.

［42］王维仪. 土壤质量监测技术简介［J］. 广东化工，2022，49（9）：78-80.

［43］王亮，王勇. 从生态环境修复角度浅析矿产资源开发与环境保护关系［J］. 绿色矿冶，2023，39（6）：68-73.

［44］武强，李松营. 闭坑矿山的正负生态环境效应与对策［J］. 煤炭学报，2018，43（1）：21-32.

［45］周一沫. 废弃煤矿地下空间开发利用评价研究［D］. 重庆：重庆大学，2020.

［46］马立明，殷红亮，胡立国. 能源结构转型发展背景下废弃矿山资源化再利用方法探究［J］. 世界有色金属，2023（7）：202-204.

［47］郭永晶，王秋炎. 对矿山周围生态环境修复与治理的思考［J］. 中国金属通报，2023（2）：180-182.

［48］谭春巍. 矿山开采对周边生态环境的影响及其修复策略［J］. 中国高新科技，2023（10）：27-29.

[49] 石宇，杨壮，周聪，等. 闭坑露天金属矿山环境治理修复技术研究 [J]. 中国金属通报，2023（2）：222-224.

[50] 张涌. 矿山设备再制造产业存在问题和解决措施初探 [J]. 世界有色金属，2017（2）：116-117.

[51] 汪小芳. 矿用重载大齿轮再制造技术研究 [J]. 煤矿机械，2021，42（5）：103-105.

[52] 李明. 煤矿设备再制造产业存在问题和解决措施初探 [J]. 中国煤炭，2014，40（4）：28-31.

[53] 黎文强，王腾飞，王笑生，等. 矿用减速器轴激光熔覆再制造技术的研究 [J]. 矿山机械，2021，49（5）：52-53.

[54] 葛磊. 矿山机械设备再制造技术探析 [J]. 山东工业技术，2017（23）：54.

[55] 国研中心"我国废旧资源再生利用产业发展研究"课题组，张来明，李建伟. 废旧资源再生利用产业的发展现状、问题与对策建议 [J]. 中国经济报告，2019（4）：113-120.

[56] 黄荣. 浅谈葛泉矿废旧物料流程化管理实现经济价值最大化 [J]. 现代经济信息，2019（10）：61.

[57] 姜来峰，刘卫东，张福良. 绿色勘探技术 [M]. 北京：地质出版社，2022.

[58] 张进德，郗富瑞. 我国废弃矿山生态修复研究 [J]. 生态学报，2020，40（21）：7921-7930.

[59] 宋福春，聂虹，赵奎涛. 矿产资源价值分配的研究与探讨 [J]. 中国矿业，2023，32（12）：31-38.

[60] 王永卿，张均，王来峰. 我国矿山固体废弃物资源化利用的重要问题及对策 [J]. 中国矿业，2016，25（9）：69-73，91.

[61] 王亮，邓久帅，王若含. 绿色矿山科学内涵的演进与重构 [J]. 绿色矿山，2023，1（1）：178-185.

[62] 陈锦，赵凯. 绿色矿山的概念内涵及其系统构成要点分析 [J]. 世界有色金属，2019，533（17）：260，263.

[63] 马淑杰. 新征程下大宗固废综合利用产业发展研究 [J]. 中国矿业，2023，32（6）：10-18.

[64] 叶樟良. 生产矿山的边采边探是地质找矿的有效途径 [C]// 全国地质勘察与矿山地质学术研讨会. 当代矿山地质地球物理新进展. 长沙：中南大学出版社，2004.

[65] 李树强，梁亚涛，秦显宾. 现代化采矿工艺技术在采矿工程中的应用分析 [J]. 冶金与材料，2023，43（6）：82-84.

[66] 何满潮. 无煤柱自成巷开采理论与110工法 [J]. 采矿与安全工程学报，2023，40（5）：869-881.

[67] 侯健，白晨光，扈玫珑，等. 南非 PMC 精粉与两种典型褐铁矿的配矿优化 [J]. 钢铁，2023，58（6）：45-52，60.

[68] 韩跃新，张小龙，高鹏，等. 中国铁矿石选矿技术发展与展望 [J]. 金属矿山，2024（2）：1-24.

[69] 张文庆，蒋柏芳，张晓. 林家三道沟金矿床边探边采探采一体化方案探讨 [J]. 有色矿冶，2007（3）：23-25.

[70] 何满潮，谢和平，彭苏萍，等. 深部开采岩体力学研究 [J]. 岩石力学与工程学报，2005，24（16）：2803-2813.

[71] 赵晶璇. 金属矿山选矿技术发展分析 [J]. 世界有色金属，2023（9）：58-60.

[72] 李杨，欧宸邑. 双碳背景下大宗固废资源化利用发展对策研究 [J]. 江西建材，2022（5）：5-8，12.

[73] 马淑杰，张英健，罗恩华，等. 双碳背景下"十四五"大宗固废综合利用建议 [J]. 中国投资（中英文），2021（Z8）：22-25.

[74] 付建勋，贺茂坤，江国建，等. 绿色无尾矿山优化充填技术与关键装备研究 [J]. 中国矿山工程，2022，51（3）：58-61.

[75] 中华人民共和国自然资源部. 固体矿产资源储量分类：GB/T 17766—2020 [S]. 北京：中国标准出版社，2020.

[76] 彭苏萍，王亮，邓久帅，等. 绿色矿山先进适用装备（技术）[M]. 北京：地质出版社，2023.

［77］杨鹏，蔡嗣经. 高等硬岩采矿学［M］. 2版. 北京：冶金工业出版社，2010.

［78］邓久帅，秦国防，邓建英，等. 绿色矿山技术进展［M］. 北京：地质出版社，2022.

［79］廖寅飞. 智能选矿概论［M］. 徐州：中国矿业大学出版社，2024.

［80］吴顺川. 岩石力学［M］. 北京：高等教育出版社，2021.

［81］马翠梅，等. 碳核算理论与实践［M］. 北京：中国环境出版集团，2022.

［82］绿色矿山系列丛书编写委员会. 绿色矿山建设标准解读：有色金属、冶金、黄金行业［M］. 北京：地质出版社，2020.

［83］陈国山. 露天采矿技术［M］. 北京：冶金工业出版社，2008.

［84］侯华丽. 谋求矿业可持续发展［N］. 中国自然资源报，2019-06-14（6）.

［85］侯华丽，强海洋，陈丽新. 新时代矿业绿色发展与高质量发展思路研究［J］. 中国国土资源经济，2018，31（8）：4-10.

［86］侯华丽，吴尚昆，蒋芳，等. 新时代我国绿色矿山建设规划的思考［J］. 中国矿业，2019，28（7）：81-85，93.

［87］鞠建华. 中国矿业发展的绿色未来［J］. 地球，2014（11）：32-33.

［88］鞠建华. 构建中国绿色矿山建设的支撑体系［J］. 中国矿业，2020，29（1）：13-15.

［89］鞠建华，黄学雄，薛亚洲，等. 新时代我国矿产资源节约与综合利用的几点思考［J］. 中国矿业，2018，27（1）：1-5.

［90］鞠建华，强海洋. 中国矿业绿色发展的趋势和方向［J］. 中国矿业，2017，26（2）：7-12.

［91］鞠建华，王嫱，陈甲斌，等. 新时代中国矿业高质量发展研究［J］. 中国矿业，2019，28（1）：1-7.

［92］刘建兴. 绿色矿山的概念内涵及其系统构成研究［J］. 中国矿业，2014，（2）：48-51.

［93］刘晓娟，侯华丽，郭冬艳. 新时期我国绿色矿山建设的内涵与成效［N］. 中国矿业报，2020-03-04（2）.

［94］孟旭光，侯华丽，吴尚昆. 矿业发展的"绿色"思维探讨［J］. 中国矿业，2018，27（8）：85-87.

［95］自然资源部. 国家绿色矿山标准呈现六大亮点：访《煤炭行业绿色矿山建设规范》起草人、中关村绿色矿山联盟秘书长王亮［EB/OL］.（2018-08-01）［2024-08-14］. https://www.gov.cn/xinwen/2018-08/01/content_5310980.htm.

［96］吴尚昆，侯华丽. 让绿色成为矿业发展的主基调［N］. 中国国土资源报，2017-11-02（5）.

［97］吴尚昆，侯华丽，董煜. 对政府编制绿色矿业发展规划的思考［J］. 中国国土资源经济，2019，32（4）：16-19.

［98］张复明. 矿产开发负效应与资源生态环境补偿机制研究［J］. 中国工业经济，2009（12）：5-15.

［99］张玉韩，侯华丽，聂宾汗. 大力发展绿色矿业助推矿业可持续发展［J］. 中国国土资源经济，2016，29（11）：15，27-29.

［100］周进生，鞠建华，姚钰莹. 以铜陵为中心构建国家级矿业经济试验区问题初探［J］. 中国矿业，2013（8）：5-8.

［101］绿色矿山系列丛书编写委员会. 绿色矿山建设标准解读：煤炭、陆上石油天然气开采、化工行业［M］. 北京：地质出版社，2020.

［102］彭苏萍，王勇，王亮，等. 绿色矿山建设与管理工具［M］. 北京：冶金工业出版社，2022.

［103］王亮，邓久帅. 因地制宜推动绿色矿山建设［J］. 中国经济周刊，2024（6）：104-105.

［104］张永强，王亮，苏海霞，等. 绿色矿山建设的制约性关键问题与解决路径［J］. 绿色矿冶，2024，40（2）：14-17，40.

［105］吴海军，王亮. 小型绿色矿山建设浅析［J］. 现代矿业，2022，38（4）：222-224，252.

[106] 邓久帅，王亮，王若含. 绿色矿山资源与环境平衡体系研究：资源平衡篇 [J]. 绿色矿山，2024，2（2）：130-135.

[107] 王亮，王勇，那庆. 建设"一体系五平衡"模式，推进绿色高质量矿山建设 [J]. 有色金属：矿山部分，2023，75（3）：1-4.

[108] 王亮，邓久帅，李文涛，等. 浅谈绿色矿山规划任务要点 [J]. 绿色矿冶，2024，40（3）：20-25.

[109] 王亮，胡婷婷，邓久帅. 绿色矿山评价指标实践研究 [J]. 现代矿业，2023，39（1）：255-260.

[110] 吴海军，王亮. 浅析绿色矿山建设关键点 [J]. 采矿技术，2023，23（1）：202-204.

[111] 胡婷婷，王亮，邓久帅. 基于高质量发展的绿色矿山建设路径研究 [J]. 现代矿业，2022，38（2）：246-248，254.

[112] 王亮，王勇，乔江晖. 绿色矿山建设：生态文明建设在矿业领域的生动实践 [J]. 科技纵览，2022（7）：66-69.

[113] 王亮，王琼杰. 开展绿色矿山国推认证，可行吗？[J]. 中国生态文明，2021（3）：93-94.

[114] 绿色矿山系列丛书编写委员会. 绿色矿山知识学习题册 [M]. 北京：地质出版社，2020.

[115] 陈浮，邓久帅，毕银丽，等. 绿色矿山研究与实践 [M]. 北京：地质出版社，2021.

[116] 中华人民共和国自然资源部. 非金属矿行业绿色矿山建设规范：DZ/T 0312—2018 [S]. 北京：中国标准出版社，2018.

[117] 戴惠新. 选矿技术问答 [M]. 北京：化学工业出版社，2007.

[118] 中华人民共和国自然资源部. 化工行业绿色矿山建设规范：DZ/T 0313—2018 [S]. 北京：中国标准出版社，2018.

[119] 中华人民共和国自然资源部. 黄金行业绿色矿山建设规范：DZ/T 0314—2018 [S]. 北京：中国标准出版社，2018.

[120] 中华人民共和国自然资源部. 煤炭行业绿色矿山建设规范：DZ/T 0315—2018 [S]. 北京：中国标准出版社，2018.

[121] 中华人民共和国自然资源部. 砂石行业绿色矿山建设规范：DZ/T 0316—2018 [S]. 北京：中国标准出版社，2018.

[122] 中华人民共和国自然资源部. 陆上石油天然气开采业绿色矿山建设规范：DZ/T 0317—2018 [S]. 北京：中国标准出版社，2018.

[123] 中华人民共和国自然资源部. 水泥灰岩绿色矿山建设规范：DZ/T 0318—2018 [S]. 北京：中国标准出版社，2018.

[124] 中华人民共和国自然资源部. 冶金行业绿色矿山建设规范：DZ/T 0319—2018 [S]. 北京：中国标准出版社，2018.

[125] 中华人民共和国自然资源部. 有色金属行业绿色矿山建设规范：DZ/T 0320—2018 [S]. 北京：中国标准出版社，2018.

[126] 杜计平，孟宪锐. 采矿学 [M]. 2版. 徐州：中国矿业大学出版社，2014.

[127] 彭苏萍，邓久帅，王亮，等. 国家级绿色矿山建设评价指标释义 [M]. 北京：地质出版社，2024.

[128] 强海洋，郭冬艳. 中国矿业绿色发展的标准体系建设研究 [J]. 绿色矿山，2024，2（1）：94-102.

[129] WANG Y, PENG S P, WANG L. Guidelines for green mine construction and management [M]. Berlin：Springer，2023.

[130] DENG J S, PENG S P, WANG L, et al. Interpretation of green mine evaluation index [M]. Berlin：Springer，2021.

[131] WANG Y, WANG Z Q, WU A X, et al. Experimental research and numerical simulation of the multi-field

performance of cemented paste backfill: review and future perspectives [J]. International Journal of Minerals, Metallurgy and Materials, 2022, 30 (2): 193-208.

[132] CAI J Z, DENG J S, WANG L, et al. Reagent types and action mechanisms in ilmenite flotation: a review [J]. International Journal of Minerals, Metallurgy and Materials, 2022, 29 (9): 1656-1669.

[133] SHEKHAR R, RAI S S. Technology is key to green coal mining [J]. CSIT, 2024, 12: 5-11.

[134] WU P, ZHAO G Y, LI Y. Research and development trend of green mining: a bibliometric analysis [J]. Environmental Science and Pollution Research, 2023, 30 (9): 23398-23410.

[135] XU K D. The ECPH encyclopedia of mining and metallurgy [M]. Berlin: Springer, 2024.

[136] CHEN J H, JISKANI I M, LIN A G, et al. A hybrid decision model and case study for comprehensive evaluation of green mine construction level [J]. Environment Development and Sustainability, 2023, 25: 3823-3842.

[137] RAJARAM V, DUTTA S, PARAMESWARAN K. Sustainable mining practices: a global perspective [M]. Boca Raton: CRC Press, 2005.

[138] ONIFADE M, ZVARIVADZA T, ADEBISI J A, et. al. Advancing toward sustainability: the emergence of green mining technologies and practices [J]. Green and Smart Mining Engineering, 2024, 1 (2): 157-174.

[139] HERRINGTON R. Mining our green future [J]. Nature Reviews Materials, 2021, 6: 456-458.

[140] LU M, ZHAO Y. Mineral resource extraction and environmental sustainability for green recovery [J]. Resources Policy, 2024, 90: 104616.

[141] SÁNCHEZ F, HARTLIEB P. Innovation in the mining industry: technological trends and a case study of the challenges of disruptive innovation [J]. Mining, Metallurgy & Exploration, 2020, 37: 1385-1399.

[142] FERGUS J W, MISHRA B, ANDERSON D, et al. Engineering solutions for sustainability [M]. Berlin: Springer, 2016.

[143] HUSSAIN C M, DI S P. Handbook of smart materials, technologies, and devices [M]. Berlin: Springer, 2022.

[144] XUE G L, YILMAZ E, WANG Y D. Progress and prospects of mining with backfill in metal mines in China [J]. International Journal of Minerals, Metallurgy and Materials, 2023, 30: 1455-1473.

[145] TAO M, MEMON M B, YANG Z, et al. Towards greener coal mining: a life cycle assessment model for small-scale underground operations [J]. Mining, Metallurgy & Exploration, 2024.